机械工程中的有限元方法

王世军 赵金娟 著

科学出版社

北京

内 容 简 介

  本书详细介绍有限元方法的基础理论、常见机械结构的建模方法以及 ANSYS 软件在机械结构分析中的应用。基于弹性力学的虚功原理介绍有限元方法的基本原理，包括刚度矩阵的推导、材料模型的建立和常见机械零件的建模方法，并结合机械结构的热分析介绍多物理场的耦合分析方法。机械零件的接触性质和包含零件接触特性的整机建模方法是本书的落脚点。在介绍常用的接触单元及其使用方法之后，阐述机械零件微观粗糙表面的接触性质、建模方法以及在有限元分析软件中的使用方法。在介绍有限元方法和机械结构建模方法之后，结合机械结构分析的需要，介绍 ANSYS 软件的经典界面和 Workbench 界面的使用方法，并在此基础上，介绍基于 ANSYS 软件的用户开发工具 APDL 语言的使用方法。

  本书可供机械工程专业高年级本科生、研究生和从事机械结构设计的工程师参考使用。

图书在版编目（CIP）数据

机械工程中的有限元方法 / 王世军，赵金娟著.—北京：科学出版社，2019.8

 ISBN 978-7-03-062186-3

 Ⅰ.①机…　Ⅱ.①王…　②赵…　Ⅲ.①机械工程-有限元分析-应用软件
Ⅳ.①TH-39

 中国版本图书馆 CIP 数据核字（2019）第 186443 号

责任编辑：杨　丹 / 责任校对：郭瑞芝
责任印制：张　伟 / 封面设计：迷底书装

科 学 出 版 社 出版
北京东黄城根北街 16 号
邮政编码：100717
http://www.sciencep.com

北京中石油彩色印刷有限责任公司 印刷
科学出版社发行　各地新华书店经销

*

2019 年 8 月第　一　版　开本：720×1000　B5
2020 年 8 月第二次印刷　印张：22
字数：443 000

定价：145.00 元
（如有印装质量问题，我社负责调换）

前　　言

有限元法是复杂机械结构设计中强度校核、性能分析和模拟、仿真的主要技术手段。此外，该方法也被推广应用到流体、声、光、电、热、磁等几乎所有物理场和机械、土木、水利、电子等几乎所有的工程学科。

从 20 世纪 50 年代在机械工程中开始应用以来，有限元法经历了 60 余年不断的发展，基础理论、相关技术和软件结构异常庞杂。有限元法从诞生开始就是一项完全依赖于计算机软件的技术，有限元软件也一直向着简便、易用方向发展。有限元软件的求解过程已经实现了完全的自动化，不再需要人工干预，但是从实际的工程问题到有限元模型的建立，仍然需要相关的专业知识、经验和有限元理论的指导，有限元软件计算结果的正确性、合理性、准确性的判断和评估，也仍然需要相关的经验和理论作指导。总之，机械结构的有限元分析需要了解相关的基础理论并具备一定的专业基础，这也是本书的写作目的之一。

本书尝试采用尽可能通俗的工程语言描述与机械结构设计相关的有限元法的基本原理和基本方法，尽可能不涉及复杂的数学和力学的基础理论以及单元刚度的推导过程，让初学者能够尽快了解、掌握有限元法基本原理和实施过程，能够结合专业知识尽快建立合理的有限元模型，并且对有限元软件计算结果的正确性、合理性作出分析和判断。

现有的机械结构有限元分析，主要是面向零件的分析，很少针对整机。本书结合作者长期的工程分析经验和机械结合部领域的科研成果，给出了常见机械零件的有限元建模方法以及包含机械结合面的机械结构整机性能分析方法。本书紧密围绕机械工程的应用安排章节内容，摒弃机械结构分析中不使用或者很少使用的内容，全书条理清晰、内容简洁、针对性强，能够使读者尽快了解有限元法的基本理论，掌握一种有限元分析软件，具备初步的机械结构性能的有限元分析能力。

本书基于 2013 年起为西安理工大学机械工程专业研究生开设的有限元分析课程的同名讲义整理、完善而成，相关内容经过多年选择和锤炼，有较好的针对性。机械零件和整机分析的相关内容大多源于作者及研究团队的科研成果，随着研究工作的深入和有限元软件的发展，相关的内容、观点和方法也在不断改变。有限元软件在多年发展过程中，不断引入新的算法，很多软件也包含非有限元算法，如分析流体的有限体积法、分析散体的离散单元法、涉及无限边界问题的边界单元法等，这些内容在书中也作了简单介绍。

第 1 章、第 6～11 章由王世军撰写，第 2～5 章由赵金娟在已有讲义基础上整理、撰写，全书由王世军统稿。研究生韩子锐和卫娟娟也参与了文字、图表整理等工作。

本书的出版得到西安理工大学重点教材建设项目和一流专业建设项目共同资助。

限于作者水平，书中难免有不足之处，请广大读者批评指正。

王世军

2019 年 6 月

目 录

第1章 绪 论

本章介绍有限元法（finite element method，FEM）基本概念和实施过程、有限元法在工程中的应用、有限元法的起源和发展过程、常用的有限元分析软件等。结合有限元软件的发展过程和趋势，介绍计算机辅助工程（computer aided engineering，CAE）的概念和相关的软件。

有限元法是利用计算机软件模拟、仿真物理现象的一种虚拟现实技术。在机械工程中主要用来模拟、观察机械零件在受力后的变形和应力分布情况以及振动过程中的共振频率和振型，是现代机械设计中校核、验证结构性能的主要手段。

早期的机械设计中，零件的强度校核方法主要有经验类比和试验检验。经验类比的准确性取决于设计师的经验，存在一定风险，并且随着设计产品的种类增多，有强度富裕量逐渐增加的趋势。试验检验需要有零件样品和试验条件，试验结果确切、可靠，但是设计过程持续时间长、设计成本高。

随着经验的积累和理论研究的深入，一些理论公式、经验公式以及大量的试验数据可供设计校核使用，形成目前各类机械设计手册中提供的常见的、通用的机械零件的设计、校核方法，如螺栓、齿轮、轴的校核方法，包括校核公式和相关的数据。由于存在误差，这类校核方法中通常包含各种安全系数、工况系数，用来修正计算结果，确保设计的安全性。

传统的基于设计手册的机械强度校核方法主要适用对象是通用件、标准件，对于这类零件，已经积累了大量的经验数据可供设计参考；对于非标准件，如果没有经验数据，强度校核很难进行。例如，减速机壳体的强度、汽车在碰撞过程中的变形等，无法通过传统的设计方法，像齿轮和轴一样采用手册提供的强度校核公式进行强度校核和性能预测。这类传统的设计方法很难解决的问题，采用有限元法能得到很好的解决。

有限元法在机械结构的性能分析和预测、结构强度的校核、性能的优化过程中有着广泛的应用。

1.1 有限元法的起源和发展

有限元法最初是作为求解弹性力学问题的一种方法而提出的，从数学角度看，属于求解描述弹性力学问题的微分方程的一种数值方法。弹性力学中用来描述弹性体变形和应力的微分方程组，只有在少数结构简单的情况下能够获得解析解，多数情况下并不能求得表达式形式的解析解，因而无从得知结构的变形和应力。虽然弹性力学的微分方程不能直接求解，但是可以改写成近似的差分形式，在给定初值后，可以求得结构在某个具体的载荷和约束条件下近似的变形和应力值。虽然这种解是在给定条件下用一组数值表示的数值解，不能像解析解那样反映结构变形和应力的变化规律，但是可以在很大程度上满足结构设计的需要，在结构分析中有很重要的价值，有限元法也因此在结构设计中获得了广泛的应用，成为机械结构性能仿真分析的主要技术手段。

有限元法在数学上是一种获得微分方程数值解的求解方法。非固体的物理场，如温度场、流场、电磁场，描述其物理性质的方程都可以归结为类似于描述固体结构的微分方程。基于此，有限元法被推广到非固体物理场的数值求解中。有限元法起源于固体结构的弹性分析，在声、光、电、热、磁等多物理场的性能分析中也有着广泛的应用，成为机械、岩土、建筑、流体、传热、电磁、声学和光学等几乎所有工程学科中主要的仿真分析技术手段。

1.1.1　理论的起源

有限元法的理论起源，最早可以追溯到1943年Courant[1]发表的一篇论文，其尝试将三角形区域上分片连续的多项式函数和最小势能原理相结合，用来求解圣维南扭转问题的近似解。在这篇论文里，Courant提出了有限元法的基本思想。但是由于当时电子计算机还未出现，其提出的方法在工程中难以应用，并没有引起重视。到了20世纪50年代，随着电子计算机的广泛应用，这篇论文的重要性才逐渐被认识到。

1.1.2　工程应用的起源

1954年，Turner等在波音公司尝试进行飞机机翼弹性变形的计算工作。1956年相关工作以图1-1所示论文的形式发表[2]。在这篇论文里，采用直接刚度法推导了三角形单元的刚度矩阵，并将其用于机翼变形的计算机程序中。这篇论文使人们认识到，复杂结构在载荷作用下的弹性变形可以在设计阶段通过有限元计算事先获得，有限元法对结构设计有着重要的价值。随后，有限元法在理论研究和工程应用两个方面都进入一个快速发展的时期。因此，1956年Turner等发表的这篇论文被认为是有限元法正式出现的起点。1960年，Clough[3]将这一方法正式命名为有限元法。

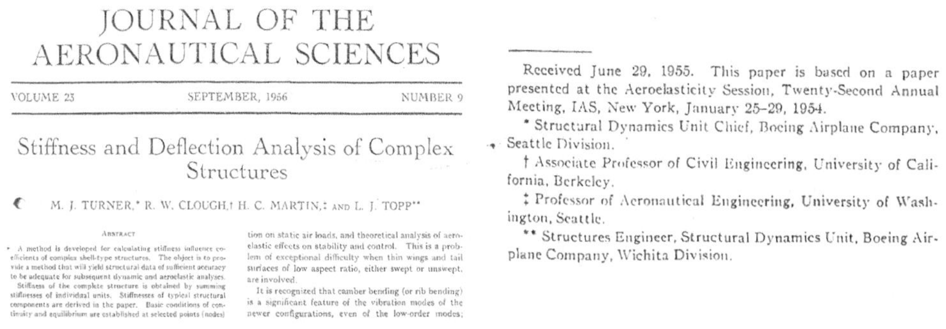
JOURNAL OF THE AERONAUTICAL SCIENCES

VOLUME 23 SEPTEMBER, 1956 NUMBER 9

Stiffness and Deflection Analysis of Complex Structures

M. J. TURNER,* R. W. CLOUGH,† H. C. MARTIN,‡ AND L. J. TOPP**

ABSTRACT

A method is developed for calculating stiffness influence coefficients of complex shell-type structures. The object is to provide a method that will yield structural data of sufficient accuracy to be adequate for subsequent dynamic and aeroelastic analyses.

Stiffness of the complete structure is obtained by summing stiffnesses of individual units. Stiffnesses of typical structural components are derived in the paper. Basic conditions of continuity and equilibrium are established at selected points (nodes) ... tion on static air loads, and theoretical analysis of aeroelastic effects on stability and control. This is a problem of exceptional difficulty when thin wings and tail surfaces of low aspect ratio, either swept or unswept, are involved.

It is recognized that camber bending (or rib bending) is a significant feature of the vibration modes of the newer configurations, even of the low-order modes;

Received June 29, 1955. This paper is based on a paper presented at the Aeroelasticity Session, Twenty-Second Annual Meeting, IAS, New York, January 25–29, 1954.

* Structural Dynamics Unit Chief, Boeing Airplane Company, Seattle Division.

† Associate Professor of Civil Engineering, University of California, Berkeley.

‡ Professor of Aeronautical Engineering, University of Washington, Seattle.

** Structures Engineer, Structural Dynamics Unit, Boeing Airplane Company, Wichita Division.

图 1-1 标志着有限元法起源的文章

1.1.3 软件的起源

有限元法的计算过程复杂，工作量巨大，导致其强烈地依赖于计算机程序。

计算机技术的发展和进步一直是有限元法发展和应用的基础。最初的有限元程序是具体工程项目子程序的集合，缺乏通用性，如 Turner 等为分析波音公司飞机机翼变形所写的代码。

1963 年，加州大学伯克利分校的 Wilson 和 Clough 为了结构静力与动力分析的教学需要开发了最早的通用有限元分析程序 SMIS（symbolic matrix interpretive system），在这个程序的基础上，又开发了有限元分析软件 SAP（structure analysis program），SMIS 实际上是 SAP 的第一个版本。SAP 程序早期的代码是公开的，并且代码具有规范性和通用性，很多有限元软件是以此发展起来的。1963 年，MacNeal 和 Schwendler 创办 MSC 公司，开发了第一个商业化的通用有限元软件 SADSAM（structural analysis by digital simulation of analog methods）。1964 年，美国国家航空航天局（National Aeronautics and Space Administration，NASA）委托 Computer Sciences、Martin 和 MSC 三家公司组成研发团队为其开发通用有限元分析程序 NASTRAN（NASA structural analysis program），SADSAM 成为 NASTRAN 的基础版本。1969 年，NASA 通过其软件管理部门 COSMIC（Computer Software Management and Information Center）发布了 NASTRAN 程序的第一个版本，一般称为 COSMIC/NASTRAN。由于程序的稳定性、准确性和权威性，迄今为止一直是其他有限元软件开发的标准和参照程序。

COSMIC/NASTRAN 是一个 NASA 内部使用的有限元程序，并不是一个对外销售的商业程序。因此，在得到授权和许可后，软件公司在 COSMIC/NASTRAN 程序的基础上，研发出很多商业版本的 NASTRAN 程序，如 UAI/NASTRAN、CSAR/NASTRAN、MSC/NASTRAN、NX/NASTRAN、MARC/NASTRAN、COSMOS/NASTRAN，这些不同版本的 NASTRAN 程序实际上并没有大的差异，很多只是改了个名字。

　　20世纪60年代末到70年代初,很多有限元工作者将其拥有的有限元程序代码通用化、商业化,产生了大量的有限元分析软件。现在主流的有限元软件大部分出现在这个时期。

1.1.4　理论的完善

　　有限元法的理论基础主要是在20世纪50~60年代建立起来的。

　　最初的有限元法通过结构力学分析直接推导出单元的刚度矩阵,称为直接刚度法。该方法有直观的力学概念,容易理解和实施,缺点是对于复杂、高阶的单元,单元刚度矩阵的推导十分困难。后来采用虚功原理推导单元的刚度矩阵,在很大程度上克服了直接刚度法的缺点,现在机械结构分析中常用的单元刚度矩阵大都可以通过虚功原理获得。

　　1963~1964年,Besseling、Melosh和Jones等证明了有限元法是基于变分原理的瑞利-里兹法(Rayleigh-Ritz method)的另一种形式,变分法成为推导单元刚度矩阵的更一般化的新方法。对于找不到问题的泛函,或者问题的泛函不存在,无法通过变分方法求得单元刚度矩阵的情况,20世纪60年代后期开始采用加权余量法来推导单元的刚度矩阵。

　　1965年,Zienkiewicz和Cheung(张佑启)证明了有限元法不仅适用于固体结构的力学分析,而且可以用于温度场、流场、电磁场的分析,从而扩展有限元法用于所有场问题的求解。

　　1966年,Irons[4]提出了当前有限元软件中广泛使用的等参元。

　　1973年,两个美国数学家证明了有限元网格密度与收敛极限的关系,即通过加密网格,可以提高有限元的分析精度。此后,除了采用提高插值函数的阶数提高分析精度以外,也采用加密网格的方法提高分析精度。在有限元分析中,前一种方法称为p方法,后一种方法称为h方法。当前,h方法是提高分析精度的主流方法,插值函数的次数一般不超过3次。

1.1.5　早期的出版物

　　1967年,由Zienkiewicz与Cheung[5]合作出版了第一本有限元专著——*The Finite Element Method in Continuum and Structural Mechanics*,1989年再版更名为*The Finite Element Method*[6]。该书是有关有限元法的经典书籍和权威的教科书,其英文版和中文版在国内都有发行。

　　由于有限元法只能求得问题的数值解而不是解析解,传统的力学杂志不愿意接收有限元相关的论文。为此,Zienkiewicz于1968年创办了*International Journal for Numerical Methods in Engineering*杂志,专门发表有限元相关的论文。

1.1.6 有限元在中国

有限元法的相关研究在我国开始得很早。1954 年，胡海昌[7]发表了三变量的广义变分原理，卞学鐄的学生鹫津久一郎次年在美国也发表了相关的论文，这一变分原理后来被称为胡海昌-鹫津原理（Hu-Washizu principle），成为基于变分法的有限元理论的基础。1965 年，冯康在《应用数学与计算数学》上发表的论文"基于变分原理的差分格式"，是我国开始有限元理论研究的标志。崔俊芝、朱伯芳等在 20 世纪 60 年代末 70 年代初开始编写有限元程序进行结构计算，但是都未能商业化。徐芝纶于 1974 年出版了我国第一部关于有限元法的专著《弹性力学问题的有限元法》。1975 年、1979 年，SAP4 和 SAP5 程序的源码被张之勇和卞学鐄引入国内，解决了当时机械工业中多年积累下来的很多疑难问题，如大跨度起重机的共振和模态分析、重型机床的减重设计等，极大地促进了有限元法在我国的应用。同时，经过学习和研究程序代码，规范化的有限元程序开始被我国的有限元工作者掌握，在此基础上开发了很多有限元软件。这些在 SAP 基础上开发的国产软件很多后来都变成商业软件，如郑州机械研究所的紫瑞、大连理工大学的JIFEX、北京大学力学系的 SAP84 等。由于各种因素，这些国产有限元软件并没有像国外有限元软件那样很好地发展起来，基于 NASTRAN 开发的国内航空系统使用的 HAJIF 也有类似的情况，目前国内销售和使用的机械结构分析的有限元软件基本上都是国外的。

1.1.7 常用的有限元软件

早期的计算机系统很不统一，不同型号的计算机往往采用不同的系统。为了方便在不同类型的计算机上运行，通用的有限元程序大多以 FORTRAN 源码的形式在内部发行，由使用者在各自的计算机上修改后编译、运行，这种发行模式给众多用户开发自己的有限元程序带来便利。有限元程序的计算模块结构复杂、代码很长，为了减少开发工作量，很多有限元程序的计算核心代码是从早期的几个通用程序继承并发展起来的。

1. SAP、ADINA 和 ALGOR

SAP 和 NASTRAN 是最早的两个公开过源代码的有限元程序，它们的计算模块成为后来很多有限元程序计算模块的核心和基础。1969 年，Wilson 在 SMIS 的基础上开发了第二代线性有限元分析程序 SAP，1970 年发布了第一个正式版本SAP1，1974 年发布了最后一个公开源码的 SAP5。1978 年，Ashraf 在 Wilson 的支持下创建了 CSI，在 SAP5 的基础上继续开发商业版本的 SAP 程序，即现在土木和建筑工程中广泛使用的 SAP2000。1984 年，ALGOR 公司将 SAP5 程序与基于微机的 CAD 图形系统 ViziCAD 结合，推出了具有完整 CAD 图形界面的微机有限元分析系统 ALGOR FEAS（ALGOR finite element analysis system）。由于其易用性，这个软件应用广泛，在国内被称为 SuperSAP。2009 年，ALGOR 被 Autodesk 公司收购，成为其 Simulation 模块中的一部分。此外，基于 SAP 程序还派生出很多各具特色的有限元分析软件，如 COSMOS、FEPG 和 PKPM 等。

1975 年，Bathe 在 NONSAP 的基础上开发了非线性程序 ADINA（automatic dynamic incremental nonlinear analysis）。跟 SAP 一样，最初的 ADINA 程序是公开源码的，这使它成为后来很多非线性有限元软件的基础代码。ADINA 源码在 1981 年被引入我国，是 ANSYS 进入我国之前国内主要的非线性分析软件。1986 年，Bathe 成立 ADINA R & D 公司，将 ADINA 变成源代码不公开的商业程序。

2. NASTRAN

1971 年，MSC 从 NASA 获得了 COSMIC/NASTRAN 的源码，发布了 MSC 自己的 MSC/NASTRAN。MSC/NASTRAN 是市场上最著名的 NASTRAN 版本之一。1972 年和 1985 年，UAI 公司和 CSAR 公司也分别从 NASA 获得了 COSMIC/NASTRAN 的源码，随后推出了各自的 NASTRAN 程序 UAI/NASTRAN 和 CSAR/NASTRAN。1999 年，MSC 收购了 UAI 和 CSAR，成为市场上唯一的 NASTRAN 程序供应商。2002 年，美国联邦贸易委员会（Federal Trade Commission, FTC）裁决 MSC 构成市场垄断，为了重建 NASTRAN 市场的竞争，要求 MSC 必须共享其商业版本的 NASTRAN 程序。此后，很多公司从 MSC 获得了 NASTRAN 程序的源码并发布了自己的 NASTRAN 程序，如 NX/NASTRAN、COSMOS/NASTRAN、MARC/ NASTRAN 等。

3. ANSYS

1963 年，Westinghouse 公司的 John Swanson 为核反应堆的应力分析编写了一些温度和应力计算的有限元程序，当时命名为 STASYS（structural analysis system）。1969 年，Swanson 从 Westinghouse 辞职，建立了 Swanson 分析系统公司（SASI）。结合早期的 STASYS 程序，Swanson 于第二年发布了商用软件 ANSYS。1994 年，ANSYS 的前后处理程序从 DOS 向 Windows 过渡过程中，由于开发时间过长，新版本迟迟不能问世，公司经营遇到很大困难而被 TA Associates 收购，公司也随之改名为 ANSYS 公司。ANSYS 是最早从 DOS 图形界面升级到 Windows 图形界面的有限元软件之一，也是最早全面拥有结构、热、流体、电、磁、声分析能力的有限元软件。1995 年进入我国市场后，以其良好的易用性和全面的分析能力很快取代了 ALGOR 和 ADINA 的市场地位，成为国内主流的有限元分析软件。2000 年以后，ANSYS 收购了很多相关的分析软件公司以便进一步加强自身的分析能力，如 CFX、Fluent、Ansoft、EVEN 和 Autodyn 等。然而，不断收购新的分析模块，使得 2002 年开始推出的新架构的前后处理程序 Workbench 在超过 10 年的时间里一直没能完工，而旧的前后处理程序又不支持新并购的模块，软件的完整性和易用性受到很大影响。

4. MARC 和 Abaqus

1967 年，布朗大学的 Pedro Marcal 创建了 MARC 分析研究公司，于 1972 年推出了第一个商业版本的非线性有限元程序 MARC。MARC 在 1999 年被 MSC 收购，成为 MSC 的非线性分析模块。MARC 原有的前后处理是基于 DOS 系统的 MENTAT，被 MSC 收购以后，MSC 的通用前后处理程序 PATRAN 也开始支持 MARC。

David Hibbitt 是 Pedro Marcal 的学生，是 MARC 程序的开发者之一，1977 年离开 MARC 后编写了一个新的非线性有限元程序 Abaqus，次年与曾为 MARC 公司同事的 Bengt Karlsson 和 Paul Sorenson 建立了 Hibbitt, Karlsson & Sorensen（HKS）公司，随后正式推出 Abaqus 软件。Abaqus 软件拥有丰富的材料模型，也允许用户编写 FORTRAN 语言的子程序开发自己的材料模型和单元类型，这使得 Abaqus 成为材料力学性能研究的重要工具。Abaqus 最初的动力学分析只有隐式分析模块，1991 年推出了显式分析模块 Abaqus/Explicit，专门用于爆炸、冲击过程的分析。Abaqus 直到 1999 年才推出图形界面的前后处理程序 Abaqus/CAE，在几个重要的有限元程序中推出前后处理程序的时间较晚。2002 年，公司的创始人退休，随后公司名称改为 Abaqus 公司。2005 年 Abaqus 被达索系统收购，在保持软件独立性的同时，也作为核心分析模块与 CATIA 集成。

5. LS-DYNA

在有限元动力学分析中，有隐式和显式两种方法求解动力学微分方程。最初开发的有限元动力学分析程序大部分是隐式程序，如 NASTRAN、SAP、ADINA 等。用隐式方法求解动力学微分方程时，将微分方程改写成差分表达式后，需要求解的同一时刻的变量不能写到方程的一边，只能写成隐式形式，通过迭代求解。显式方法刚好相反，将微分方程改写成差分表达式后，同一时刻的待求变量可以写到方程的一边，方程可以直接求解。两种方法在使用上的主要差别是隐式方法计算稳定性好，可以使用较大的时间步长求解较长时间的动态响应，显式方法只能使用很小的时间步长，主要用于持续时间很短的爆破、冲击、碰撞过程的响应分析。

1976 年，Hallquist 在劳伦斯利弗摩尔国家实验室（Lawrence Livermore National Laboratory，LLNL）主持开发为武器设计使用的显式有限元分析程序 DYNA2D

和 DYNA3D,统称为 DYNA 程序。DYNA 程序的源码是公开的,因此成为现在大部分显式动力学分析程序的基础代码,如 PAM-CRASH、LS-DYNA、MSC/DYNA、MSC/DYTRAN、DEFORM、ANSYS/Autodyn 等。

1984 年,DYNA 程序首先被法国 ESI 公司商业化,命名为 PAM-CRASH。1988 年,Hallquist 离开 LNLL,创建 LSTC 公司,开发 DYNA 程序的商业化版本 LS-DYNA。同年,MSC 基于 DYNA 源码开发了 MSC/DYNA 并于 1990 年发布了第一个版本,随后于 1993 年将其改名为 MSC/DYTRAN。

LS-DYNA 程序是目前功能最强的显示动力学分析程序,除了具有庞大的材料模型库,丰富的接触算法以外,还引入了隐式分析模块和一些非有限元的分析方法,如光滑粒子流(smoothed particle hydrodynamics,SPH)法、离散单元法(discrete element method,DEM)、无网格的伽辽金(element free Galerkin,EFG)法、边界元法(boundary element method,BEM)等。由于显示动力学分析的有限元模型通常比较简单、规模不大,LSTC 多年来一直致力于程序计算功能的开发而拒绝发展前后处理,LS-DYNA 程序在很长一段时间没有自己完整、全面支持计算功能的前后处理程序,只提供一个功能很弱的前后处理程序 LS-PrePost。甚至到目前为止,LS-DYNA 的前后处理工作仍然主要依赖第三方的有限元程序或者通用的前后处理程序,如 LSTC 与 ANSYS 合作开发的前后处理程序 ANSYS/LS-DYNA,通用的有限元前后处理程序 Femap、ETA/FEMB、HyperMesh、MSC/PATRAN 等。

由于 LSTC 坚持独立发展,拒绝被收购,一直没有显式动力学分析功能的 ANSYS 于 1995 年收购了 Century Dynamics 公司,把该公司基于 DYNA 程序开发的显式动力分析软件 Autodyn 纳入到 ANSYS 的分析体系中。1996 年,ANSYS 又与 LSTC 合作,为 LS-DYNA 开发了基于 ANSYS 平台的前后处理程序 ANSYS/LS-DYNA。

6. COSMOS

COSMOS 是一个类似于 ALGOR FEAS 的基于微机平台的多物理场的有限元分析软件,由 SRAC 开发。COSMOS 软件的特点是计算速度快、解题时占用磁盘空间少、使用方便、分析功能全面、与其他 CAD/CAE 软件集成性好。SRAC 成立于 1982 年,最初的有限元代码来自于 SAP,于 1985 年开发了基于微机平台的有限元软件,1993 年发表了快速有限元(fast finite element,FFE)算法。传统有限元分析的数值计算方法有直接法(direct method)与迭代法(iterative method)两种。由于迭代法一直无法保证数值计算的收敛性,故直接法在多数有限元分析软件中仍然是一种主流的计算方法。从 1982 年开始,三位苏联的数学博士,致力于开发一种可以确保求解过程能够收敛的迭代法。他们找到了迭代法在有限元分析中造成发散的原因并提出了相应的解决方案。他们加入 SRAC 以后，于 1993 年将保证收敛的迭代法——又称作快速有限元法应用到 COSMOS 的产品之中。由于开发快速有限元法的过程中需要完全重写计算程序，因此 SRAC 将传统的有限元计算程序重新以 C++语言开发。新的有限元分析软件对磁盘空间的要求大幅降低，占用的计算机系统内存也大大减少，因此分析速度大幅提高。

1.1.8 有限元的发展趋势

有限元法的基础理论在 20 世纪 60 年代末已经相当成熟，进入 70 年代，尤其是在 80 年代，有限元法的发展主要体现在有限元软件的发展上，特别是交互式的图形界面和单元的自动划分技术上，而有限元软件的发展在很大程度上依赖于计算机硬件和软件的发展。

1. 易用性和灵活性

有限元软件一方面朝着提高易用性方向发展，另一方面也在改善灵活性，如图 1-2 所示。有限元软件的易用性和灵活性是两个互相矛盾的发展方向。易用性要求软件的封装严密，对用户的要求少，操作过程简单；灵活性则是允许用户干预计算过程，允许用户开发自己的材料模型、用户单元等，能够满足用户的特殊需求。FEPG 软件就是一个具有极端灵活性的例子，它把有限元分析的各个子程序模块化，可以按照用户需要生成完整的有限元分析所需的 FORTRAN 代码，用户经过编译，就可以生成自己的求解器。COMSOL 也有类似功能，只是生成的不是 FORTRAN 代码，而是可执行的程序。有限元软件的灵活性要求用户对有限元的理论、编程算法有一定的了解，灵活性高的软件，易用性往往较差。大部分的有限元软件或多或少会给用户提供一定程度的二次开发功能，允许用户使用自己的单元刚度矩阵甚至材料模型，将用户程序引入计算过程，开发用户自己的图形

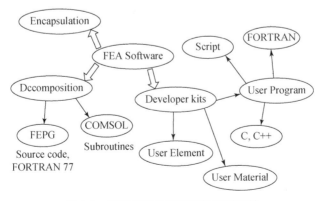

图 1-2 有限元软件的易用性和灵活性

界面，等等。

2. 多方法分析

有限元法不是一个万能的方法，并不适合所有工程问题的分析。与早期的有限元分析程序不同，现在大型的有限元软件为了能够适应多种问题分析的需要，弥补有限元法的不足，采用的算法已经不仅限于有限元方法。例如，分析流体问题可以采用有限元法，也可以采用有限体积法（finite volume method，FVM），近年来也开始采用各种无网格方法（mesh-less method，MLM；mesh-free method，MFM），如光滑粒子流法；在铸造过程的分析中，常用有限差分法（finite difference method，FDM）；分析裂纹尖端应力和带有无限边界的声场问题则经常采用边界元法；在散体问题的分析中经常采用光滑粒子流法和离散单元法；涉及刚体运动的分析则采用解析法。大型的商业软件逐渐形成图 1-3 所示的以有限元法为主，其他方法为辅的多方法（multi-method）的混合型软件，这种软件称为计算机辅助工程（computer aided engineering，CAE）软件或者模拟（simulation）软件更为合适。

在同一个软件中集成不同算法后，很容易实现不同算法之间的耦合计算，形成功能更为强大的多方法耦合分析。

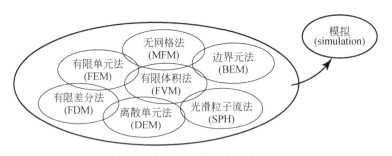

图 1-3　有限元软件的多方法分析

3. 多物理场分析

20 世纪 60 年代已经证明，有限元法不仅可以用于固体结构的分析，也可以用于流体、温度、电磁等多个物理场的分析。如图 1-4 所示，有限元法中的多物理场分析，既包括多个单一物理场的分析，又包括不同物理场之间的耦合分析。

有限元软件在发展过程中，在固体结构分析的基础上，逐渐加入温度场、声场、电场、磁场的分析功能，甚至将控制系统分析中的控制器模型加入有限元分析中，实现图 1-4 所示的机电系统的耦合分析。

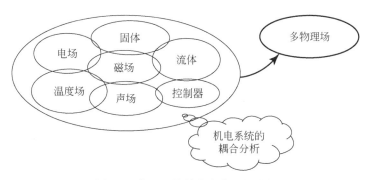

图 1-4　有限元软件的多物理场分析

最初与机械结构进行耦合分析的是温度场，用于分析结构由于温度分布不均匀产生的应力和变形，即热应力和热变形的分析，如机床的热变形分析。此后又出现了结构与流体的耦合，能够分析机械结构与流体之间的相互作用，如飞机机翼在气流作用下的颤振，管道阀门在开闭过程中流体对结构的冲击等。在电机设计中，除了涉及传统的结构分析外，还涉及电磁发热、流体散热、流体阻力、电磁力、热变形、结构振动、结构振动噪声等多个物理场的耦合问题，多物理场的耦合分析，甚至全物理场的耦合分析，是这类产品在设计过程中需要重点考虑的。

4. 设计系统集成

有限元软件的起源和发展与计算机硬件和软件的发展密切相关。

20 世纪 50～70 年代的计算机都是大型机，除了硬件不同外，操作系统也各不相同。如图 1-5 所示，早期的有限元软件都是以源码的形式交流或者发行，由用户在各自的机器上修改、编译，形成特定机器专用的可执行代码。这个时期的有限元软件只是一些用于求解、计算的源码，使用软件的用户要有一定的软件开发能力，对用户的要求很高。

随着计算机操作系统的逐渐统一和规范，有限元软件也逐渐从源码形式转变成可执行代码的形式；功能也从单一求解，逐渐开始加入图形界面，以图形方式显示模型、输入数据和计算结果；从单一物理场的分析发展到多物理场，从单一的有限元法发展到多方法分析，形成 CAE 仿真分析软件。

CAE 软件近年来的一个重要发展方向是与传统的 CAD 系统深度结合，作为 CAD 系统的后台分析程序，在设计过程中随时进行结构强度校核和性能分析，最终成为一个包含设计（CAD）、分析（CAE）、工艺（CAPP）、加工（CAM）等多个模块的 CAX 系统的一部分。

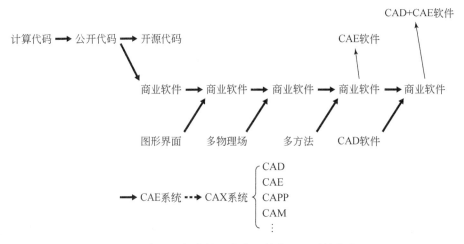

图 1-5　有限元软件的一个发展趋势——系统集成

5. 并行计算

　　有限元分析逐渐从零件分析扩展到部件、整机分析，对计算机速度和容量的需求目前还看不到尽头。更高的速度和更大的容量，是有限元分析对计算机硬件的长期需求。目前解决这一问题的主要措施是实施并行计算。常见的并行计算有多种形式，如单机单 CPU 多核并行、单机多 CPU 并行以及多机并行等。多核并行成本低、实施简单，是目前主要的并行计算模式；单机多 CPU 并行成本较高，需要配置专门的工作站；多机并行则需要对网络进行配置，实施起来比较复杂，应用较少。并行计算对硬件和软件都提出了新的要求，更好地支持并行计算，是有限元软件的一个发展方向。

1.1.9　有限元软件的架构

　　最初的有限元软件只是一个线性方程组的求解程序，这种程序在形式上甚至都不是一个完整的程序，而是多个独立的程序段，各自按照求解顺序完成不同阶段的计算工作。后来，随着模型规模的增大，需要输入的数据量太大，以数据文件形式手工编写输入数据文件的方式难以适应分析需求，故开始为求解程序配置图形界面，在图形界面下建立模型，由程序将图形形式的模型转换成数据文件提供给求解程序。同样也是因为计算输出的数据量太大，数据文件形式的计算结果难以观察和分析，出现了观察和分析计算结果的图形界面，将计算结果以几何图形的形式在图形界面中显示出来。

　　有限元软件中，负责方程求解的模块称为求解器（solver），负责建模的图形界面称为前处理器（pre-processor），负责观察和分析计算结果的图形界面称为后处理器（post-processor）。有限元软件中的这三个部分，构成了现代有限元软件的三元架构：在前处理器中建模，在求解器中求解，在后处理器中考察计算结果。三元架构是现代有限元软件的基本架构。

　　如图 1-6 所示，有限元软件的前处理器可以分为几何建模和有限元建模两部分，其中几何建模部分实现的是 CAD 建模的功能，也可以通过第三方的 CAD 软件实现相同的功能。大部分的有限元前处理器都有同其他软件的 CAD 接口，允许导入 step、iges、x_t、prt 等格式的几何文件。同样地，有限元建模部分的功能也可以通过第三方软件实现。后处理器也是这样，可以通过软件自身的后处理器显示计算结果，也可以通过第三方的后处理器显示计算结果。

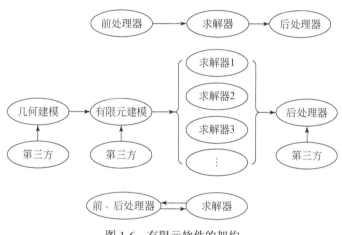

图 1-6　有限元软件的架构

　　有限元分析过程中，80%以上的时间都花在前处理的建模上，真正计算和分析的时间通常很少，前处理的效率决定了有限元分析的效率。评价一个有限元软件功能的强弱，几何建模效率是一个重要指标。在前处理中，几何模型可以通过在第三方的 CAD 软件建立后导入，也可以直接导入已有的三维设计模型，能极大提高建模效率。有限元软件的前处理程序与专业的 CAD 软件相比，在几何建模能力上还有一定差距，现在很多有限元软件与 CAD 软件集成，作为 CAD 软件的后台计算模块，给设计阶段的校核带来了很大便利，也大大提高了有限元建模的效率，这是有限元软件与设计过程更加紧密结合的表现。但是，为有限元分析而建立的几何模型，为了单元划分的需要，通常对模型的几何结构和拓扑结构有特殊的要求，为设计而建立的几何模型并不一定能满足有限元分析的需要，直接导入设计使用的几何模型并不能 100%为有限元分析使用，尤其是复杂的几何模型，在导入有限元前处理过程中出错概率比较高。有限元软件与 CAD 软件的集成、整合并不能解决这个问题，有限元软件仍然需要专属的 CAD 建模模块，以建立真正符合有限元分析需要的 CAD 模型。

作为软件核心的求解器，在软件发展过程中会不断并入来自不同学科、不同求解方法的新的求解模块，分析的范围从固体扩展到温度、流体、电磁，分析方法从有限元法扩展到有限体积法、离散单元法、光滑粒子流法，求解器也不再是单一的求解程序。

由于图形界面的相似性，有些软件将前处理器和后处理器合并，前后处理在同一个图形界面下实现，形成一个集成的前后处理界面和求解器的二元架构。

1.1.10　有限元软件的运行平台

早期的计算机系统没有完整的操作系统，有限元软件以打孔纸带的形式直接驱动系统运行。如图 1-7 所示，20 世纪 60 年代末，Unix 系统出现以后，开始运行在 Unix 平台上。80 年代初，IBM 的个人计算机出现以后，有限元软件逐渐由大型计算机扩展到个人计算机，运行平台由 Unix 系统扩展到 DOS 系统。进入 90年代，有限元软件逐步将运行平台转移到 Win32 系统上，进入 2000 年后，又开始转移到 Win64 系统和 Linux 系统上。

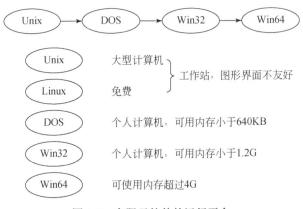

图 1-7　有限元软件的运行平台

在系统平台的不断转换过程中，虽然 Unix 系统的图形界面远不如 Windows界面友好，但是为了大型计算机的运行需要，有限元软件一直没有放弃 Unix 平台。Linux 是由 Unix 简化而来的免费的系统平台，很多有限元软件在发行 Unix 版本和 Windows 版本时，也发行 Linux 平台的版本。

以个人计算机为例，在系统平台的不断转换中，系统的内存由 DOS 系统的640KB 发展到 Win32 系统的 3.25GB，Win64 系统能够管理的内存则超过 4GB，有限元软件能够使用的内存也发生了巨大的变化，从几百 KB 到几十 GB，模型的规模从几十个结点发展到几十万个结点。硬件的运算速度也发生了很大变化，现在普通笔记本电脑的运算速度已经远远超过 20 世纪 60 年代大型计算机的运算速度。

1.1.11 有限元法在机械设计中的应用

有限元法能够准确地计算出零件受力后的应力和变形，相比传统的基于手册的机械强度校核方法，有更高的准确性，在机械设计中所占的比例越来越高，有逐渐取代传统强度校核方法的趋势。

图 1-8 是有限元法在国内机械行业应用的比例变化曲线。国内的机械行业在 1975 年之前没有在机械设计过程中采用有限元法对机械结构进行强度校核和性能预测，机械强度的校核和性能的预测一直采用传统的经验设计或者试验验证。通过邀请国外学者讲学的方式，将有限元法及其软件 SAP4、SAP5 引入国内的机械行业以后，解决了一大批长期困扰机械行业发展的典型技术难题，有限元法才在国内机械行业引起重视。随后在 20 世纪 80 年代初，ADINA 程序的热应力分析和非线性分析功能将有限元的应用推向一个新的高度。

早期的有限元程序，如 SAP4、SAP5 和 ADINA 都没有图形界面，用户需要自行编译，生成可执行代码，建模的数据需要编写成数据文件提交给求解器，计算结果也是数据文件的形式，对用户有较高的要求，并不适合普通的工程技术人员使用，限制了有限元法的普及。在 1990 年后，国内引入了具有前后处理的 Algor 软件，有限元法的应用才有了进一步的发展。1995 年以后，ANSYS 软件以更

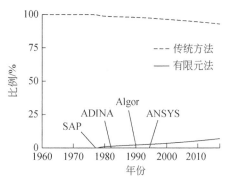

图 1-8 有限元法在国内机械行业的应用比例

高效的前后处理和更强的多物理场耦合分析能力逐步取代了 Algor，成为国内有限元分析的主流软件之一。有限元软件更加完善的分析能力和更好的易用性，也促使有限元方法在机械行业的应用进一步增多。

从图 1-8 中可以看到，有限元法在国内机械行业的应用还算不上普及，主要在大企业的重要零部件的设计中采用有限元法进行性能分析和强度校核，多数企业的大部分零件仍然采用传统的设计方法进行强度校核和性能预测。

与国内不同，国外的机械行业中除了采用传统设计方法外，有限元法已经成为常用的机械设计工具，在一些大企业中甚至强制性地规定所有的零件必须进行有限元强度校核，即使很多零件从经验设计的角度看，并不需要进一步的精确校核，也需要按照规定进行有限元分析，并将计算结果作为技术资料存档。

1.2　有限元分析的过程

有限元法的起源和发展，依赖于数学、力学工作者和结构工程师的不懈努力，这也使得有限元理论变得异常复杂。同时，由于计算机技术的发展，尤其是软件技术的进步，使得有限元软件的使用变得越来越简单。

现代的有限元软件在结构上通常分为三个部分：前处理器、求解器、后处理器。用户通过前处理器的图形界面建立自己的有限元模型，由前处理器将有限元模型转换成求解器所需的数据文件。前处理器功能的强弱决定了有限元软件是否易用。求解器是有限元软件的核心，本质是一个方程组的求解程序，主要在后台完成计算工作，求解过程通常并不需要用户干预，也不需要前处理那样的图形界面。有限元软件的求解器界面主要完成一些求解参数的设置和启动求解程序，本质上仍然属于前处理的功能。

如果求解器只能求解线性方程组，称为线性求解器，如果能求解非线性方程组，则称为非线性求解器，相应的有限元软件分别称为线性有限元软件和非线性有限元软件。求解器功能的强弱，决定了有限元分析能力的强弱。求解器将前处理器建立的输入数据文件读入后开始求解方程组，计算结束时将结果放到输出文件（也称为结果文件）中供后处理程序读取。

有限元软件的后处理器负责读入求解器的计算结果，然后以数据列表、曲线、云图、动画等不同形式将计算结果显示、输出，供用户分析和研究。

现代有限元分析的难点在于如何从具体的工程问题建立合理的有限元模型以及对计算结果的正确理解，这些都需要有限元分析人员具备相关的专业知识，对具体的工程问题和有限元理论有深入的了解。这也是在普通工程技术人员中推广、使用有限元法的主要困难。

1.2.1　有限元分析的基本过程

图 1-6 中前处理器、求解器、后处理器之间的关系很好地显示了现代有限元分析的基本过程，即通过前处理器建模，将模型数据提交给求解器计算，后处理器将求解器的计算结果显示出来供用户分析使用。

通常情况下，有限元分析的过程不是单向的、一次性的，分析过程需要多次修改、反复，是个不断优化的过程。在完成一次计算后，根据计算结果和技术要求之间的差异，对设计方案和分析模型进行调整、修改，再重新建模、计算、考察结果、评估方案的合理性，经过多次反复以后，设计方案趋于合理。

有限元分析的最后一步是整理分析数据，撰写分析报告。

有限元分析的第一步是建立一个如图 1-9（a）所示的几何模型。有限元分析本质上不需要几何模型，几何模型的数据并不进入求解器，早期的有限元分析也不需要几何模型。几何模型只是建立图 1-9（b）所示的有限元模型的一个辅助手段，网格划分程序可以基于几何模型自动生成需要的网格，即单元。

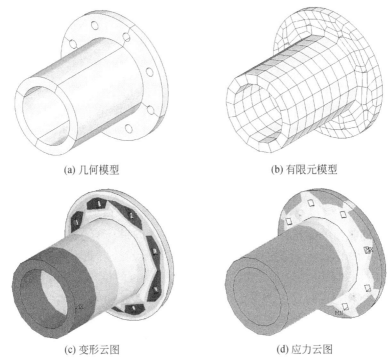

(a) 几何模型　　　　　　　　　　　　　　　(b) 有限元模型

(c) 变形云图　　　　　　　　　　　　　　　(d) 应力云图

图 1-9　有限元分析的过程

　　几何模型可以通过有限元软件的前处理程序建立，也可以通过其他 CAD 软件建立后导入。CAD 文件的格式有很多种，如常用的.igs 和.x_t 格式，这些文件的格式是由公开的协议所规定的，协议的版本也在不断升级。不同软件或者同一软件的不同版本，文件输入输出接口程序所采用的协议版本可能不一样，导入几何文件过程中可能出错或者丢失一些几何特征，得到一个不完整的几何模型。此外，有限元分析所需要的几何模型与一般产品设计的几何模型并不完全一致，CAD 软件中建立的几何模型通常只是为了图形显示或者后续机械加工的需要，并不一定能够满足有限元分析的需要，一些对分析结果影响不大但是影响网格划分的特征，都需要做出适当的处理。

　　从有限元软件提供的单元库中选择合适的单元类型后，通过网格划分可以得到由单元构成的有限元模型，再输入单元的材料属性，如弹性模量、泊松比、密度等参数，就可以使单元具有指定材料的物理属性。

　　有限元建模的最后一步，是在模型上施加约束（constraint）和载荷（load），施加约束的目的是使结构在空间的位置能够固定，确保在施加载荷后结构不会发生宏观的移动。载荷和约束可以施加在有限元模型上，也可以施加在几何模型中，前处理器可以将几何模型上的载荷和约束转移到有限元模型上，将非结点载荷和约束转移到结点上。最后，由程序根据单元的材料属性和结点坐标等信息自动生成单元的刚度矩阵$[K^e]$，$\{f^e\}$是单元结点的载荷向量，$\{\delta^e\}$是单元结点的位移向量，三者形成式（1-1）所示的平衡方程组：

$$[K^e]\{\delta^e\}=\{f^e\} \tag{1-1}$$

其中，单元的刚度矩阵$[K^e]$反映单元上所有结点之间的弹性关系。

在获得所有单元的刚度矩阵并形成类似式（1-1）所示的平衡方程组以后，求解器会自动将这些方程组合到一起，形成整个结构的平衡方程组：

$$[K]\{\delta\}=\{f\} \tag{1-2}$$

式（1-2）等号左边是结构的弹性内力，右边是结构受到的外力。对于施加了固定约束条件的结点，其相应的位移分量已知，不需要求解，可以将其从方程中剔除，剩余的位移分量都是未知量。对于施加了载荷的结点，其相应的载荷分量已知，未施加载荷的结点载荷分量为0，这样载荷向量$\{f\}$就是已知的向量。在刚度矩阵$[K]$和载荷向量$\{f\}$中剔除了与已知位移分量对应的元素后，通过求解器解减缩后的线性方程组（1-2），可以求得所有剩余结点的位移。

求出结点位移后，通过弹性力学中应变-位移关系和应力-应变关系即可求出每个结点上的应力。根据位移求应力在有些软件中属于求解器的功能，在求解过程中一并求出，在另外一些软件中则归到后处理器中。在后一类软件中，如果需要显示或者输出应力，需要在后处理器中基于位移结果计算应力。

求解完成后就可以进入后处理器查看计算结果，如用云图显示的结构变形[图 1-9（c）]和结构应力 [图 1-9（d）]。计算结果也可以通过数据列表的形式给出，这是有限元软件最初的结果显示方式。

有限元的求解器只求出如图 1-9（c）和（d）所示单元结点处的位移，如果需要单元内部其他位置上的位移，需要在后处理程序中通过插值函数，根据单元结点的计算结果，通过插值的方式求解。因此，有限元法可以通过有限的计算，获得结构内部任意一点的变形和应力。

对于求解振动问题，需要考虑结构质量产生的惯性力，有时还需要考虑结构阻尼的影响，这时式（1-2）需要增加惯性项$[M]$和阻尼项$[C]$：

$$[M]\{\ddot{\delta}\}+[C]\{\dot{\delta}\}+[K]\{\delta\}=\{f\} \tag{1-3}$$

式中，$\{\ddot{\delta}\}$和$\{\dot{\delta}\}$分别是与时间有关的结点的加速度向量和速度向量，$\{\delta\}$是与时间有关的位移向量；$[M]$是质量矩阵，可以将结构质量等效到各个结点上获得。阻尼矩阵一般通过试验获得。

式（1-3）与式（1-2）不同之处在于，式（1-2）与时间无关，反映的是静力变形，式（1-3）与时间有关，反映的是动力变形。与时间有关的微分关系不能直接求解，需要用差分格式近似替代：

$$\begin{cases} \dot{\delta} \to \dfrac{\Delta\delta}{\Delta t} \\ \ddot{\delta} \to \dfrac{\Delta\dot{\delta}}{\Delta t} \to \dfrac{\Delta^2\delta}{\Delta t^2} \end{cases}$$

这样式（1-3）变成

$$[M]\left\{\dfrac{\Delta^2\delta}{\Delta t^2}\right\} + [C]\left\{\dfrac{\Delta\delta}{\Delta t}\right\} + [K]\{\delta\} = \{f\} \tag{1-4}$$

这个替代过程把式（1-3）中连续的时间变成了离散的时间，称为动力学方程的时间离散。如果式（1-4）两边乘以 Δt^2，则

$$[M]\{\Delta^2\delta\} + \Delta t[C]\{\Delta\delta\} + \Delta t^2[K]\{\delta\} = \Delta t^2\{f\} \tag{1-5}$$

式中，$\Delta\delta$ 是相邻两个时间点 i 和 $i-1$ 的位移差，如果假定

$$\begin{cases} \Delta\delta = \delta_i - \delta_{i-1} \\ \Delta^2\delta = \delta_i + \delta_{i-2} \end{cases}$$

式（1-5）可以写为

$$[M]\{\delta_i + \delta_{i-2}\} + \Delta t[C]\{\delta_i - \delta_{i-1}\} + \Delta t^2[K]\{\delta_i\} = \Delta t^2\{f_i\} \tag{1-6}$$

式（1-6）可以写成显式形式：

$$\left[[M] + \Delta t^2[K] + \Delta t[C]\right]\{\delta_i\} = \Delta t^2\{f_i\} - [M]\{\delta_{i-2}\} + \Delta t[C]\{\delta_{i-1}\} \tag{1-7}$$

时刻 t_i 之前的时刻 t_{i-1} 和 t_{i-2} 的位移 δ_{i-1}、δ_{i-2} 已经求出，时刻 t_i 的载荷 f_i 及质量矩阵 $[M]$、刚度矩阵 $[K]$ 和阻尼矩阵 $[C]$ 已知，根据式（1-7）可以求出时刻 t_i 的位移 $\{\delta_i\}$。

通过式（1-7），从初始时刻开始，一个时间步一个时间步地求解，可以将期望的时间区间里各个时间点的结点位移求出，每一个时刻的求解，都类似于一次静力求解，因此动力响应计算量远超过静力计算。由于动力学方程的时间离散，每一步都有离散误差，动力响应计算的误差会逐步累积，时间步 Δt 越大，求解的时间区间越长，动力计算的误差会越来越大。

式（1-6）中如果采用不同的差分格式，式（1-5）可能无法写成显式格式，方程两边都有涉及待求时刻的位移变量，成为隐式的差分方程，需要采用迭代法求解。

1.2.2　常用单元类型

有限元分析中采用多种不同形状的单元堆砌实际结构。图 1-10 显示了常用的

三维实体单元的几何形状。图中的单元可以分为两组，一组直边单元，一组曲边单元。曲边单元的边有一个边中结点，是二次曲线，能够很好地模拟机械零件的曲线边界，具有比直边单元更高的计算精度。缺点是曲边单元结点多，计算量比直边单元大，单元形状对计算精度影响很大，在变形大、网格畸变严重的场合容易导致计算精度变差甚至计算过程不收敛。对六面体单元而言，理想的单元形状是正方形，对于非正方形的单元形状，单元边的夹角一般不能接近 0° 和 180°。不同的软件对夹角有不同的限制，以确保收敛和保持计算精度。四面体和五面体都是六面体的退化形状，计算精度较低，主要用于粗细网格的过渡，在整体网格中的比例不宜过高。

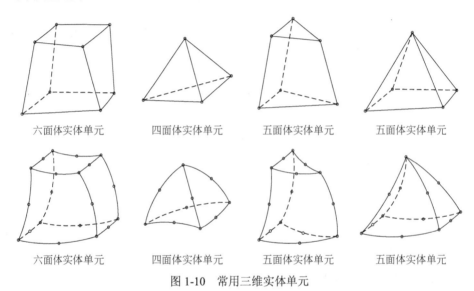

六面体实体单元　　四面体实体单元　　五面体实体单元　　五面体实体单元

六面体实体单元　　四面体实体单元　　五面体实体单元　　五面体实体单元

图 1-10　常用三维实体单元

图 1-11 是常用的平面单元和壳单元的形状。有些机械结构由于形状上的特点，可以将其简化成平面问题分析，从而降低计算量。对于薄壁结构，如罐体，壁厚远小于罐体几何尺寸，建模时可以将其简化成壳单元，壁厚通过程序输入，不用在图形上画出来，建模方便，也可以降低计算量。壳单元与平面单元形状相似，但是壳单元可以是空间的曲面，属于三维单元，平面单元属于二维单元。四边形单元的性质与六面体类似，单元精度是正四边形最高，即正方形最高，也允许有一定程度的畸变，三角形单元是四边形的退化单元，精度较低。带有边中结点的曲边单元性质与图 1-11 中的曲边单元相同。

图 1-12 中的杆、梁单元一般称为线单元，用来模拟细长结构。线单元用来模拟细长结构可以极大地降低计算量，同时又能保证精度不低于实体单元，甚至高于实体单元。如果模型不用考虑弯曲和扭转，只需要考虑轴向的拉压变形，可以用杆单元模拟，否则就得用梁单元模拟。梁单元有三个结点，不在梁上的第三个

结点是方向结点，用来定义梁截面的方向。除了截面形状是圆形的梁以外，多数梁截面都有方向性，需要第三个结点定义梁截面不同方向的惯性矩。例如，槽钢梁需要第三个结点与前两个结点配合确定槽钢的开口方向。带有边中点的曲梁与带有边中点的实体单元一样，除了能模拟弯曲结构以外，还可以提供较高的计算精度。

直边单元　　直边退化单元　　曲边单元　　曲边退化单元

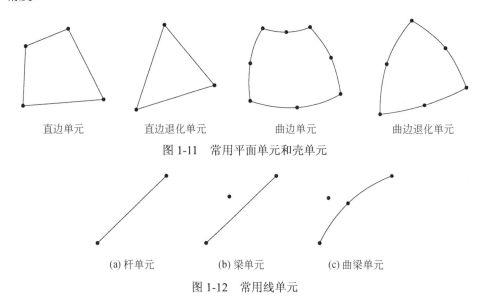

图 1-11　常用平面单元和壳单元

(a) 杆单元　　(b) 梁单元　　(c) 曲梁单元

图 1-12　常用线单元

1.2.3　辅助单元

有限元软件中除了提供上述各种常用的结构单元外，通常也提供很多辅助性单元，以方便建模，减少计算量。

1. 弹簧-阻尼单元

弹簧-阻尼单元是一种线单元，是由弹簧和阻尼器并联形成的一种单元，用来模拟弹簧或者阻尼器之类的构件。

2. 质点单元

质点单元是一种特殊的单元，只有一个结点，也称为点单元，在机械结构分析中经常用来模拟那些只需考虑质量而不考虑形状的零件或者零件上的几何区域。

3. 接触单元

接触单元用来模拟两个表面之间的接触性质，防止两个表面之间互相侵入。

接触单元是一种虚拟的功能性单元，覆盖在实体单元表面，与实体单元共享表面结点，没有自己独立的结点，需要配对使用，两个表面上覆盖的接触单元通过共享一个实常数号建立配对关系，在求解过程中，程序能够确保两个配对的接触单元之间不发生相互侵入。接触单元的具体形式依赖于所覆盖的实体单元的表面形式，可以是点、线、面形式的单元。

4. 表面网格单元

表面网格单元是一种辅助网格划分的单元，并不进入求解器参与结构计算，具体形式可以有很多种。例如，网格划分时，可以先在结构表面上用表面网格单元划分出四边形单元，然后向实体内部拉伸，形成质量较好的六面体网格，比直接在实体上划分网格更容易得到高质量的网格。

5. 表面效应单元

表面效应单元也是一种特殊的、不进入求解计算的单元。通常的实体单元，在表面施加的分布力是法向分布力，不能施加切向分布力。表面效应单元覆盖在实体单元表面，在表面效应单元的表面可以施加切向的分布力，在一些特殊的应用场合，可以给建模带来很大方便。

6. 垫片单元

垫片单元是一种扁平实体单元，配以专门的垫片材料模型，可以用来模拟机械结构中的垫片。

7. 用户单元

用户单元是一种特殊的单元，单元刚度矩阵中的元素数值不是由前处理程序自动生成，而是由用户提供。通过这种用户单元，可以将用户自己开发的单元引入计算过程，避免编写完整的计算程序，在一些研究领域或者有特殊需要的场合，用户单元有非常重要的价值。

1.2.4 相关的英文术语

绝大部分商业化的有限元软件都是国外的，国产的商业软件很少。国外的软件除了少数几个有中文界面外，大多为英文界面，尤其是软件的帮助系统。因此，通过英文的帮助系统了解软件的功能，学习软件的使用方法和算法的理论基础，是熟练掌握一个有限元软件的重要手段。表 1-1 给出了有限元软件中常用术语的中英文对照，这些术语在有限元分析领域往往有特定的专业含义，与一般用途中的含义不尽相同。正确理解这些术语在有限元分析中的含义，是阅读和理解有限元软件帮助文档的基础。

表 1-1　有限元软件中常用术语的中英文对照表

序号	中文	英文	序号	中文	英文
1	有限元	finite element，FE	31	几何	geometry
2	有限元法	finite element method，FEM	32	重力	gravity
3	有限元分析	finite element analysis，FEA	33	加速度	acceleration
4	单元	element	34	接触	contact
5	结点	node	35	目标	target
6	角结点	vertex	36	弹性模量	elastic modulus
7	边中结点	middle node	37	泊松比	Poisson's ratio
8	单元边	edge	38	密度	density
9	单元面	face	39	剪切模量	shear modulus
10	网格	mesh	40	塑性	plasticity
11	平面单元	plane element	41	模态分析	modal analysis
12	实体单元	solid element	42	静态分析	static analysis
13	梁单元	beam element	43	约束	constrain
14	平动	translation	44	载荷	load
15	转动	rotation	45	力（集中力）	force
16	变形	deformation，deflection	46	压力（分布力）	pressure
17	位移	displacement	47	云图	contour
18	自由度	degree of freedom，DOF	48	黏弹性	viscoelasticity
19	质量	mass	49	切向滑移	tangential sliding
20	惯性	inertia	50	法向间隙	normal gap
21	三角形	triangle	51	应力	stress
22	四边形	quadrilateral	52	应变	strain
23	四面体	tetrahedron	53	力偶	moment
24	五面体	pentahedron	54	刚度矩阵	stiffness matrix
25	六面体	hexhedron	55	向量	vector
26	实体单元	solid element	56	米泽斯应力	Mises stress
27	壳单元	shell element	57	等效应力	equivalent stress（Mises stress）
28	杆单元	bar element，link，truss	58	特雷斯卡应力	Tresca stress
29	薄膜单元	membrane element	59	应力强度	stress intensity（Tresca stress）
30	积分点	integration piont	60	主应力	principal stress

续表

序号	中文	英文	序号	中文	英文
61	弯曲	bending	70	大应变	large strain
62	剪切	shear	71	载荷步	load step
63	扭转	torsion	72	子步	substep
64	轴对称	axisymmetry	73	运动硬化	kinematic hardening
65	载荷工况	load case	74	各向同性硬化	isotropic hardening
66	平面应力	plane stress	75	各向异性	anisotropic
67	平面应变	plane strain	76	双线性硬化	bilinear hardening
68	应力刚化	strain stiffness	77	多线性硬化	multilinear hardening
69	大变形	large deflection	78	求解	solve

1.3　计算机辅助工程

1.3.1　计算机辅助工程的概念

计算机辅助工程一词译自英文 computer aided engineering，简称 CAE，是指利用计算机技术，将自然科学的理论创造性地应用到具体实践中的过程。具体到机械领域，就是在机械设计过程中，利用计算机技术考察、检验、预测产品性能的过程。计算机辅助工程的概念比较宽泛和模糊，现阶段的计算机辅助工程实际上是计算机辅助分析（computer aided analysis，CAA），即利用计算机技术建立产品的分析模型，在设计阶段分析、考察和预测产品的性能，是介于 CAD 和 CAM 之间的一项技术。

1.3.2　计算机辅助工程的方法

在机械设计过程中，建立分析模型所涉及的物理场可以不止一种。例如，电动工具的设计中，建立的分析模型可能涉及机械结构、电磁场、流体、温度等多个不同的物理场，用以分析结构强度、电磁驱动力、散热和噪声、热应力和热变形等关键性问题。此外，分析模型涉及的建模方法也有很多，除了主要的有限元法以外，还有运动学方法（kinematics method）、刚体动力学方法（rigid body dynamics method，RBDM）、离散单元法、无网格法、边界元法，以及用于流体计算的有限体积法等。一个功能比较强的分析软件往往具有多个不同物理场的分析能力和多个不同的分析方法，这些软件可以统称为计算机辅助工程软件，或者计算机辅助分析软件。计算机辅助工程涉及的软件很多，除了具有分析功能的软件以外，还有很多围绕分析软件提供辅助性和扩展性功能的软件，如为有限元分析软件服务的前后处理软件，尤其是网格划分软件，以及基于有限元分析结果的结构优化软件和疲劳分析软件等。

1.3.3　常用的计算机辅助工程软件

表 1-2 列出了目前在机械结构分析中常用的几种有限元软件。这些软件的核心部分都有 50 年左右的历史，除了 NASTRAN 没有专门的前后处理程序外，其他软件都有自己专门的前后处理。这些软件的功能在机械结构分析方面都是相似的，都能完成一般机械结构的静态和动态分析，不同之处主要体现在前后处理功能的强弱、软件的易用性和材料模型的数量上。

表 1-2　常用的机械结构分析软件

序号	软件	特点
1	ANSYS	有多物理场分析能力，前后处理方便，有显式分析接口和模块
2	Abaqus	很强的非线性能力和用户接口，图形界面不完善，有显式分析能力
3	NASTRAN	线性程序，没有专门的前后处理程序
4	Marc	经典的非线性程序，前后处理不方便
5	ADINA	经典的非线性程序，很好的流固耦合功能，前后处理不方便
6	Autodesk Simulation Mechanical	以前的 Algor，有中文界面，有多物理场分析能力，使用简单，数据接口丰富，适合工程技术人员

ANSYS 软件是基于早期的线性程序发展起来的，非线性分析能力比 Marc 和 Abaqus 弱，支持的材料模型数量也少于 Abaqus，但是因为前后处理器对求解器的支持完善，易用性比 Marc 和 Abaqus 以及 ADINA 好。Marc 是最早开发的非线性有限元软件，基于 DOS 系统的前后处理程序 Mentat 使用烦琐，易用性差，网格划分能力也很弱，PATRAN 作为新的前后处理，对求解器的支持又不完善。Abaqus 的前后处理器 CAE 在常用的几个大型有限元软件中开发得最晚，功能也最弱，对求解器的支持不完善，用户接口需要 FORTRAN 编译器的支持，安装和使用比较烦琐。Abaqus 的优点是非线性分析能力超过 Marc，能提供大量的材料模型供用户使用，有独立的显示分析模块，在没有并购 Autodyn 之前，ANSYS 软件要依赖 LS-DYNA 的接口，通过 LS-DYNA 进行显式分析，Marc 则一直是一个隐式分析软件，没有显式分析能力。

NASTRAN 软件基本就是一个线性程序，一直没有自己的前后处理程序，主要应用在航空、航天领域，近年来随着代码的开放和扩散，逐渐被集成到很多 CAD 系统中作为后台的分析程序。

ADINA 是一个传统的非线性软件，有很好的流固耦合分析能力，图形界面开发较晚，前后处理功能较弱，主要应用在土木工程中，机械工程中使用相对较少。

　　Algor 是为数不多的几个具有中文界面的大型有限元软件之一,有很好的易用性,2009 年被 Autodesk 收购后改名为 Autodesk Simulation Mechanical,求解器是基于 SAP5 发展起来的,功能简单,适合工程应用。

　　常用的这些有限元软件,除了具有结构分析能力外,一般也有温度场分析能力,能够完成热-结构耦合分析,此外也有一定的流体分析能力,能够进行简单的流场计算和流固耦合分析。

　　表 1-3 列出了机械结构分析中常用的显式动力学分析软件。显式动力学分析软件中最主要的是 LS-DYNA 软件,除此之外,其他的显示动力学软件都是基于早期公开源码的 DYNA3D 发展起来的,与 LS-DYNA 同源,基本功能相似,但是使用范围比较小。DEFORM 软件本质上只是一个金属成型和切削过程仿真的前后处理程序,没有自己的求解器,求解部分主要采用 LS-DYNA,这与很多专门的金属成型软件(如表 1-3 中的 DynaForm)的结构相似,即只有专用的前后处理,求解部分需要依赖第三方的求解器。

表 1-3　机械结构分析中常用的显式动力学分析软件

序号	软件	特点
1	LS-DYNA	用于爆炸、冲击、碰撞分析,分析功能全面,前后处理不方便,有大量第三方的前后处理程序和接口
2	PAM-CRASH	主要用于汽车碰撞分析
3	Abaqus/Explicit	Abaqus 的显式分析模块
4	MSC/Dytran	MSC 的显式分析模块
5	ANSYS/Autodyn	ANSYS 收购的显示动力分析软件
6	DEFORM	金属成型和切削分析软件,以 LS-DYNA 作为求解器
7	DynaForm	用于冲压、成型分析,以 LS-DYNA 作为求解器

　　机械结构分析中经常采用理论力学的方法将构件简化成刚体,分析结构在运动过程中的轨迹、速度、加速度以及构件之间的作用力。由于分析过程中不考虑构件的变形,只考虑构件的宏观运动,这类分析方法也称为刚体动力学分析方法或者机构动力学分析方法。刚体动力学分析软件不像有限元软件那样多,常见的主要有被 MSC 收购的 ADAMS 和 ANSYS 的 Rigid Body Dynamics 以及韩国 FunctionBay 公司开发的 RecurDyn。这几个软件除了具有刚体动力学分析能力外,还有一定的接触碰撞分析能力和简单的弹性体变形的分析能力,能够实现简单的构件碰撞和检测分析以及刚柔耦合分析,算法也不全是刚体动力学方法。

　　表 1-4 是常用的流体分析软件。在流体分析领域,除了采用有限元法以外,超过一半的软件采用有限体积法,还有个别软件采用 SPH 法模拟流体的运动,在注塑流体分析中,则往往采用有限元法与差分法的混合算法。

表 1-4 常用的流体分析软件

序号	软件	特点
1	ANSYS/Fluent	有限体积法，功能全面的流体分析
2	ANSYS/Fidap	有限元法的流体分析
3	ANSYS/Polyflow	有限元法的黏弹性注塑流体分析
4	ANSYS/CFX	有限体积法，风机流体分析
5	STAR-CD	有限体积法流体分析
6	FloXpress	SolidWorks，定性分析
7	CFDesign	Autodesk Simulation CFD，有限元法
8	MoldFlow	Autodesk 注塑流体分析，有限元法和差分法

声场在本质上也是一种流场，因此具有流场分析能力的软件，理论上也可以进行声场分析。机械工程中的声场分析主要用在汽车车厢内部的声场舒适性分析上。声场分析的主要特点是分析区域往往涉及无限远场，为了处理无限远场，经常需要采用边界元或者无限元方法，因此声场分析一般是包含有限元、边界元、无限元的耦合分析，常用的声场分析软件 SYSNOISE 和 ACTRAN 就是如此，甚至采用能量统计算法的声场分析软件 VA One 中也混合有限元和边界元算法。

表 1-5 是常用的热分析软件。与结构分析软件不同，热分析一般没有独立的软件，通常依附于结构分析软件或者流体分析软件，作为结构分析或者流体分析的一个附加功能。目前，大部分的结构分析软件有温度分析的能力，能够实现不同程度的热-结构耦合分析。表 1-5 中所列的主要是用于散热分析的热分析软件。

表 1-5 常用的热分析软件

序号	软件	特点
1	SINDA/FLUINT	差分法和集总参数法热流分析，Cullimore & Ring
2	MSC/SINDA	MSC 收购 Network Analysis 公司开发的 SINDA/G
3	Fluent	流体热分析
4	PHOENICS	最早的计算流体与计算传热学商业软件
5	FLoTHERM	电子系统散热分析
6	RadTherm	结构热分析
7	Flowmaster	热流分析

电磁分析软件分为低频分析和高频分析两类，常用的电磁分析软件见表 1-6。表 1-6 中所列的软件，除了 Infolytica 以外，一些主要的电磁分析软件都被 ANSYS 收购，用来弥补 ANSYS 内置的电磁场分析模块 Emag 功能的不足，但是这些并

购的软件并没有像 Emag 一样真正融合到 ANSYS 中，仍然以独立软件形式存在。

表 1-6　常用的电磁分析软件

序号	软件	特点
1	ANSYS/Maxwell	低频电磁场分析，主要用于电机、变压器设计
2	Infolytica	最早商业化的电磁场分析软件，主要用于低频电磁场分析
3	ANSYS/Emag	ANSYS 内置的电磁场分析模块
4	ANSYS/HFSS	高频电磁场分析，主要用于天线设计

几何建模、选择材料模型和单元类型、网格划分、施加载荷和边界条件，这些都属于前处理的工作内容，其中最重要的是网格划分。为有限元分析服务的前后处理程序种类繁多，包括有限元软件自带的专用前后处理和第三方的通用的前后处理，功能上有些具有几何建模能力，有些带有后处理功能，有些前处理程序的主要功能就是网格划分，其他功能相对较弱，如表 1-7 中的 HyperMesh、TrueGrid、ANSA、GS-Mesher、TurboGrid、ICEM CFD 等。第三方的前处理器，由于需要面对多个不同的求解器，其核心部分就只有网格划分，其他工作内容，如复杂的材料模型、单元类型、动态的载荷和边界条件等需要后续的数据文件编辑过程来完成。由于在功能上侧重于网格划分，这些第三方软件的网格划分能力通常要强于有限元软件自带的前处理程序。

表 1-7　常用的前后处理软件

序号	软件	特点
1	HyperMesh	网格划分软件，侧重于面网格的划分，与大部分有限元和流体软件有接口
2	TrueGrid	基于 LS-INGRID，六面体网格划分能力强
3	ANSA	侧重于面网格的划分
4	Gridgen/Pointwise	均侧重于流体网格的划分
5	Femap	经典的有限元分析通用前后处理程序
6	GiD	通用的前后处理程序
7	GS-Mesher	MSC 的网格划分模块
8	Mesh Morpher	ANSYS 的网格变形工具
9	TurboGrid	ANSYS 的涡轮流体网格划分工具，用于旋转机械的流体网格划分
10	ICEM CFD	ANSYS 的流体网格划分工具，替代 GAMBIT
11	Patran	MSC 的通用前后处理程序
12	LS-PrePost	LS-DYNA 的前后处理程序
13	ANSYS/LS-DYNA	基于 ANSYS 的 LS-DYNA 前后处理程序

续表

序号	软件	特点
14	Abaqus/CAE	Abaqus 的前后处理程序
15	Mentat	Marc 的基于 DOS 的前后处理程序
16	AUI	ADINA 的图形界面
17	ViziCAD	Algor 的图形界面
18	ANSYS/PrepPost	ANSYS 的经典界面
19	ANSYS/Workbench	ANSYS 的新图形界面
20	SpaceClaim	ANSYS 收购的几何造型软件

第三方的前处理程序，不像软件自带的前后处理程序能够完全兼容求解器的全部功能，如 Algor 自带的图形界面 ViziCAD 和 ANSYS 的经典界面 ANSYS/PrepPost，多数只能支持简单的线弹性材料模型和静态的载荷和边界条件，如 Femap、GiD 等。表 1-7 中的前后处理程序，很多属于第三方的前后处理，面向多个主流的求解器，不能完整支持某个求解器的全部功能，只是一个单纯的网格划分程序，即使像 Patran 和 LS-PrePost 这种软件系统专用的前后处理，也不能完整地支持求解器的全部功能。例如，Patran 作为 MSC 的通用前后处理程序，能够支持 MSC 的多个求解器，但是并不能完整支持求解器的全部功能，LS-PrePost 一直到 3.2 版仍然是测试用的 beta 版本，对 LS-DYNA 的支持以及易用性远不如基于 ANSYS 经典界面开发的第三方的前后处理程序 ANSYS/LS-DYNA。

除了网格划分程序外，在包含大位移和大变形构件的模型中，往往需要在计算过程中调整已经划分好的网格形状，使之能够适应构件的大位移和大变形，同时其他构件的网格形状不变，这类软件就是有限元分析中使用的网格变形软件，如表 1-7 中的 Mesh Morpher。此外在大变形、大位移分析中，如果变形过大或者精度要求较高，如金属切削过程的分析，往往需要在计算过程中重新划分网格，并将旧网格上的计算变量映射到新网格上继续计算，这种情况对网格划分程序的要求更高，需要网格划分程序与求解器结合得更紧密。

多数有限元软件自带的前处理程序都有一定的几何建模能力，如 Algor、ANSYS、Patran、Abaqus/CAE、Mentat、AUI、ANSYS/Workbench 等，很多 CAD 软件收购有限元软件后，也将自身作为有限元软件前处理的一部分，完成几何建模功能，如 Autodesk 收购 Algor，Dassault Systemes 收购 Abaqus，UG 采用 NASTRAN 进行有限元分析也属于这种情况。相反的情况也有，如 ANSYS 收购 CAD 造型软件 SpaceClaim，以 SpaceClaim 作为前处理过程中的几何建模工具，都使前处理能力得到加强。

　　优化设计是机械设计的一个重要内容。表 1-8 列出了常用的几种基于有限元的优化设计软件。基于有限元的优化设计是利用有限元的计算结果，如应力、变形等，采用不同的优化算法，确定结构下一步的改进方向，通过迭代过程，逐渐找到一个最优的几何形状或者几何尺寸，前者一般称为拓扑优化，后者称为形状优化，也称为尺寸优化。拓扑优化前，零件的拓扑结构不确定，需要通过优化过程确定。形状优化不改变零件的拓扑结构，只改变具体尺寸，如零件上孔的优化，只确定最优的孔径和孔的位置，不改变孔的形状、数量等拓扑结构。

表 1-8　常用的有限元优化设计软件

序号	软件	特点
1	modeFrontier	多目标优化设计，有很好的后处理能力，没有拓扑优化
2	iSight	比 modeFrontier 简单，没有拓扑优化功能
3	OptiStruct	内嵌有限元求解器，有拓扑优化功能，分析功能全面
4	ANSYS/Opt	ANSYS 内嵌的优化模块，有拓扑优化功能
5	Optimus	没有拓扑优化功能
6	TOSCA	有形状优化和拓扑优化模块

　　疲劳破坏是机械零件的主要失效形式，结构的疲劳强度分析和疲劳寿命的预测是结构疲劳设计、强度校核的重要内容。随着计算机技术和有限元技术的发展，结构疲劳分析方法在各个行业得到了广泛的应用。

　　疲劳计算是基于有限元的应力计算结果，根据载荷工况，采用雨流计数法计算疲劳寿命，因此疲劳分析本质上不属于有限元分析的范畴。

　　常用的疲劳分析软件如表 1-9 所示，其中的 nCode/DesignLife、FE-Fatigue 以及 MSC/Fatigue 是同一家公司的同一个产品，只是界面和接口不一样。FE-Safe、SIMULIA/FE-Safe 以及 ANSYS/FE-Safe 的情况也类似，都是有限元软件公司与疲劳分析软件公司合作开发的疲劳分析模块，嵌入到相应的有限元软件中，在结构应力分析结束后进行疲劳寿命分析。

表 1-9　常用的疲劳分析软件

序号	软件	开发者
1	FE-Safe	英国 Safe Technology
2	WinLife	德国的 Steinbeis TZ 交通中心
3	nCode/DesignLife	英国 nCode 与 ANSYS 合作开发
4	FE-Fatigue	英国 nCode
5	MSC/Fatigue	英国 nCode 与 MSC 合作开发

续表

序号	软件	开发者
6	SIMULIA/FE-Safe	Safe Technology 与 Dassault Systemes 合作开发
7	ANSYS/FE-Safe	Safe Technology 与 ANSYS 合作开发

练 习 题

（1）传统的机械零件强度校核方法有哪些？各有什么特点？

（2）有限元理论的起源最早可以追溯到什么时间？

（3）说明有限元法的起源和最初的工程应用领域。

（4）有限元这个名词是哪一年提出的？

（5）举例说明常用的有限元软件及其特点。

（6）早期的有限元软件没有图形界面，只是一个解线性方程组的求解器，为什么？

（7）说明有限元软件图形界面的起源及其发展。

（8）大型的有限元软件，为什么会提供上百种单元类型供用户选择？

（9）解释名词 CAD、CAE、CAA、CAM、CAPP、CAM 的含义。

（10）为什么很多有限元软件并不是纯粹的有限元软件？

（11）为什么疲劳分析软件不属于有限元分析软件？

（12）为什么优化分析软件不属于有限元分析软件？

（13）为什么很多有限元软件改名为模拟分析软件？

（14）解释名词 FEM、FEA、FDM、DEM、SPH、BEM、MFM、MLM、FVM、NMM。

（15）什么是有限元分析中的多物理场分析？说明全物理场分析的利弊。

（16）有限元软件有朝着严密封装和更加开放两种相反的方向发展的趋势，为什么？

（17）什么是数值模拟技术中的多方法分析？为什么会出现多方法分析？

（18）说明有限元软件的前处理、求解器、后处理三部分的特点及其发展趋势。

（19）有限元软件的运行平台有哪些？各有什么特点？

（20）在数学上证明有限元法中的网格密度与求解结果的收敛极限之间的关系有什么意义？

（21）分析有限元软件在导入由 CAD 软件建立的几何模型时经常会出错的原因。

参 考 文 献

[1] COURANT R. Variational methods for the solution of problems of equilibrium and vibrations[J]. Bulletin of American Mathematical Society, 1943, 49:1-23.

[2] TURNER M J, CLOUGH R W, MARTIN H C, et al. Stiffness and deflection analysis of complex structures[J]. Journal of the Aeronautical Sciences, 1956, 23(9):805-823.

[3] CLOUGH R W. The Finite Element Method in Plane Stress Analysis[C]. Proceedings of 2nd ASCE Conference on Electronic Computation, Pittsburgh, PA, 1960: 345-378.

[4] IRONS B M. Engineering Applications of Numerical Integration in Stiffness Methods[J]. AIAA Journal, 1966, 4: 2035-2037.

[5] ZIENKIEWICZ O C, CHEUNG Y K. The Finite Element Method in Continuum and Structural Mechanics[M]. New York: McGraw-Hill, 1967.

[6] ZIENKIEWICZ O C, TAYLOR R L. The Finite Element Method[M]. New York: McGraw-Hill, 1989.

[7] 胡海昌. 论弹性体力学与受范性体力学中的一般变分原理[J]. 物理学报, 1954, 10(3): 259-289.

第 2 章　有限元法的基本原理

有限元法经过 60 多年的发展，从最初应用在机械结构的变形分析中，已经发展到现在广泛应用到机械、电子、土木、水利等几乎所有工程学科，从最初的固体结构领域扩展到声、光、电、热、磁、流体等几乎所有物理场，从单一物理场的计算发展到多物理场的耦合计算，从线性计算发展到非线性计算。有限元法的发展还催生了一批与有限元法相关的方法、理论和技术的产生和发展，如有限元网格划分算法和理论，大型非线性方程组的求解技术，作为有限元法补充的其他数值分析方法等。与最初的有限元法相比，今天的有限元理论体系已经变得异常复杂[1, 2]。

本章通过弹性体能量分析的虚功原理建立有限元平衡，以期说明有限元法中刚度矩阵的构造方法和有限元法的实施过程。首先介绍与有限元法相关的弹性力学的基础知识，包括三维和二维弹性体力学分析的基本方程。在此基础上，阐述基于虚功原理的单元刚度矩阵构造方法以及结构位移和应力的计算方法。

2.1　弹性力学的基本方程

最初的弹性力学假设所研究的物体是连续的、线性的、完全弹性的、均匀的、各向同性的、微小变形的和无初应力的[3, 4]，在这些假设基础上研究图 2-1（a）所示弹性体受力后的变形和应力。在弹性力学基础上发展起来的有限元法目前已经突破了上述大部分假设的限制，多数商业化的有限元软件具有不同程度的非线性、各向异性、大变形、不连续结构和非弹性材料的分析能力。弹性力学的基本方程是一组基于图 2-1（b）中的矩形微元体建立起来的方程，用来描述弹性微元

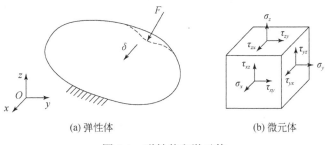

(a) 弹性体　　　　　　　　(b) 微元体

图 2-1　弹性体和微元体

体的变形-载荷关系，是研究弹性体变形-载荷关系的基础。

2.1.1 材料力学、弹性力学和有限元法之间的关系

材料力学是将工程结构简化为细长的杆和梁，研究杆和梁在受力后的变形和应力[5]。弹性力学是材料力学的进一步发展，研究更一般化的三维和二维结构在受力后的变形和应力。有限元法是弹性力学的一部分内容，是利用数值方法求解弹性力学问题的一种方法。在 Zienkiewicz 等将有限元法推广到非结构的物理场分析以后，有限元法已经不完全属于弹性力学的范畴，应将其视为一种求微分方程数值解的数学方法。

用微分方程组描述的弹性力学问题，数学上的解可以有两种形式，一种是解析解，另一种是数值解。利用有限元法求得的是数值解。数值解跟解析解的差别在于，数值解是一个或者一组数值，解析解则是一个或者一组函数表达式。从解析解比较容易看到解的全貌，考察解的规律性，数值解则比较困难。从力学分析的角度，解析解的价值要远高于数值解。理论上，利用弹性力学方法可以建立反映弹性体受力后的变形-载荷关系的方程组，但是这些方程组大部分情况下无法求出解析解，只能通过数值方法得到数值解。从工程的角度，数值解能够给出结构在具体载荷下的变形和应力数值，能够很好地满足设计需要，因此在结构设计中获得广泛应用。

2.1.2 弹性体变形的分析方法

弹性力学的研究对象是弹性体。如图 2-1（a）所示，在载荷 F 作用下，弹性体发生变形 δ。为了研究弹性体在载荷作用下的变形规律，从弹性体中取出一个微小的称之为微元体的矩形块，如图 2-1（b）所示，考察并建立微元体的变形-载荷关系，然后将其在整个弹性体的域内积分，在理论上就可以得到整个弹性体的变形-载荷关系。但是事实上除了极少数几何形状简单的弹性体外，大多数弹性体的几何形状对于积分计算来说显得过于复杂，不能顺利地通过积分方法得到期望的变形-载荷关系表达式，这也是有限元数值解法产生的主要原因。

弹性力学中，要求微元体的体积足够微小，当微元体的边长 dx、dy 和 dz 趋于零时，微元体上的受力状况就是弹性体内一点上的受力状况。微元体只受两种类型的载荷：面力和体积力。面力作用于微元体表面上，体积力则作用在微元体的体积空间上。由于微元体足够微小，弹性力学中假定微元体六个面上的受力是均匀的，即受到均匀的面力作用。如图 2-1 所示，微元体每一个面上有一个法向应力和两个切向应力（σ 表示正应力，τ 表示剪应力，下标表示应力方向）。除了面力外，还假定微元体受到均匀的体积力。对于静态的弹性体，作用在微元体上的载荷应当平衡，由此可以推出微元体受力后的平衡方程。

　　对于线弹性微元体，图 2-1（b）中的微元体沿三个坐标轴方向的平衡关系是独立的，可以单独分析。下面以微元体 x 方向的受力分析为例，推导微元体的平衡方程。

1. 平衡方程

　　基于弹性体的连续性假定，弹性体受力以后内部的变形也应是连续变化的。如果将图 2-2 所示微元体左侧平面上的正应力记为 σ_x，与之相距 $\mathrm{d}x$ 的右侧平面上的正应力记为 $\sigma_x(x)$，则将其用泰勒级数表示为

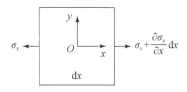

图 2-2　微元体的受力分析

$$\sigma_x(x) = \sum_{k=0}^{n} \frac{\sigma_x^{(k)}(x_0)}{k!}(x-x_0)^k + o[(x-x_0)^n] \qquad (2\text{-}1)$$

考虑到 $\mathrm{d}x = x-x_0$ 并略去一阶以上的高阶项后，式（2-1）可以写为

$$\sigma_x(x) = \sigma_x + \frac{\partial \sigma_x}{\partial x} \qquad (2\text{-}2)$$

　　表达式（2-2）是线性的，对于大位移非线性的情况，需要计入泰勒级数的二阶项，这样式（2-2）不再是线性表达式，分析和求解都变得复杂。对于静态的微元体，x 方向所有的面力和体力之和应等于零：

$$\left(\sigma_x + \frac{\partial \sigma_x}{\partial x}\mathrm{d}x\right)\mathrm{d}y\mathrm{d}z - \sigma_x \mathrm{d}y\mathrm{d}z + \left(\tau_{yx} + \frac{\partial \tau_{yx}}{\partial y}\mathrm{d}y\right)\mathrm{d}x\mathrm{d}z$$

$$-\tau_{yx}\mathrm{d}x\mathrm{d}z + \left(\tau_{zx} + \frac{\partial \tau_{zx}}{\partial z}\mathrm{d}z\right)\mathrm{d}x\mathrm{d}y - \tau_{zx}\mathrm{d}x\mathrm{d}y + X\mathrm{d}x\mathrm{d}y\mathrm{d}z = 0$$

$$(2\text{-}3)$$

　　这里 X 表示沿 x 方向的体积力密度。经过整理后，式（2-3）可以写为

$$\frac{\partial \sigma_x}{\partial x} + \frac{\partial \tau_{yx}}{\partial y} + \frac{\partial \tau_{zx}}{\partial z} + X = 0 \qquad (2\text{-}4)$$

　　式（2-4）是微元体在 x 方向的平衡方程，采用类似的方法可以得到其他两个方向上的平衡方程。这样，一个微元体就有三个平衡方程：

$$\begin{cases} \dfrac{\partial \sigma_x}{\partial x} + \dfrac{\partial \tau_{yx}}{\partial y} + \dfrac{\partial \tau_{zx}}{\partial z} + X = 0 \\[2mm] \dfrac{\partial \tau_{xy}}{\partial x} + \dfrac{\partial \sigma_y}{\partial y} + \dfrac{\partial \tau_{zy}}{\partial z} + Y = 0 \\[2mm] \dfrac{\partial \tau_{xz}}{\partial x} + \dfrac{\partial \tau_{yx}}{\partial y} + \dfrac{\partial \sigma_z}{\partial z} + Z = 0 \end{cases} \qquad (2\text{-}5)$$

由于单元和弹性体形状的复杂性，通过对式（2-5）的微元体的平衡方程积分建立单元和弹性体的平衡方程十分困难，因此在有限元法中通常不使用式（2-5）的平衡方程建立单元的平衡方程和整个弹性体的平衡方程，而是使用其他方法，如虚功原理、变分原理等推导出单元的平衡方程，然后再组装成整个弹性体的平衡方程。

2. 几何方程

微元体的几何方程建立了微元体受力后应变与位移之间的关系。如果能根据

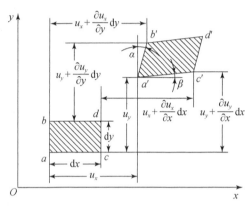

图 2-3 微元体的位移

微元体的平衡方程求得微元体的位移，则通过微元体的几何方程可以求得微元体的应变，对于弹性体也是这样。线弹性体在载荷作用下产生微小的变形，其中的微元体产生的位移也是微小的。如图 2-3 所示，微元体的变形可以分为与正应力相关的法向变形和与剪应力相关的切向变形两部分。由于是微小的线弹性变形，这两部分是线性无关的。下面以 x 方向上的法向变形为例，分析微元体 x 方向的正应变与位移的关系。

与平衡方程的分析相同，根据线弹性体的连续性假定，微元体的变形具有连续性。如果微元体左侧表面 ab 在载荷作用下产生 x 方向的法向位移 u_x，与微元体平衡方程的分析相同，右侧表面 cd 产生的 x 方向的法向位移也可以通过泰勒级数近似获得，微元体在 x 方向的正应变为

$$\varepsilon_x = \frac{\left(u_x + \dfrac{\partial u_x}{\partial x}\mathrm{d}x\right) - u_x}{\mathrm{d}x} = \frac{\partial u_x}{\partial x} \tag{2-6}$$

由于泰勒级数的截断，式（2-6）与前述平衡方程的分析一样也是近似的。如果位移足够微小，式（2-6）具有足够的精度。在大位移条件下，级数中应保留二阶项才能具有较高的精度。

微元体在 xOy 面内的剪应变为

$$\gamma_{xy} = \alpha + \beta \approx \tan\alpha + \tan\beta = \frac{\dfrac{\partial v}{\partial x}\mathrm{d}x}{\mathrm{d}x\left(1 + \dfrac{\partial u}{\partial x}\right)} + \frac{\dfrac{\partial u}{\partial y}\mathrm{d}y}{\mathrm{d}y\left(1 + \dfrac{\partial v}{\partial y}\right)} \approx \frac{\partial v}{\partial x} + \frac{\partial u}{\partial y} \tag{2-7}$$

微元体在其他几个方向上的应变-位移关系也可以通过类似的过程得到。微元体的应变-位移关系在弹性力学中一般称为几何方程。一个微元体的几何方程包括 6 个方程：

$$
\begin{cases}
\varepsilon_x = \dfrac{\partial u}{\partial x} \\[2mm]
\varepsilon_y = \dfrac{\partial v}{\partial y} \\[2mm]
\varepsilon_z = \dfrac{\partial w}{\partial z} \\[2mm]
\gamma_{xy} = \dfrac{\partial u}{\partial y} + \dfrac{\partial v}{\partial x} \\[2mm]
\gamma_{yz} = \dfrac{\partial w}{\partial y} + \dfrac{\partial v}{\partial z} \\[2mm]
\gamma_{xz} = \dfrac{\partial u}{\partial z} + \dfrac{\partial w}{\partial x}
\end{cases}
\tag{2-8}
$$

其中前 3 个反映了 3 个正应变与位移的关系，后 3 个反映了 3 个剪应变与位移的关系。

3. 本构关系

微元体的材料属性是通过微元体的应变-应力关系来表示的。对于不同的线弹性材料，应变-应力关系的形式相同，只是表达式中的系数不同。

$$
\begin{cases}
\varepsilon_x = \dfrac{1}{E}\left[\sigma_x - \mu(\sigma_y + \sigma_z)\right] \\[2mm]
\varepsilon_y = \dfrac{1}{E}\left[\sigma_y - \mu(\sigma_x + \sigma_z)\right] \\[2mm]
\varepsilon_z = \dfrac{1}{E}\left[\sigma_z - \mu(\sigma_x + \sigma_y)\right] \\[2mm]
\gamma_{xy} = \dfrac{\tau_{xy}}{G} \\[2mm]
\gamma_{yz} = \dfrac{\tau_{yz}}{G} \\[2mm]
\gamma_{xz} = \dfrac{\tau_{xz}}{G}
\end{cases}
\tag{2-9}
$$

式（2-9）中不同的系数 E、μ 和 G，即弹性模量、泊松比和剪切模量，也称为材料常数，代表了不同的材料属性，一般通过试验方法获得。这种反映材料应变-应力关系的方程也称为物性方程、本构方程或者广义胡克定律。对于非线弹性材料，反映材料属性的应变-应力关系通常比较复杂，经常写成非线性积分或者微分形式。

式（2-9）也可以改写成矩阵形式：

$$\{\sigma\} = [D]\{\varepsilon\} \tag{2-10}$$

如果

$$G = \frac{E}{2(1+\mu)}$$

则式（2-10）中的矩阵

$$[D] = \frac{E(1-\mu)}{(1+\mu)(1-2\mu)} \begin{bmatrix} 1 & \frac{\mu}{1-\mu} & \frac{\mu}{1-\mu} & & & \\ \frac{\mu}{1-\mu} & 1 & \frac{\mu}{1-\mu} & & & \\ \frac{\mu}{1-\mu} & \frac{\mu}{1-\mu} & 1 & & & \\ & & & \frac{1-2\mu}{2(1-\mu)} & & \\ & & & & \frac{1-2\mu}{2(1-\mu)} & \\ & & & & & \frac{1-2\mu}{2(1-\mu)} \end{bmatrix} \tag{2-11}$$

称为弹性矩阵、物性矩阵或者材料矩阵，它是一个对称阵。矩阵中的材料常数 E 和 μ 在有限元分析时需要通过软件界面上的菜单或者表格以数据形式输入，并以此定义指定单元的材料属性。具有明确的材料属性是有限元模型与 CAD 几何模型的主要区别之一。

本构关系不仅能反映材料的属性，如果知道应变，可以根据本构关系求出应力。在有限元法中，一般将位移作为待求变量，在求出位移以后，根据几何方程求得应变，将应变代入本构方程即可求得应力。因此，本构关系也是有限元理论中的一个重要关系式。

4. 变形协调条件

根据弹性体的连续性假定，微元体的变形过程应该是连续的，微元体内部不应该出现"撕裂"和"重叠"现象，用数学方法描述，就是微元体的各个应变之间应该满足式（2-12）的变形协调条件：

$$\begin{cases}\dfrac{\partial^2\varepsilon_x}{\partial y^2}+\dfrac{\partial^2\varepsilon_y}{\partial x^2}=\dfrac{\partial^2\gamma_{xy}}{\partial x\partial y}\\[2mm]\dfrac{\partial^2\varepsilon_y}{\partial z^2}+\dfrac{\partial^2\varepsilon_z}{\partial y^2}=\dfrac{\partial^2\gamma_{yz}}{\partial y\partial z}\\[2mm]\dfrac{\partial^2\varepsilon_z}{\partial x^2}+\dfrac{\partial^2\varepsilon_x}{\partial z^2}=\dfrac{\partial^2\gamma_{zx}}{\partial z\partial x}\\[2mm]\dfrac{\partial^2\varepsilon_x}{\partial y\partial z}=\dfrac{1}{2}\dfrac{\partial}{\partial x}\left(-\dfrac{\partial\gamma_{yz}}{\partial x}+\dfrac{\partial\gamma_{zx}}{\partial y}+\dfrac{\partial\gamma_{xy}}{\partial z}\right)\\[2mm]\dfrac{\partial^2\varepsilon_y}{\partial z\partial x}=\dfrac{1}{2}\dfrac{\partial}{\partial y}\left(-\dfrac{\partial\gamma_{zx}}{\partial y}+\dfrac{\partial\gamma_{xy}}{\partial z}+\dfrac{\partial\gamma_{yz}}{\partial x}\right)\\[2mm]\dfrac{\partial^2\varepsilon_z}{\partial x\partial y}=\dfrac{1}{2}\dfrac{\partial}{\partial z}\left(-\dfrac{\partial\gamma_{xy}}{\partial z}+\dfrac{\partial\gamma_{yz}}{\partial x}+\dfrac{\partial\gamma_{zx}}{\partial y}\right)\end{cases}\qquad(2\text{-}12)$$

变形协调条件是微元体变形的连续性要求的数学表达。在有限元法中，变形协调条件是在构造单元刚度矩阵时需要满足的条件之一，可以认为商业软件中提供的各种单元都是满足要求的。

5. 斜截面上的应力

如图 2-1（b）所示，为了分析方便，微元体表面的法线方向一般与坐标轴平行。如果已知图 2-4 中微元体的应力，对于法线为 N 的任意方向的斜截面上的应力，可以通过斜面应力公式（Cauchy 公式）求得

$$\begin{cases}T_x=\sigma_x l+\tau_{yx}m+\tau_{zx}n\\T_y=\tau_{xy}l+\sigma_y m+\tau_{zy}n\\T_z=\tau_{xz}l+\tau_{yz}m+\sigma_z n\end{cases}\qquad(2\text{-}13)$$

式中，T_x、T_y、T_z 是斜截面上的应力沿三个坐标轴方向的分量；l、m、n 是法线 N 的三个方向余弦：

$$\begin{cases}l=\cos(N,x)\\m=\cos(N,y)\\n=\cos(N,z)\end{cases}$$

由斜截面法线 N 与坐标轴的几何关系可以求得斜截面上的正应力：

$$\sigma_N=T_x l+T_y m+T_z n\qquad(2\text{-}14)$$

将斜面应力公式（2-13）代入可得

$$\sigma_N = l^2\sigma_x + m^2\sigma_y + n^2\sigma_z + 2lm\tau_{xy} + 2mn\tau_{yz} + 2nl\tau_{zx} \quad (2\text{-}15)$$

斜截面上应力矢量和的模为

$$T = \sqrt{T_x^2 + T_y^2 + T_z^2} \quad (2\text{-}16)$$

在已知斜截面上的矢量和 T 以及法向分量 σ_N 后，由于 T 垂直于 σ_N，可以求得斜截面上的剪应力分量的模：

$$\tau_N = \sqrt{T^2 - \sigma_N^2} \quad (2\text{-}17)$$

剪应力分量位于由 T 和 σ_N 确定的平面与斜截面的交线上，方向可以由 T 和 σ_N 的方向确定。

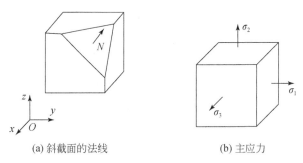

(a) 斜截面的法线　　　　　　　　(b) 主应力

图 2-4　斜截面上的应力

在前述的微元体应力分析中，表面上的剪应力有 2 个，分别平行于两个坐标轴。这里式（2-17）中的剪应力只有一个，是表面剪应力矢量和的模，如果需要，可以在斜截面内任意两个正交方向上分解，获得两个剪应力分量。当微元体趋于一点的时候，微元体的应力状态就是空间一点处的应力状态。这样，如果已知弹性体中任意一点的六个应力分量，可以求得任意一个斜截面上的正应力和剪应力，一点的六个应力分量完全决定了一点的应力状态。

由式（2-13）~式（2-17）可知斜截面上的剪应力 τ_N 取值与斜截面的方向有关，即与 l、m、n 的值有关。研究表明，当斜截面处在某个特殊方向时，斜截面上的剪应力 $\tau_N=0$，此时斜截面上只有法向的正应力，没有剪应力。如果微元体的一个面与此时的斜截面平行，如图 2-4（b）所示，微元体表面将只有 3 个正应力，没有剪应力。这 3 个正应力称为主应力，依代数大小依次称为第一主应力 σ_1、第二主应力 σ_2、第三主应力 σ_3。当然，随着斜截面方向的变化，剪应力可以为零，也可以取最大值：

$$\tau_{max} = \frac{\sigma_1 - \sigma_3}{2} \quad (2\text{-}18)$$

剪应力最大值只与第一主应力和第三主应力有关，与第二主应力无关。

主应力只有 3 个，用主应力反映微元体的应力状态比较简洁。在强度理论和应力状态分析中经常使用主应力表达强度条件。

2.2　平　面　问　题

对于几何形状、约束条件和载荷条件满足某些对称性要求的三维问题，将其简化成平面问题，可以给建模和计算带来很大的方便。传统的弹性力学平面问题是指平面应力问题和平面应变问题。轴对称问题的实施过程在有限元分析中与传统的平面问题相似，也可以将其归为第三类平面问题。

2.2.1　平面应力问题

对于薄壁结构，如果不承受面内的弯矩和垂直于表面的法向载荷，受力以后仍然保持平面，这样的结构在弹性力学分析中可以将其简化为平面应力问题。实际问题简化为平面应力问题需要满足两个假定：正应力假定和剪应力假定。如图 2-5 所示的平板，平面应力的正应力假定要求板的两个表面不存在法向的正应力：

$$\sigma_z = 0 \qquad (2\text{-}19)$$

由于集中力 f 作用于板平面内，没有弯矩和垂直于表面的法向载荷，受力后板不会弯曲，受力后板仍然保持平面，同时板的两个表面法向应力为零。根据弹性力

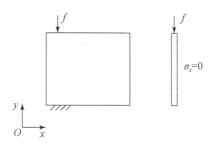

图 2-5　平面应力问题

学的连续性假定，板内沿壁厚方向的应力应当连续变化，据此可以推断板内的 z 向正应力不会很大，式（2-19）能够近似满足。平面应力问题的剪应力假定要求不存在垂直于表面法向的剪应力：

$$\begin{cases} \tau_{zx} = \tau_{xz} = 0 \\ \tau_{zy} = \tau_{yz} = 0 \end{cases} \qquad (2\text{-}20)$$

图 2-5 中平板的表面没有作用外载荷，是自由表面，能够满足式（2-20）的剪应力条件，同样根据连续性假定可以推断板内也能近似满足剪应力条件。这样，根据式（2-19）和式（2-20）可以将三维的弹性力学基本方程简化为二维，这样，问题的复杂程度和计算量都可以大幅降低。平面应力问题要求几何体是平的薄壁形状，随着壁厚的增大，计算结果的误差会逐渐增大。

满足式（2-19）和式（2-20）的三维问题，其平衡方程可以简化为

$$\begin{cases} \dfrac{\partial \sigma_x}{\partial x} + \dfrac{\partial \tau_{yx}}{\partial y} + X = 0 \\[3mm] \dfrac{\partial \tau_{xy}}{\partial x} + \dfrac{\partial \sigma_y}{\partial y} + Y = 0 \end{cases} \tag{2-21}$$

几何方程简化为

$$\begin{cases} \varepsilon_x = \dfrac{\partial u}{\partial x} \\[2mm] \varepsilon_y = \dfrac{\partial v}{\partial y} \\[2mm] \gamma_{xy} = \dfrac{\partial u}{\partial y} + \dfrac{\partial v}{\partial x} \end{cases} \tag{2-22}$$

本构关系简化为

$$\begin{cases} \varepsilon_x = \dfrac{1}{E}\left(\sigma_x - \mu\sigma_y\right) \\[2mm] \varepsilon_y = \dfrac{1}{E}\left(\sigma_y - \mu\sigma_x\right) \\[2mm] \gamma_{xy} = \dfrac{\tau_{xy}}{G} \end{cases} \tag{2-23}$$

2.2.2　平面应变问题

　　平面应力问题适用于薄壁结构，对于细长结构，如果几何形状、载荷和约束条件在每一个断面上都相同，只分析一个断面上的变形情况就足以了解整个结构的变形，这类平面问题称为平面应变问题。如图 2-6 所示滚动轴承中径向受到轴承内外圈挤压的圆柱滚子，假定上部受到沿轴线方向分布的压力 p 作用，下部受支撑，滚子受力后在垂直于轴线的任意一个界面上的变形都可以认为是相同的，只需要分析一个截面上的变形就可以知道整个滚子的变形，不需要建立整个滚子的模型。此外，受内压的管道，受侧压的挡土墙和水坝等，都可以近似简化成平面应变问题。

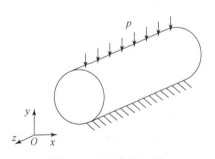

图 2-6　平面应变问题

　　平面应变问题也需要满足两个假定：正应变假定和正应力假定。平面应变问题的正应变假定要求沿长度方向每个断面上的正应变 ε_z 相等。正应力假定则要求沿长度方向的正应力其他两个方向的正应力满足如式（2-24）的关系：

$$\sigma_z = \mu(\sigma_x + \sigma_y) \tag{2-24}$$

根据这些条件，三维的弹性力学基本方程可以简化成二维。平面应变问题的平衡方程为

$$\begin{cases} \dfrac{\partial \sigma_x}{\partial x} + \dfrac{\partial \tau_{yx}}{\partial y} + X = 0 \\[2mm] \dfrac{\partial \tau_{xy}}{\partial x} + \dfrac{\partial \sigma_y}{\partial y} + Y = 0 \end{cases} \tag{2-25}$$

几何方程为

$$\begin{cases} \varepsilon_x = \dfrac{\partial u}{\partial x} \\[2mm] \varepsilon_y = \dfrac{\partial v}{\partial y} \\[2mm] \gamma_{xy} = \dfrac{\partial u}{\partial y} + \dfrac{\partial v}{\partial x} \end{cases} \tag{2-26}$$

本构关系为

$$\begin{Bmatrix} \sigma_x \\ \sigma_y \\ \tau_{xy} \end{Bmatrix} = \frac{E(1-\mu)}{(1+\mu)(1-2\mu)} \begin{bmatrix} 1 & \dfrac{\mu}{1-\mu} & 0 \\[2mm] \dfrac{\mu}{1-\mu} & 1 & 0 \\[2mm] 0 & 0 & \dfrac{1-2\mu}{2(1-\mu)} \end{bmatrix} \begin{Bmatrix} \varepsilon_x \\ \varepsilon_y \\ \gamma_{xy} \end{Bmatrix} \tag{2-27}$$

平面应变问题的基本方程中，平衡方程和几何方程是相同的，只有本构关系不同。进一步考察本构关系可以发现，两个本构关系的弹性矩阵具有相似性，如果将平面应力问题的弹性矩阵中的弹性模量 E 和泊松比 μ 作如下替换：

$$\begin{cases} E \to \dfrac{E}{1-\mu^2} \\[2mm] \mu \to \dfrac{\mu}{1-\mu} \end{cases}$$

即可得到平面应变的本构关系。因为这个原因，平面应力和平面应变分析的计算程序相同，只是在开始计算前需要根据问题的类型选择不同的替换变量。

2.2.3　轴对称问题

对于回转体结构，过轴线的半截面上的形状相同，如果半截面上的载荷和约束条件也相同，就可以只分析半截面上平面结构受力后的变形和应力而不用分析三维回转体的变形和应力，这种类型的平面问题一般称为轴对称问题。

如图 2-7 所示，轴对称问题的分析不是在直角坐标系中进行，而是在柱坐标系中进行的，但是分析方法与在直角坐标系中的分析过程类似，即在柱坐标系中建立微元体的平衡方程、几何方程和本构关系，然后基于轴对称关系将三维的基本方程简化为二维，成为平面问题。轴对称问题的平衡方程为

$$\begin{cases} \dfrac{\partial \sigma_r}{\partial r} + \dfrac{\partial \tau_{zr}}{\partial z} + \dfrac{\sigma_r - \sigma_\theta}{r} + K_r = 0 \\[3mm] \dfrac{\partial \sigma_z}{\partial z} + \dfrac{\partial \tau_{rz}}{\partial r} + \dfrac{\tau_{rz}}{r} + Z = 0 \end{cases} \tag{2-28}$$

物理方程为

$$\begin{Bmatrix} \sigma_r \\ \sigma_\theta \\ \sigma_z \\ \gamma_{zr} \end{Bmatrix} = \frac{E(1-\mu)}{(1+\mu)(1-2\mu)} \begin{bmatrix} 1 & \dfrac{\mu}{1-\mu} & \dfrac{\mu}{1-\mu} & 0 \\[3mm] \dfrac{\mu}{1-\mu} & 1 & \dfrac{\mu}{1-\mu} & 0 \\[3mm] \dfrac{\mu}{1-\mu} & \dfrac{\mu}{1-\mu} & 1 & 0 \\[3mm] 0 & 0 & 0 & \dfrac{1-2\mu}{2(1-\mu)} \end{bmatrix} \begin{Bmatrix} \varepsilon_r \\ \varepsilon_\theta \\ \varepsilon_z \\ \gamma_{zr} \end{Bmatrix} \tag{2-29}$$

几何方程为

$$\{\varepsilon\} = \begin{Bmatrix} \varepsilon_r \\ \varepsilon_\theta \\ \varepsilon_z \\ \gamma_{zr} \end{Bmatrix} = \begin{Bmatrix} \dfrac{\partial u}{\partial r} \\[3mm] \dfrac{u}{r} \\[3mm] \dfrac{\partial w}{\partial z} \\[3mm] \dfrac{\partial w}{\partial r} + \dfrac{\partial u}{\partial z} \end{Bmatrix} \tag{2-30}$$

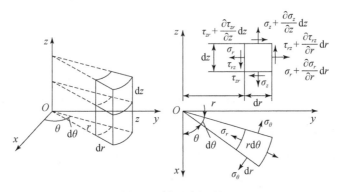

图 2-7　轴对称问题

轴对称问题的基本方程与平面应力问题和平面应变问题的基本方程有很大差异，但是在有限元分析中采用的单元形状和建模方法是类似的，一般将其视为第三类平面问题。

需要注意的是，三维问题简化成平面问题以后，平面问题中的载荷和约束条件与三维问题中的载荷和约束条件应该保持相同的含义。轴对称问题中的载荷和约束条件是沿弧长分布的分布载荷和分布约束条件，平面应变问题中的载荷和约束条件是沿细长结构的长度上的分布载荷和分布约束条件，平面应力问题中的载荷和约束条件是平面内的集中载荷和集中约束条件，三维问题中的载荷和约束条件则没有这些限制。

2.3 基于虚功原理的有限元方法

弹性力学基本方程中的平衡方程，反映了微元体的载荷-位移关系。理论上，将其在弹性体空间内积分，可获得弹性体的载荷-位移关系，即整个弹性体的平衡方程。将已知的载荷和位移约束条件代入弹性体的平衡方程后，可以求得弹性体在相应载荷和位移约束条件下的位移（变形）。由于实际工程结构的外形对积分来说过于复杂，除了个别极其简单的几何形状外，一般工程结构的载荷-位移关系其实都不能通过对微元体平衡方程的积分获得。早期的有限元法是通过直接刚度法获得单元的平衡方程，然后组装成整个弹性体的平衡方程。该方法是通过对单元的受力情况进行分析，直接推导出单元的平衡方程。单元平衡方程的核心是单元的刚度矩阵，它将单元结点上的载荷和位移联系起来，有限元研究的核心问题就是单元刚度矩阵的获取方法。直接刚度法只能推导出一些简单的单元类型的刚度矩阵。机械结构分析中使用的单元类型多数可以用虚功原理推导出单元刚度矩阵。基于能量变分的变分法是获得单元刚度矩阵的更一般化的方法。对于找不到或者没有能量变分的问题，可以通过加权残值法获取单元的刚度矩阵。

2.3.1 外力和外力功

弹性力学中作用在弹性体上的外力分为两类：作用在体积上的体力和作用在表面上的面力。结构受力分析中经常使用的集中力被看作是体力或面力在作用范围非常小时的极端情形。外力对弹性体做的功为

$$W = \iiint_V (Xu + Yv + Zw)\mathrm{d}V + \iiint_S (\bar{X}u + \bar{Y}v + \bar{Z}w)\mathrm{d}S \qquad (2\text{-}31)$$

式（2-31）等号右边第一项是弹性体上的体力做的功，第二项是弹性体上面力做的功。X、Y、Z 是体力的三个分量，$\overline{X}$、$\overline{Y}$、$\overline{Z}$ 是面力的三个分量，u、v、w 是位移的三个分量，dV 和 dS 是体积和面积的微分。

2.3.2　弹性体的能量

弹性微元体受载荷以后会产生变形，微元体内部会积蓄变形能。以应变为基本变量所表达的微元体的变形能叫作应变能。线弹性微元体的任意微小变形都可以分解为正应变和剪应变两部分，相应地，应变能也包括两部分：对应于正应力与正应变的应变能和对应于剪应力和剪应变的应变能。单位体积内的应变能微分为

$$dU = \sigma_x d\varepsilon_x + \sigma_y d\varepsilon_y + \sigma_z d\varepsilon_z + \tau_{yz} d\gamma_{yz} + \tau_{xz} d\gamma_{xz} + \tau_{xy} d\gamma_{xy} \qquad （2-32）$$

弹性体的应变从零开始缓慢加载过程中，单位体积的弹性体最终的应变能可以通过对上式积分获得

$$U = \frac{1}{2}(\sigma_x \varepsilon_x + \sigma_y \varepsilon_y + \sigma_z \varepsilon_z + \tau_{yz} \gamma_{yz} + \tau_{xz} \gamma_{xz} + \tau_{xy} \gamma_{xy}) \qquad （2-33）$$

写成向量形式为

$$U = \frac{1}{2}\{\varepsilon\}^{\mathrm{T}}\{\sigma\} \qquad （2-34）$$

2.3.3　虚功原理

如图 2-8 所示的简支梁在载荷 P 作用下产生挠度 δ。此时如果在载荷作用点上施加一个虚拟的微小位移 δ^*，则载荷 P 将会在这个附加的微小位移上做功，同时梁内部也会产生附加的微小应变和应变能。这个虚拟的微小位移称为虚位移，由于附加虚位移使得载荷做的功称为虚功，结构内部产生的附加应变称为虚应变，相应的应变能称为虚应变能。

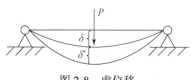

图 2-8　虚位移

虚位移是为了分析问题方便而人为假定的、约束条件允许的、虚拟的微小位移，它附加在原有力系上，不影响原有力系的平衡。由于其大小和方向都任意，也称为位移的变分。

虚功原理也称虚位移原理，是拉格朗日于 1764 年提出的。虚功原理认为，对于弹性变形体，如果原有力系是平衡的，在原有力系上施加虚位移后，外力在虚位移上做的功，应该等于内应力在虚应变上做的功。内应力在虚应变上做的功等于虚应变能，因此可以认为外力做的虚功等于弹性体的虚应变能：

$$\iiint_V (Xu^* + Yv^* + Zw^*)\mathrm{d}V + \iint_S (\bar{X}u^* + \bar{Y}v^* + \bar{Z}w^*)\mathrm{d}S$$
$$= \iiint_V (\sigma_x \varepsilon_x^* + \sigma_y \varepsilon_y^* + \sigma_z \varepsilon_z^* + \tau_{xy} \gamma_{xy}^* + \tau_{yz} \gamma_{yz}^* + \tau_{zx} \gamma_{zx}^*)\mathrm{d}V \qquad (2\text{-}35)$$

式中，u^*、v^*、w^* 代表虚位移的三个分量；ε_x^*、ε_y^*、ε_z^*、γ_{xy}^*、γ_{yz}^*、γ_{zx}^* 是施加虚位移产生的虚应变。与式（2-33）不同，式（2-35）等号右边没有 $\dfrac{1}{2}$，这是因为式（2-33）的应变是从零开始线性增加的，虚应变则是直接施加在结构上，所以虚应变能比线性渐变的变形能大一倍。

　　虚功原理在有限元法中不仅用于推导单元的平衡方程，还用于力系和质量的等效。在有限元法中，载荷和约束条件最终都转化到结点上，变为结点力和结点约束条件。如果对弹性体施加的载荷是面力或者体力，需要将其等效为结点力。力系等效的原则就是等效前后两个力系的虚功应该相等。将均布的质量等效到结点上，等效原则也是等效前后的惯性力做的虚功相等。

2.3.4　单元的刚度矩阵

　　如上所述，在有限元法中，载荷和约束条件最终都转化到结点上，变为结点力和结点约束条件，外力对单元做的虚功和单元的虚应变能都与结点的虚位移有关。这样，对于一个单元来说，式（2-35）左边表示外力做的虚功实际是结点力做的虚功，不再需要积分，右边的虚应变能也写成类似式（2-34）的向量形式，这样，基于单元的虚功原理可以写为

$$\{\delta_i^*\}^{\mathrm{T}}\{F_i\} = \iiint \{\varepsilon^*\}^{\mathrm{T}}\{\sigma\}\mathrm{d}x\mathrm{d}y\mathrm{d}z \qquad (2\text{-}36)$$

式中，$\{\delta_i^*\}$ 是结点上的虚位移向量；$\{F_i\}$ 是结点力向量；$\{\varepsilon^*\}$ 是单元内微元体上的虚应变向量；$\{\sigma\}$ 是单元内微元体上的应力向量。式（2-36）表示单元结点力做的虚功等于单元的虚应变能。

　　有限元法只计算单元结点的位移，单元内其他位置上的位移是通过插值函数基于结点位移计算出来的。如果假定图 2-9 所示四面体单元的插值函数为

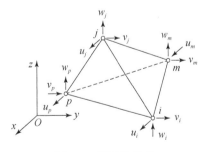

图 2-9　四面体单元

$$\begin{cases} u = a_1 + a_2 x + a_3 y + a_4 z \\ v = a_5 + a_6 x + a_7 y + a_8 z \\ w = a_9 + a_{10} x + a_{11} y + a_{12} z \end{cases} \qquad (2\text{-}37)$$

将单元四个结点的坐标和结点位移代入后可以得到一个线性方程组：

$$
\begin{Bmatrix} u_1 \\ v_1 \\ w_1 \\ u_2 \\ v_2 \\ w_2 \\ u_3 \\ v_3 \\ w_3 \\ u_4 \\ v_4 \\ w_4 \end{Bmatrix} = \begin{bmatrix} 1 & x_1 & y_1 & z_1 & & & & & & & & \\ & & & & 1 & x_1 & y_1 & z_1 & & & & \\ & & & & & & & & 1 & x_1 & y_1 & z_1 \\ 1 & x_2 & y_2 & z_2 & & & & & & & & \\ & & & & 1 & x_2 & y_2 & z_2 & & & & \\ & & & & & & & & 1 & x_2 & y_2 & z_2 \\ 1 & x_3 & y_3 & z_3 & & & & & & & & \\ & & & & 1 & x_3 & y_3 & z_3 & & & & \\ & & & & & & & & 1 & x_3 & y_3 & z_3 \\ 1 & x_4 & y_4 & z_4 & & & & & & & & \\ & & & & 1 & x_4 & y_4 & z_4 & & & & \\ & & & & & & & & 1 & x_4 & y_4 & z_4 \end{bmatrix} \begin{Bmatrix} a_1 \\ a_2 \\ a_3 \\ a_4 \\ a_5 \\ a_6 \\ a_7 \\ a_8 \\ a_9 \\ a_{10} \\ a_{11} \\ a_{12} \end{Bmatrix} \quad (2\text{-}38)
$$

进而可以求得式（2-37）中插值函数的系数：

$$
\begin{Bmatrix} a_1 \\ a_2 \\ a_3 \\ a_4 \\ a_5 \\ a_6 \\ a_7 \\ a_8 \\ a_9 \\ a_{10} \\ a_{11} \\ a_{12} \end{Bmatrix} = \begin{bmatrix} 1 & x_1 & y_1 & z_1 & & & & & & & & \\ & & & & 1 & x_1 & y_1 & z_1 & & & & \\ & & & & & & & & 1 & x_1 & y_1 & z_1 \\ 1 & x_2 & y_2 & z_2 & & & & & & & & \\ & & & & 1 & x_2 & y_2 & z_2 & & & & \\ & & & & & & & & 1 & x_2 & y_2 & z_2 \\ 1 & x_3 & y_3 & z_3 & & & & & & & & \\ & & & & 1 & x_3 & y_3 & z_3 & & & & \\ & & & & & & & & 1 & x_3 & y_3 & z_3 \\ 1 & x_4 & y_4 & z_4 & & & & & & & & \\ & & & & 1 & x_4 & y_4 & z_4 & & & & \\ & & & & & & & & 1 & x_4 & y_4 & z_4 \end{bmatrix}^{-1} \begin{Bmatrix} u_1 \\ v_1 \\ w_1 \\ u_2 \\ v_2 \\ w_2 \\ u_3 \\ v_3 \\ w_3 \\ u_4 \\ v_4 \\ w_4 \end{Bmatrix} \quad (2\text{-}39)
$$

将式（2-39）代入式（2-37）后可得

$$
\begin{Bmatrix} u \\ v \\ w \end{Bmatrix} = \begin{bmatrix} 1 & x & y & z & & & & & & & & \\ & & & & 1 & x & y & z & & & & \\ & & & & & & & & 1 & x & y & z \end{bmatrix}
$$

$$\begin{bmatrix} 1 & x_1 & y_1 & z_1 & & & & & & & & \\ & & & & 1 & x_1 & y_1 & z_1 & & & & \\ & & & & & & & & 1 & x_1 & y_1 & z_1 \\ 1 & x_2 & y_2 & z_2 & & & & & & & & \\ & & & & 1 & x_2 & y_2 & z_2 & & & & \\ & & & & & & & & 1 & x_2 & y_2 & z_2 \\ 1 & x_3 & y_3 & z_3 & & & & & & & & \\ & & & & 1 & x_3 & y_3 & z_3 & & & & \\ & & & & & & & & 1 & x_3 & y_3 & z_3 \\ 1 & x_4 & y_4 & z_4 & & & & & & & & \\ & & & & 1 & x_4 & y_4 & z_4 & & & & \\ & & & & & & & & 1 & x_4 & y_4 & z_4 \end{bmatrix}^{-1} \begin{Bmatrix} u_1 \\ v_1 \\ w_1 \\ u_2 \\ v_2 \\ w_2 \\ u_3 \\ v_3 \\ w_3 \\ u_4 \\ v_4 \\ w_4 \end{Bmatrix} \qquad (2\text{-}40)$$

简记为

$$\{\delta\} = [N(x,y,z)]\{\delta_i\} \qquad (2\text{-}41)$$

习惯上也将$[N(x,y,z)]$称为插值函数。式（2-41）表明单元内任意一点的位移可以通过插值函数以结点位移的形式表示。将式（2-41）代入式（2-10）的几何方程后可得

$$\{\varepsilon\} = [B]\{\delta_i\} \qquad (2\text{-}42)$$

这里

$$[B] = \begin{bmatrix} \dfrac{\partial}{\partial x} & & \\ & \dfrac{\partial}{\partial y} & \\ & & \dfrac{\partial}{\partial z} \\ \dfrac{\partial}{\partial y} & \dfrac{\partial}{\partial x} & \\ & \dfrac{\partial}{\partial z} & \dfrac{\partial}{\partial y} \\ \dfrac{\partial}{\partial z} & & \dfrac{\partial}{\partial x} \end{bmatrix} [N(x,y,z)] \qquad (2\text{-}43)$$

虚应变与结点虚位移之间也有类似的关系：

$$\{\varepsilon_i^*\} = [B]\{\delta_i^*\} \qquad (2\text{-}44)$$

将式（2-10）、式（2-42）和式（2-44）代入式（2-36）得

$$\{\delta_i^*\}^{\mathrm{T}}\{F_i\} = \iiint \{\delta_i^*\}^{\mathrm{T}}[B]^{\mathrm{T}}[D][B]\{\delta_i\}\mathrm{d}x\mathrm{d}y\mathrm{d}z \qquad (2\text{-}45)$$

由于结点虚位移 $\{\delta_i^*\}$ 和结点位移 $\{\delta_i\}$ 与积分过程无关，式（2-45）可以写为

$$\{\delta_i^*\}^{\mathrm{T}}\{F_i\} = \{\delta_i^*\}^{\mathrm{T}}\left(\iiint [B]^{\mathrm{T}}[D][B]\mathrm{d}x\mathrm{d}y\mathrm{d}z\right)\{\delta_i\}$$

消去结点虚位移 $\{\delta_i^*\}$ 后可以得到单元的结点载荷与结点位移之间的关系：

$$\{F_i\} = \left(\iiint [B]^{\mathrm{T}}[D][B]\mathrm{d}x\mathrm{d}y\mathrm{d}z\right)\{\delta_i\} \qquad (2\text{-}46)$$

结点位移向量 $\{\delta_i\}$ 前的部分就是单元刚度矩阵：

$$[K] = \iiint [B]^{\mathrm{T}}[D][B]\mathrm{d}x\mathrm{d}y\mathrm{d}z \qquad (2\text{-}47)$$

为了表明单元属性，式（2-46）一般写为

$$\{F\}^e = [K]^e\{\delta\}^e \qquad (2\text{-}48)$$

通过上述过程确定所有单元的刚度矩阵后，将所有单元的刚度矩阵组装成整体结构的刚度矩阵，从而获得整个弹性体的平衡方程：

$$[K]\{\delta\} = \{F\} \qquad (2\text{-}49)$$

图 2-10　三角形单元

在引入足够的约束条件以前，弹性体平衡方程的刚度矩阵 $[K]$ 是奇异的。引入足够的约束条件可以消除奇异性，将已知的载荷代入后，通过方程组求解，即可获得全部结点的位移。

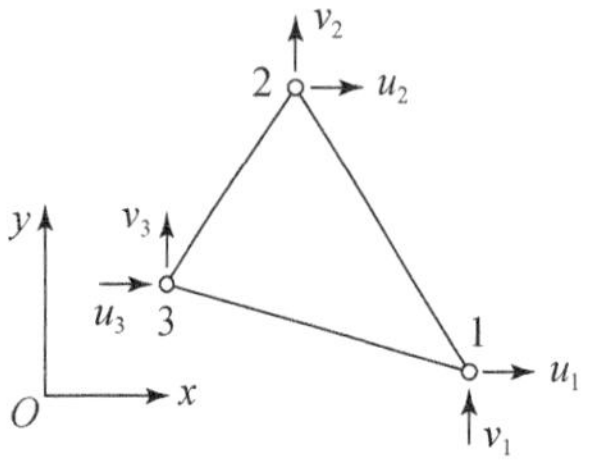

对于图 2-10 所示的三角形单元，如果假定单元内的插值函数为

$$\begin{cases} u = \alpha_1 + \alpha_2 x + \alpha_3 y \\ v = \alpha_4 + \alpha_5 x + \alpha_6 y \end{cases} \qquad (2\text{-}50)$$

类似地可以得到二维问题的刚度矩阵：

$$[K] = \iint [B]^{\mathrm{T}}[D][B]t\mathrm{d}x\mathrm{d}y \qquad (2\text{-}51)$$

式中，t 是单元厚度。

由上述分析过程可以看到，已知结构的载荷和约束条件，如果能够推导出单元刚度的表达式，通过求解式（2-49）的整体结构的平衡方程，就可以求得全部未知的结点位移。这个过程是有限元法的基本过程，单元刚度矩阵是整个过程的关键，也是有限元法研究的核心内容。

2.3.5　单元刚度矩阵与整体刚度矩阵的关系

整体刚度矩阵反映了有限元模型整体结构的刚性，它是在单元刚度矩阵的基础上构造出来的，由单元刚度矩阵构造整体刚度矩阵的过程，也称为整体刚度矩阵的装配或者整体刚度矩阵的组集。

　　图 2-11 是由两个杆单元 E_1 和 E_2 构成的一个链条结构。单元 E_1 的结点位移向量和结点力向量分别为

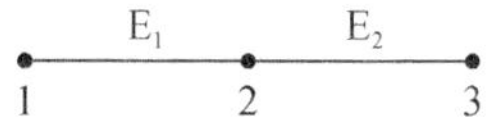

图 2-11　杆单元模型

$$\{\delta_{E_1}\} = \{u_1 \quad v_1 \quad u_2 \quad v_2\}^T$$

和

$$\{F_{E_1}\} = \left\{ f_{u_1} \quad f_{v_1} \quad f_{u_2} \quad f_{v_2} \right\}^T$$

与二者对应的单元刚度可以写为

$$[K_{E_1}] = \begin{bmatrix} a_1 & a_2 & a_3 & a_4 \\ b_1 & b_2 & b_3 & b_4 \\ c_1 & c_2 & c_3 & c_4 \\ d_1 & d_2 & d_3 & d_4 \end{bmatrix}$$

单元内的结点位移和结点力的关系可以写为

$$\begin{bmatrix} a_1 & a_2 & a_3 & a_4 \\ b_1 & b_2 & b_3 & b_4 \\ c_1 & c_2 & c_3 & c_4 \\ d_1 & d_2 & d_3 & d_4 \end{bmatrix} \begin{Bmatrix} u_1 \\ v_1 \\ u_2 \\ v_2 \end{Bmatrix} = \begin{Bmatrix} f_{u_1} \\ f_{v_1} \\ f_{u_2} \\ f_{v_2} \end{Bmatrix}$$

即

$$[K_{E_1}]\{\delta_{E_1}\} = \{F_{E_1}\}$$

取刚度矩阵第一行与位移向量相乘得

$$a_1 u_1 + a_2 v_1 + a_3 u_2 + a_4 v_2 = f_{u_1}$$

　　这一行的物理意义可以理解为结点位移分量 u_1、v_1、u_2、v_2 对结点力 f_{u_1} 的贡献，刚度矩阵中的元素，即位移分量前的系数，相当于各个位移分量对结点力分量的贡献系数。由于这些系数把结点位移分量与结点力分量耦合起来，也可以把刚度矩阵中的这些元素理解为各个位移分量与结点力分量的耦合系数，单元刚度矩阵中的任何一个元素，都联系着单元内的一个结点位移分量和结点载荷分量。由单元刚度矩阵组装整体刚度矩阵时，这种联系在整体刚度矩阵中仍然会保持，依据这种联系，可以将单元刚度矩阵组装成整体刚度矩阵。

　　与单元 E_1 类似，图 2-11 中单元 E_2 的结点位移向量和结点力向量可以分别写为

$$\{\delta_{E_2}\} = \{u_2 \quad v_2 \quad u_3 \quad v_3\}^T$$

和

$$\{F_{E_2}\} = \left\{ f_{u_2} \quad f_{v_2} \quad f_{u_3} \quad f_{v_3} \right\}^T$$

对应的刚度矩阵可以写为

$$[K_{E_2}] = \begin{bmatrix} m_1 & m_2 & m_3 & m_4 \\ n_1 & n_2 & n_3 & n_4 \\ p_1 & p_2 & p_3 & p_4 \\ q_1 & q_2 & q_3 & q_4 \end{bmatrix}$$

单元内结点位移与结点力的关系可以写为

$$\begin{bmatrix} m_1 & m_2 & m_3 & m_4 \\ n_1 & n_2 & n_3 & n_4 \\ p_1 & p_2 & p_3 & p_4 \\ q_1 & q_2 & q_3 & q_4 \end{bmatrix} \begin{Bmatrix} u_2 \\ v_2 \\ u_3 \\ v_3 \end{Bmatrix} = \begin{Bmatrix} f_{u_2} \\ f_{v_2} \\ f_{u_3} \\ f_{v_3} \end{Bmatrix}$$

即

$$[K_{E_2}]\{\delta_{E_2}\} = \{F_{E_2}\}$$

　　根据单元刚度矩阵中的元素表示相应的结点位移分量对结点力分量的贡献在整体刚度矩阵中仍然会保持的原则，在组装整体刚度矩阵时，需要把单元刚度矩阵中的元素按照同样的贡献关系填入整体刚度矩阵。如果整体结构的结点位移向量和结点力向量分别为

$$\{\delta\} = \begin{Bmatrix} u_1 & v_1 & u_2 & v_2 & u_3 & v_3 \end{Bmatrix}^{\mathrm{T}}$$

和

$$\{F\} = \begin{Bmatrix} f_{u_1} & f_{v_1} & f_{u_2} & f_{v_2} & f_{u_3} & f_{v_3} \end{Bmatrix}^{\mathrm{T}}$$

那么按上述原则组成的整体刚度矩阵为

$$[K] = \begin{bmatrix} a_1 & a_2 & a_3 & a_4 & 0 & 0 \\ b_1 & b_2 & b_3 & b_4 & 0 & 0 \\ c_1 & c_2 & c_3+m_1 & c_4+m_2 & m_3 & m_4 \\ d_1 & d_2 & d_3+n_1 & d_4+n_2 & n_3 & n_4 \\ 0 & 0 & p_1 & p_2 & p_3 & p_4 \\ 0 & 0 & q_1 & q_2 & q_3 & q_4 \end{bmatrix}$$

整体结构的平衡方程为

$$\begin{bmatrix} a_1 & a_2 & a_3 & a_4 & 0 & 0 \\ b_1 & b_2 & b_3 & b_4 & 0 & 0 \\ c_1 & c_2 & c_3+m_1 & c_4+m_2 & m_3 & m_4 \\ d_1 & d_2 & d_3+n_1 & d_4+n_2 & n_3 & n_4 \\ 0 & 0 & p_1 & p_2 & p_3 & p_4 \\ 0 & 0 & q_1 & q_2 & q_3 & q_4 \end{bmatrix} \begin{Bmatrix} u_1 \\ v_1 \\ u_2 \\ v_2 \\ u_3 \\ v_3 \end{Bmatrix} = \begin{Bmatrix} f_{u_1} \\ f_{v_1} \\ f_{u_2} \\ f_{v_2} \\ f_{u_3} \\ f_{v_3} \end{Bmatrix} \qquad (2\text{-}52)$$

通常情况下，式（2-52）中的整体刚度矩阵是对称的，在没有引入足够的约束条件前还是奇异的，不能根据上述方程求出未知的结点位移。此外，式（2-52）的刚度矩阵中有求和的元素，原因是图 2-11 中两个单元共享结点 2，导致两个单元的刚度矩阵都在整体刚度矩阵的同一个位置有对应的非零元素。由此可以总结出由单元刚度矩阵组装整体刚度矩阵的方法：

（1）在整体刚度矩阵中仍然保持单元刚度矩阵中结点位移分量对结点力分量的贡献关系；

（2）如果两个单元都包含有同样的结点位移分量对结点力分量的贡献关系，在整体刚度矩阵中应该把这些反映同样结点位移分量对结点力分量贡献的系数求和。

需要说明的是，无论是单元刚度矩阵还是整体刚度矩阵，矩阵中每一个元素的具体位置都与结点位移向量和结点力向量中各个分量的排列顺序有关，即刚度矩阵受位移向量和力向量中各个分量的排列顺序影响，位移向量和力向量中各个分量的排列顺序不同，刚度矩阵中各个元素的位置也会不同。有限元程序中，位移向量和力向量中各个分量的排列顺序是用编号来表示的，因此也可以说编号的顺序不同，单元的刚度矩阵和整体的刚度矩阵就不同。由于整体刚度矩阵中存在很多零元素，可以通过改变编号的顺序，将非零元素集中在对角线附近，形成一个对称的带状矩阵，方便存储和计算，这也是有限元平衡方程中整体刚度矩阵的一个特点。

2.3.6　刚度矩阵的特点

如前所述，通过单元刚度矩阵组装起来的弹性体刚度矩阵具有奇异性，需要引入足够的约束条件消除奇异性。消除奇异性的刚度矩阵是满秩、可逆的。理论上，通过对平衡方程式（2-49）中的刚度矩阵求逆，可以求得各个结点的位移。刚度矩阵的奇异性在物理上的表现就是有限元模型的空间位置不确定，处在一种类似于失重的漂浮状态，不能施加载荷。施加足够的约束条件后，模型的空间位置就是确定的，施加载荷后物体能够变形但不会移动，在约束处能产生与载荷平衡的反力（静力平衡状态）。因此，施加的位移约束应该至少确保物体在空间的位置能够完全确定，这是静态分析对结构约束条件的基本要求，对动态计算则没有这些要求。

刚度矩阵中的每一个元素都反映了一个结点位移分量与一个结点力分量之间的刚度联系，这种联系通常是相互的，因此刚度矩阵如图 2-12 所示具有对称性，在存储时只需存储一半的元素。刚度矩阵对角线上的元素

图 2-12　刚度矩阵的对称稀疏特性

称为主元，刚度矩阵具有主元占优特性，即主元在数值上大于非主元。计算过程的稳定性要求主元在数值上具有一致性，即主元在量级上不宜差别过大。此外，由于有限元网格的特点，一个结点只与几个相邻的结点相联系，大多数结点之间并没有直接联系，刚度矩阵中的大多数元素都是零元素，是如图 2-12 所示的典型的稀疏矩阵。非零元素在矩阵中的位置与结点编号有关，通过优化结点编号，可以将非零元素集中在对角线附近，形成一个很窄的带状稀疏矩阵，这样在存储时只需存储很少的带内元素，极大节省存储空间和求解时间。与此相反，边界元法形成的刚度矩阵是满阵，存储量和计算量都远大于有限元法，这也是边界元法在结构分析中无法广泛使用的主要原因。

2.3.7　插值函数

插值函数在有限元法中主要有两个作用：单元变形能的计算和单元内结果的插值。高阶的曲边单元用来模拟弯曲边界的形状函数在本质上也是插值函数。有限元法只计算有限结点上的位移值，对于连续空间上的位移值，需要通过插值函数求得。同时，单元内部的弹性变形和变形能的计算也都依赖于插值函数。插值函数对有限元法有重要意义。适当地提高插值函数的阶数有利于提高有限元法计算的精度，通过提高插值函数阶数来改善有限元法计算精度的方法称为 p 方法。实践表明，采用过高阶数的插值函数，并不一定能带来更高的计算精度，反而增加了计算量。目前商业化的有限元软件多数采用双线性插值函数或者二阶插值函数。如果通过提高插值函数的阶数不能满足精度要求，可以通过提高单元网格密度来改善计算精度，这种方法称为 h 方法，是目前提高分析精度，尤其是提高局部分析精度的主要方法。

2.3.8　应力的计算

如式（2-49）所示，有限元平衡方程求解的未知量是结点位移。在结构分析和强度校核中也经常需要应力结果。事实上，在求出结点位移$\{\delta\}$后，可以根据式（2-42）的几何关系求得单元内任意一点的应变，然后根据式（2-10）的本构关系求得单元内任意一点的应力。因此，在求得结点位移后，再求应变和应力都是方便的。

在有限元的发展过程中，也有以应力作为待求变量的有限元方法，它是基于弹性力学的力法发展起来的，现在的有限元法一般是以位移为待求变量的位移法。以一部分应力、一部分位移作为求解变量的方法叫作混合法，混合法是一种折中的方法，在应力结果的计算精度上有所提高，同时又可以基于位移法的有限元程序实现。基于混合法的单元类型一般称为混合单元，目前在很多商业程序中还有少量应用。位移法直接求出的是位移，通过几何关系求应变时，由于存在导数运算，应变函数的阶数低于位移函数的阶数，计算精度低一阶，由此得到的应力结果的精度也低于位移结果的精度。以式（2-37）的线性插值函数为例，将其代入式（2-42）的几何方程后，经过一次求导，应变函数变成常数，应力也是常数，这意味着一个单元内的应力、应变都是常值，为此，现在多采用更高阶的插值函数，以便得到变化的单元应力，提高应力分析精度。

应力结果是基于单元结点位移得到的。如图 2-13（a）所示，在相邻单元的边界上，由边界两边单元计算出的应力结果通常并不一样，应力在单元边界上不连续。对于一个连续的弹性体，应力的分布也应当连续。为了保持应力的连续性，在单元边界上的应力结果一般要进行均化处理，以保证连续性。应力结果的这种均化处理过程称为应力磨平。如图 2-13（b）所示，应力磨平能够确保应力分布的连续性，并在一定程度上改善应力计算的精度。基于位移法的有限元应力分析主要还是通过提高单元密度改善应力计算的精度，基于力法的有限元分析，由于直接求解的是应力，因此可以获得较高的应力计算精度。

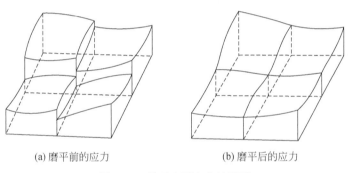

(a) 磨平前的应力　　　　　　　　　　(b) 磨平后的应力

图 2-13　单元表面应力的磨平

2.3.9　位移解的下限性质

弹性力学中假定弹性体具有连续性，弹性体的变形也具有连续性。有限元法将弹性体离散后，弹性体变成了有限个单元的集合体，单元成了变形的最小单位，与具有无限多自由度的弹性体相比，只有有限自由度的有限元模型的变形是受到限制的。用有限自由度的模型模拟无限多自由度的弹性体，模型总是比实际的弹性体"偏硬"，即有限元模型的刚度总是偏大，求出的位移总是比实际结构偏小。当提高单元的阶数或者密度时，有限元的位移解总是从下向上逐渐逼近弹性体的精确解，这种现象称为有限元位移解的下限性质。根据这个性质，在有限元模型的简化、载荷和约束条件的等效过程中有意识地"软化"模型，使位移结果偏大，可以在一定程度上改善计算精度。

2.3.10　杂交单元

杂交单元是在基于位移法的有限元程序中使用的一类特殊单元，单元的待求变量与基于位移法的单元不同，除了包含位移变量外，还包含应力变量。位移变量参与整体结构的位移计算，应力变量只用于单元内部应力的求解。这类单元与基于位移法的有限元计算过程有很好的相容性，同时求得的单元应力有较高的精度，在基于位移法的有限元程序中为了改善应力计算的精度而经常使用。此外，这类单元不会出现剪切锁死现象，还经常用于接近不可压缩或者完全不可以压缩材料的计算。

杂交单元在单元内部假定任意一点的应力可以由式（2-53）求出：

$$\{\sigma\}=[N^{\sigma}]\{\sigma_i\} \tag{2-53}$$

式中，$\{\sigma_i\}$ 是单元内部广义的应力向量；$[N^{\sigma}]$ 是插值函数。当式（2-53）在单元边界上取值时，边界上的应力为

$$\{\sigma^s\}=[N^s]\{\sigma_i\} \tag{2-54}$$

即边界上的应力 $\{\sigma^s\}$ 由插值函数 $[N^{\sigma}]$ 在边界上的取值 $[N^s]$ 确定。

假定在单元边界上任意一点的位移可以基于结点位移计算：

$$\{\delta\}=[N^{\delta}]\{\delta_i\} \tag{2-55}$$

式中，$[N^{\delta}]$ 是单元表面上的位移插值函数；$\{\delta_i\}$ 是单元的结点位移。这里的 $[N^{\delta}]$ 并不能用于整个单元域内，这是与一般的位移法单元中的插值函数不同的地方。

基于上述单元应力和位移的假定，可以求得单元的刚度：

$$[K]^e = [Q]^\mathrm{T}[H]^{-1}[Q] \tag{2-56}$$

这里

$$\begin{cases} [H] = \iiint_V [N^{\sigma}]^\mathrm{T}[D]^{-1}[N^{\sigma}]^\mathrm{T}\mathrm{d}x\mathrm{d}y\mathrm{d}z \\ [Q] = \iiint_S [N^s]^\mathrm{T}[N^{\delta}]\mathrm{d}S \end{cases}$$

式中，$[D]$ 是材料的弹性矩阵。

通过整体结构计算可以求出位移结点位移 $\{\delta_i\}$，然后通过式（2-57）求得单元内的广义应力：

$$\{\sigma_i\} = [H]^{-1}[Q]\{\delta_i\} \tag{2-57}$$

代入式（2-53）后即可求得单元内任意一点的应力。

练　习　题

（1）弹性力学的基本假定是什么？请简要说明。

（2）有限元法与材料力学、弹性力学有什么关系？

（3）什么是弹性力学的基本方程？

（4）什么是有限元法的基本方程？

（5）写出弹性力学的平衡方程并说明其含义。

（6）写出弹性力学的几何方程并说明其含义。

（7）写出弹性力学的物理方程并说明其含义。

（8）推导微元体 x 方向的平衡条件。

（9）推导微元体 x 方向的几何方程。

（10）将实际问题简化成平面应力问题需要满足什么条件？请举例说明。

（11）将实际问题简化成平面应变问题需要满足什么条件？请举例说明。

（12）将实际问题简化成轴对称问题需要满足什么条件？请举例说明。

（13）传统上，弹性力学的平面问题并不包括轴对称问题，对吗？

（14）机械工程中，平面应力问题有哪些应用？

（15）机械工程中，平面应变问题有哪些应用？

（16）举例说明轴对称问题在罐体分析中的应用及特点。

（17）说明煤气罐的强度分析方案。

（18）齿轮受力后的应力力分析，可以简化成哪一类平面问题？请说明理由。

（19）说明煤气管道的强度分析方案。

（20）什么是线形的轴对称单元？有什么特点？请举例说明应用场合。

（21）什么是虚功原理？

（22）如何将虚功原理应用在有限元法中？

（23）什么是虚位移？有什么特点？

（24）什么是刚度矩阵的奇异性？对有限元求解有何影响？如何避免？

（25）如果已知单元刚度矩阵，如何构造整体刚度矩阵？

（26）如何利用虚功原理求单元刚度矩阵？

（27）有限元法的求解过程是怎样的？

（28）有限元分析中的虚功原理，其一般形式是怎样的？

（29）弹性力学的基本方程与有限元分析中的基本方程有何不同？

（30）弹性力学的平衡方程与有限元分析中的平衡方程有何不同？

（31）弹性力学中分析弹性体载荷-变形关系的方法与有限元分析中的方法有何不同？

（32）有哪些方法可以获得单元的刚度矩阵？

（33）有限元分析中的矩阵 $[B]$ 是什么矩阵？有什么特点？

（34）整体刚度矩阵有什么特点？与边界元法的刚度矩阵有什么区别？

（35）单元刚度矩阵中的元素有什么作用？与整体刚度矩阵中的作用相

同吗?

（36）有限元结构分析中的应力是如何求得的?

（37）什么是应力磨平? 应力磨平的目的是什么?

（38）什么是有限元位移解的下限性质? 了解这个性质有什么意义?

（39）什么杂交单元? 有限元分析软件中保留杂交单元的目的是什么?

参 考 文 献

[1] 朱伯芳. 有限单元法原理与应用[M]. 2 版. 北京: 中国水利水电出版社, 1998.

[2] 傅永华. 有限元分析基础[M]. 武汉: 武汉大学出版社, 2003.

[3] 铁摩辛柯 S P, 古地尔 J N. 弹性理论[M]. 3 版. 徐芝纶, 译. 北京: 高等教育出版社, 2013.

[4] 徐芝纶. 弹性力学[M]. 4 版. 北京: 高等教育出版社, 2006.

[5] 刘鸿文. 材料力学 I[M]. 4 版. 北京: 高等教育出版社, 2004.

第3章 结构分析中的常用单元

常用的有限元软件，随功能强弱的不同，涉及的专业、学科和物理场的多少，提供的单元类型从几十种到几百种。单元类型越多，越容易找到与实际问题接近的单元类型建立有限元模型。单元库中包含单元类型的多少，也经常作为评价一个有限元软件功能强弱的指标。单元类型的增多给建模带来便利的同时，也给单元类型的选择带来不便。建立有限元模型时需要充分了解软件所提供的各种单元类型的特点以及实际问题对单元类型的需求，以便找到最合适的单元类型。本章介绍结构分析中常用的实体等参元、梁、壳、接触和弹簧阻尼单元的特点和应用场合，还介绍建模过程中载荷移置和等效的方法。

3.1 等 参 元

等参元是目前结构分析中的主力单元类型。

早期的有限元分析主要采用三角形、四面体单元，以及矩形的四边形和六面体单元[1,2]。三角形、四面体单元形状适应性好但是计算精度低，矩形的四边形和六面体单元计算精度高但是形状适应性差。等参元提出以后，很快取代了各种传统的实体单元。如图 3-1（a）所示，等参元在直角坐标下的形状不要求是二维或三维的矩形，网格划分和复杂几何形状的模拟十分方便，计算过程中，通过坐标变换，将畸变的单元形状转化成图 3-1（b）中的矩形单元，利用参数坐标系中的矩形单元计算，计算过程简单、统一，给程序设计带来便利。等参元是在矩形单元基础上进一步的改进，允许单元形状有一定程度的畸变，能够很好地适合复

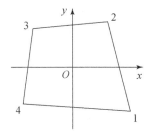

(a) 直角坐标系下的单元形状

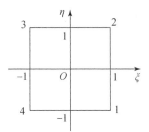

(b) 参数坐标下的单元形状

图 3-1 等参元的变换

杂的结构边界形状，同时保持良好的计算精度。等参元技术不仅用于构造二维和三维的实体单元，也用于建立壳单元和梁单元，尤其是弯曲的梁单元和壳单元。有限元软件中提供的结构单元多数都是等参元。

3.1.1　等参元刚度矩阵的构造方法

等参元的刚度矩阵构造过程与前述的单元刚度矩阵基本相同，不同点在于等参元采用的插值函数是参数形式的，应变不能根据插值函数直接求出，需要进行参数变换才能得到应变表达式。

以前述有限元二维问题的单元刚度矩阵为例：

$$[K] = \iint [B]^{\mathrm{T}}[D][B] t \mathrm{d}x \mathrm{d}y \tag{3-1}$$

假定图 3-1（a）中四边形等参元的插值函数为参数表达式：

$$\begin{cases} u_x = \beta_1 + \beta_2 \xi + \beta_3 \eta + \beta_4 \xi \eta \\ u_y = \beta_5 + \beta_6 \xi + \beta_7 \eta + \beta_8 \xi \eta \end{cases} \tag{3-2}$$

将 4 个结点的参数坐标和结点位移代入式（3-2）可以得到 8 个方程求出 8 个待定系数 $\beta_1 \sim \beta_8$。这样，单元内任意点的位移为

$$\begin{Bmatrix} u_x \\ u_y \end{Bmatrix} = [N(\xi,\eta)] \begin{Bmatrix} u_{xi} \\ u_{yi} \end{Bmatrix}, \quad i = 1, 2, 3, 4 \tag{3-3}$$

其中 $\begin{Bmatrix} u_{xi} \\ u_{yi} \end{Bmatrix}$ 是 8 个结点位移的矢量。将式（3-3）代入几何方程

$$\begin{cases} \varepsilon_x = \dfrac{\partial u}{\partial x} \\[2mm] \varepsilon_y = \dfrac{\partial v}{\partial y} \\[2mm] \gamma_{xy} = \dfrac{\partial u}{\partial y} + \dfrac{\partial v}{\partial x} \end{cases}$$

可以得到几何矩阵

$$[B] = \begin{bmatrix} \dfrac{\partial [N(\xi,\eta)]}{\partial x} & \\[3mm] & \dfrac{\partial [N(\xi,\eta)]}{\partial y} \\[3mm] \dfrac{\partial [N(\xi,\eta)]}{\partial y} & \dfrac{\partial [N(\xi,\eta)]}{\partial x} \end{bmatrix} \tag{3-4}$$

注意到插值函数 $N(\xi,\eta)$ 是用参数坐标表达的，几何方程需要对直角坐标求导

数，假定参数坐标与直角坐标之间的变换关系为

$$\begin{Bmatrix} x \\ y \end{Bmatrix} = [N(\xi, \eta)] \begin{Bmatrix} x_i \\ y_i \end{Bmatrix}, \quad i = 1, 2, 3, 4 \tag{3-5}$$

式中，$\begin{Bmatrix} x_i \\ y_i \end{Bmatrix}$ 表示 4 个结点的坐标矢量。这个变换能将图 3-1（a）中有畸变的四边形单元变换为图 3-1（b）中的正方形单元，并且单元的边长都为 2，因此不管实际单元形状如何，映射到参数坐标系的单元形状都是一样的，在参数坐标系下计算单元刚度比在直角坐标系下更为有利。式（3-4）中参数形式的插值函数对直角坐标的导数可以通过复合函数求导数的形式求出：

$$\begin{cases} \dfrac{\partial [N(\xi, \eta)]}{\partial x} = \dfrac{\partial [N(\xi, \eta)]}{\partial (\xi, \eta)} \dfrac{\partial (\xi, \eta)}{\partial x} \\[3mm] \dfrac{\partial [N(\xi, \eta)]}{\partial y} = \dfrac{\partial [N(\xi, \eta)]}{\partial (\xi, \eta)} \dfrac{\partial (\xi, \eta)}{\partial y} \end{cases} \tag{3-6}$$

这样就可以获得应变：

$$\{\varepsilon\} = [B(\xi, \eta)] \begin{Bmatrix} u_{xi} \\ u_{yi} \end{Bmatrix}, \quad i = 1, 2, 3, 4 \tag{3-7}$$

根据式（3-5）假定的参数坐标与直角坐标之间的关系可以求得

$$\mathrm{d}x\mathrm{d}y = |J| \mathrm{d}\xi \mathrm{d}\eta \tag{3-8}$$

其中

$$[J] = \begin{bmatrix} \dfrac{\partial x}{\partial \xi} & \dfrac{\partial y}{\partial \xi} \\[3mm] \dfrac{\partial x}{\partial \eta} & \dfrac{\partial y}{\partial \eta} \end{bmatrix} \tag{3-9}$$

称为雅可比矩阵，它是直角坐标对参数坐标的偏导数矩阵。雅可比矩阵在等参元刚度矩阵的构造中用于不同坐标系下导数的变换：

$$\begin{Bmatrix} \dfrac{\partial [N(\xi, \eta)]}{\partial x} \\[3mm] \dfrac{\partial [N(\xi, \eta)]}{\partial y} \end{Bmatrix} = \begin{bmatrix} \dfrac{\partial x}{\partial \xi} & \dfrac{\partial y}{\partial \xi} \\[3mm] \dfrac{\partial x}{\partial \eta} & \dfrac{\partial y}{\partial \eta} \end{bmatrix}^{-1} \begin{Bmatrix} \dfrac{\partial [N(\xi, \eta)]}{\partial \xi} \\[3mm] \dfrac{\partial [N(\xi, \eta)]}{\partial \eta} \end{Bmatrix} \tag{3-10}$$

当单元形状畸变严重时，雅可比矩阵会出现病态，逆运算误差加大，这使得等参元对形状畸变比传统单元更为敏感，改善矩阵的病态或者采用有效的病态矩阵计算方法，能够有效减弱等参元对形状畸变的敏感性。

考虑到式（3-7）和式（3-8），单元刚度矩阵可以写成参数坐标形式：

$$[K] = \int_{-1}^{1} \int_{-1}^{1} [B]^{\mathrm{T}} [D] [B] |J| t \mathrm{d}\xi \mathrm{d}\eta \qquad (3\text{-}11)$$

由于被积函数的复杂性，求式（3-11）的积分表达式是困难的，有限元法中一般采用数值积分方法获得单元刚度矩阵：

$$[K] \approx \sum_{i=1}^{n} \sum_{j=1}^{n} H_i H_j F(\xi_i, \eta_j) \qquad (3\text{-}12)$$

这里

$$F(\xi, \eta) = [B]^{\mathrm{T}} [D] [B] |J| t \qquad (3\text{-}13)$$

式中，(ξ_i, η_j) 是高斯积分点的坐标；H_i 和 H_j 是高斯积分点的权系数。如果确定了高斯积分的点数 n，积分点的坐标和权系数就是确定的常数，可以通过表 3-1 查出，这样就能够通过被积函数直接求出单元刚度，避免了求积过程。

表 3-1　高斯积分点的坐标和权系数

积分点数 n	积分点坐标 ξ_i	积分权系数 H_i
1	±0.00000 00000 00000	2.00000 00000 00000
2	±0.57735 02691 89626	1.00000 00000 00000
3	±0.77459 66692 41483	0.55555 55555 55556
	±0.00000 00000 00000	0.88888 88888 88889
4	±0.86113 63115 94053	0.34785 48451 37454
	±0.33998 10435 84856	0.65214 51548 62546

对于三维的等参元，刚度矩阵为

$$[K] \approx \sum_{k=1}^{n} \sum_{j=1}^{n} \sum_{i=1}^{n} H_i H_j H_k F(\xi_i, \eta_j, \zeta_k) \qquad (3\text{-}14)$$

等参元中采用了参数形式的插值函数，并假定直角坐标系与参数坐标系之间的变换也采用同样的函数，因此这种单元称为等参单元。如果采用不同的坐标变换，则可以构造出超参元和亚参元[3, 4, 5]。

等参元构造过程中的参数坐标也称局部坐标系，自然坐标系或者随体坐标系，直角坐标也称为整体坐标。参数坐标下的单元称为母单元，是一个形状规则的单元。将形状有畸变的单元经过坐标变换映射到参数坐标系能够使单元刚度的计算过程大为简化。

通过式（3-12）和式（3-14）获得单元刚度矩阵后，需要将单元刚度矩阵组装成整体刚度矩阵，然后将必要的约束条件引入整体刚度矩阵代表的整体结构平衡方程，即可消除整体刚度矩阵的奇异性，进而通过方程组的求解，获得各个未知的结点位移，然后通过几何方程求得应变，通过本构关系求得应力，这个过程与传统的非等参元一致。

3.1.2　高斯积分

与采用牛顿-莱布尼茨公式计算定积分不同,高斯积分是以 n 阶正交多项式的 n 个零点为积分点的数值积分公式,不需要求出被积函数的积分表达式,即将积分写成求和的形式:

$$\int_a^b f(x)\mathrm{d}x \approx \sum_{i=1}^{n} A_i f(x_i) \tag{3-15}$$

权系数和积分点坐标只与积分区间宽度有关,与被积函数的具体形式无关。由于等参元参数坐标系积分区间的均为[-1, 1],不同单元在参数坐标系中的权系数和积分点坐标相同,等参元刚度矩阵的这种性质给计算带来很大方便。

采用数值积分方法得到的结果并不像式(3-15)所示的那样都是近似值,在某些条件下,也可以得到精确值。不采用 n 个积分点的高斯积分可以达到 $2n-1$ 阶的计算精度,如果被积函数是 $2n-1$ 次多项式,用 n 个积分点的高斯积分就可以得到精确解,因为这个原因,式(3-12)、式(3-14)、式(3-15)实际上并不总是近似的。在常用的有限元软件中,高阶等参元在每个坐标方向上的积分点数一般为 3,可以达到 5 阶的积分精度,如果待求变量的变化规律是等于或者低于 5 次的多项式,那么高斯积分的结果就是精确值而不是近似值。通常情况下,只要单元尺度足够小,待求变量的变化将足够缓慢,理论上总可以得到足够精确的积分结果。

以图 3-1(a)中的四结点平面四边形单元为例,如果采用单点积分,在图 3-1(b)中的参数坐标系下,每个坐标轴方向只有一个积分点,每个单元也只有一个积分点。根据表 3-1 中单点积分的坐标可知,这个积分点在矩形的形心处。

如果采用两点积分,在图 3-1(b)中的参数坐标系下,每个坐标轴方向有两个积分点,每个单元共有四个积分点。由表 3-1 可知,积分点的参数坐标绝对值小于 1,即积分点与角结点不重合,而是位于正方形的内部。类似地,如果采用三点积分,单元共有 8 个积分点,对照表 3-1 中三点积分的积分点坐标值可知,积分点与结点也不重合,而且也是位于单元内部。采用更多的积分点也有同样的情况,即单元的积分点与单元的结点不重合,积分点位于单元内部。

3.1.3　等参元的应力

通过几何方程求单元应变过程中,需要进行微分运算,应变变化的阶数总会比位移变化的阶数低一阶,应变的精度总是比位移的精度低一阶,应力的结果也是如此。经验上,等参元积分点处的应力值精度最高,结点处的精度最差,这与应力计算结果的连续性有关。在单元内,应力计算结果是连续的,在单元边界上,包括结点处的应力并不能保持与位移同阶的连续性,计算结果一般并不连续。因此有限元程序为了输出较高精度的单元应力结果,一般选择输出积分点处的应力值，如果需要结点处的应力值，则需对结点处由不同单元外推出的应力值进行均化处理，即应力磨平，将平均后的结点应力值输出。

3.1.4　沙漏现象

等参元的刚度矩阵计算涉及积分点数的选择。数值积分本身并没有规定明确的积分点数。采用较多的积分点数可以提高积分精度但是增加计算量，合理的积分点数要考虑计算量和精度的平衡。积分点数与单元结点数一致，称为完全积分（full integration），为了减少计算量或者软化单元刚度，可以采用较少的积分点数，称为减缩积分（reduced integration）。

如图 3-2 所示，采用完全积分方案的曲边单元，单元形状发生如图 3-2（a）所示的变形时，积分点的位置也相应变化，采用图 3-2（b）所示减缩积分方案则不能捕捉单元的变形。图 3-2（c）和（d）的直边单元也有类似的情况。类似于图 3-2（b）和（d）的变形模式并不能从单元的变形能上反映出来，称为零能模式（zero energy mode）[4]。零能模式是伪变形模式，不是受力后产生的变形模式，不反映结构真实的变形状态。如图 3-3（a）所示的初始网格，计算结果如果出现图 3-3（b）所示的网格变形，根据经验判断应该是出现了零能模式。出现零能模式的网格变形类似于沙漏形状，称为沙漏（hourglass）现象。采用完全积分方案可以避免出现沙漏现象。

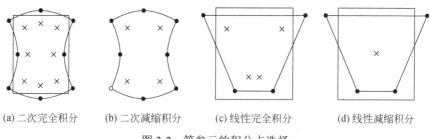

(a) 二次完全积分　　(b) 二次减缩积分　　(c) 线性完全积分　　(d) 线性减缩积分

图 3-2　等参元的积分点选择

采用图 3-2（c）所示线性完全积分方案的单元，在承受弯曲载荷时会出现剪切自锁，剪应力的计算结果不正确，采用图 3-2（a）所示的二次完全积分方案是一个比较好的选择。当然，在不出现沙漏现象时，采用减缩积分可以减少计算量。同时，考虑到位移有限元法计算结果的下限性质，采用减缩积分可以降低单元刚度，提高计算精度。在显式动力学分析中，为了大幅减少计算量，减缩积分方案的使用更为普遍。由于采用减缩积分的单元具有不受力即可产生变形的零能模式，在接触分析中，采用减缩积分单元计算接触表面之间的接触状态并不可靠，通常在接触计算中不建议使用减缩积分方案。

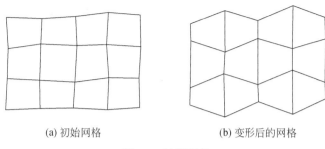

(a) 初始网格　　　　　　　　　　　　　(b) 变形后的网格

图 3-3　沙漏现象

3.1.5　剪切锁死

对于图 3-4（a）所示的四边形单元，如果受到纯弯曲的外载荷，理论上的结构变形应是图 3-4（b）所示的形状，变形前相互垂直的虚线在变形后仍然保持垂直，结构内部没有剪应变。但是对于线性直边单元，单元形状不能模拟边界的弯曲，有限元计算得到的单元形状将是如图 3-4（c）所示的梯形，结构的弯曲变形表现不出来，单元内部原来相互垂直的虚线变得不再相互垂直，出现剪应变，这与纯弯曲不产生剪应变的理论分析不一致，因此不是一个合理的变形形态。这种由于单元本身的构造无法正确模拟弯曲变形并产生附加剪应变的情况，称为剪切锁死（shear locking）或者伴生剪切（parasitic shear）。剪切锁死发生在一阶全积分单元在受到纯弯矩条件下，采用减缩积分或者二阶完全积分可以避免出现这种现象。

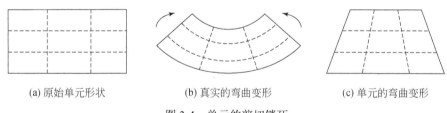

(a) 原始单元形状　　　　　　　(b) 真实的弯曲变形　　　　　　(c) 单元的弯曲变形

图 3-4　单元的剪切锁死

3.1.6　体积锁死

多数固体材料在载荷作用下体积会发生变化，但是完全积分单元在模拟接近不可压缩材料时却保持不合理的体积不变，结构刚性异常增大，称为体积锁死（volumetric locking）。一阶全积分单元当采用选择性减缩积分（selectively reduced integration）时可以避免出现体积锁死。对于弹塑性材料（塑性部分几乎属于不可压缩），二阶全积分四边形和六面体单元在塑性应变和弹性应变在一个数量级时也会发生体积锁死，二次减缩积分单元发生大应变时体积锁死也伴随出现。一旦出现体积锁死，需要将大应变区域的网格细化，或者改用杂交单元。除了塑性材料以外，弹性的橡胶材料通常在有限元分析中也视作接近不可压缩或者完全不可以压缩材料，为了避免出现体积锁死，经常采用杂交单元建模。

3.1.7　载荷的移置

载荷的移置是将施加在非结点位置上的载荷转移到结点上，是一个力系向结点等效的过程。很多有限元软件的前处理程序允许用户在几何模型上直接施加面力、体积力甚至集中力，但是在求解前，程序需要将这些载荷转移、等效到单元结点上，以结点力的形式进入有限元计算过程。

在有限元中载荷移置的等效原则是虚功等效，而不是简单的合力、合力矩相等，即等效前后的载荷，在虚位移上的虚功应该相等。

如果单元内任意位置处的虚位移为$\{r^*\}$，单元结点的虚位移为$\{\delta^*\}$，单元的插值函数为$[N]$，通过插值函数$[N]$和单元结点虚位移$\{\delta^*\}$可以求得单元内任意点处的虚位移[6]：

$$\{r^*\}=[N]\{\delta^*\} \tag{3-16}$$

当单元中有虚位移$\{r^*\}$时，单元内的体积力所做的虚功为

$$\iiint \{r^*\}^T\{q\}\mathrm{d}x\mathrm{d}y\mathrm{d}z =\{\delta^*\}^T\iiint [N]^T\{q\}\mathrm{d}x\mathrm{d}y\mathrm{d}z \tag{3-17}$$

它应等于等效结点力$\{R\}$在结点虚位移$\{\delta^*\}$上做的虚功，即

$$\{\delta^*\}^T\iiint [N]^T\{q\}\mathrm{d}x\mathrm{d}y\mathrm{d}z = \{\delta^*\}^T\{R\} \tag{3-18}$$

由此可得等效结点力为

$$\{R\} = \iiint [N]^T\{q\}\mathrm{d}x\mathrm{d}y\mathrm{d}z \tag{3-19}$$

通过式（3-19），可以将单元内分布的体积力等效到结点上。对于等参元，只需把式（3-19）中的直角坐标换成参数坐标即可。

多数情况下，一个结点属于不止一个单元，每个单元都可以根据式（3-19）向一个结点等效一组结点力，最终的结点力是不同单元等效到同一个结点上的结点力$\{R\}$的和。

图 3-5 是采用简单等效方式和虚功等效方式将简支梁的重力向结点等效的结果比较。简支梁用 4 个梁单元划分，有 5 个结点。如果梁的总重量是 P，简单等效方式将重量均分到每个结点上，等效后每个结点的结点力为总重量的五分之一，结果如图 3-5（a）所示。如果采用虚功原理等效，结果如图 3-5（b）所示，中间结点的结点力相等，但是两端的结点力中间中间结点的一半，这是因为每个单元都将自身重量的一半等效到两个结点上，中间结点有两个相邻单元贡献结点力，导致最终的结点力比两端的结点力大一倍。

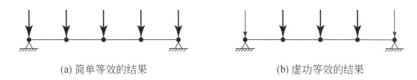

(a) 简单等效的结果　　　　　　　　　　(b) 虚功等效的结果

图 3-5　体积力的结点等效

对于单元上作用有分布面力 $\{p\}$ 的情况，也可以通过类似的方法得到等效的结点力：

$$\{R\} = \iint_s [N]^T \{p\} \mathrm{d}s \qquad (3\text{-}20)$$

式中，s 是作用有分布面力 $\{p\}$ 的单元表面；$\mathrm{d}s$ 是单元表面的面积微分。

对于单元上作用有集中力 $\{P\}$ 的情况，等效的结点力为

$$\{R\} = [N]^T \{P\} \qquad (3\text{-}21)$$

3.1.8　单元的选择

不同的单元类型，具有不同的特点和适用场合，很难存在一种普遍适用于各种工程条件的通用单元。为此，有限元软件提供几十种到几百种不同类型的单元供建模使用。种类繁多的单元类型给有限元建模带来方便的同时，也给单元的选择带来困难。正确地了解工程实际问题的特点以及不同类型单元的特点，才能找到最合适的单元类型，建立最准确、合理的有限元模型。

相同的单元类型，在同一个软件的不同版本中，或者在不同的软件中，其构造可能并不完全相同。同一个问题，采用同一有限元模型，在软件的不同版本或者不同软件中计算，其结果不能保证完全一样，尤其是在不同的软件中，计算结果一般不会完全相同。除了数值计算本身的误差以外，单元构造过程中的差异是主要原因。充分了解单元的构造过程及其特点，是正确评价计算结果准确性和合理性的关键之一。

3.2　梁　单　元

梁可以看作三维实体结构的一种几何退化形式，当两个正交方向上的尺寸远小于第三个方向时的几何形状就可以视为梁。不论梁的截面形状是否为圆形，一般将其最大尺寸称为径向特征尺寸或者截面特征尺寸，梁的长度与径向特征尺寸的比值称为长径比。梁的几何尺寸并没有严格的定义，一般长径比大于 3 的几何形状就可以视为梁。梁的几何形状通常分为两种：深梁和细长梁。深梁就是短粗的梁，长径比一般在 3～5。细长梁就是传统意义上的梁理论研究的欧拉梁（也称欧拉-伯努利梁，Euler-Bernoulli beam），一般长径比为 10 或者更大。梁的挠度分为两部分，一

部分是弯曲载荷产生的，另一部分是剪切载荷产生的。深梁的挠度主要是剪切产生的，细长梁的挠度主要是弯曲产生的。梁的长径比越大，梁截面内的（横向的）的剪应力对整个梁的挠度贡献越小。经典的梁理论忽略梁截面内的剪应力，如果长径比足够大，可以得到相当精确的计算结果。当梁的长径比逐渐减小，忽略剪应力带来的误差会逐渐增大。在短粗的深梁分析中，需要计入横向的剪切应力带来的影响，这就是深梁理论，即铁摩辛柯梁（Timoshenko beam）。

梁单元在结构分析中是一种常用的线型单元。单个的梁单元在有限元建模中并不需要满足长径比要求，只需整个几何体在形状上满足长径比要求即可。梁单元的几何形状是两个结点确定的一条直线或者三个结点确定的曲线，曲线代表梁的中线，此外，空间的梁单元还需要一个结点定义横截面的方向。除了圆形截面外，其他形状的截面通常沿不同方向上的截面惯性矩并不相同，需要通过梁上的结点和这个结点形成的右手坐标系定义截面的方向，也称为截面的开口方向。梁的有限元模型不需要将截面形状画出，与截面形状相关的截面特性是通过截面的特性参数表达的，如横截面积、截面高度和宽度、截面惯性矩、极惯性矩等，这些特性参数通过程序界面以数据的方式输入。由于在模型中梁的截面形状不以几何形式表达出来，梁模型比实际结构在几何上要简洁得多，同时在满足梁理论假设的条件下也可以拥有足够的计算精度。在同等规模的细长结构的分析中，梁单元的计算精度甚至明显高于实体单元。梁单元只能计算细长结构的整体变形和最高应力，不能给出细长结构细节部分的变形和应力结果。此外，梁单元有转动自由度，与没有转动自由度的实体单元联接时，存在结点自由度数不一致的问题。

为了方便，在大多数商业化的有限元软件中使用的梁单元，尤其是包含三个结点的弯曲的梁单元，通常采用曲线坐标系构造单元刚度矩阵，它是以坐标点在曲线上距离原点的距离作为坐标轴。这种利用曲线坐标构造单元刚度矩阵的方法，与实体等参元刚度矩阵的构造方法是一致的，后续的壳单元则是在曲面坐标系下构造，因此实际使用的梁单元、壳单元在本质上都是等参元。

3.2.1 经典梁单元

弹性力学中的经典梁理论（也称工程梁理论）是从材料力学继承过来的，建立在如下的假定基础上：

（1）结构是细长的；

（2）梁的弯曲变形是小变形；

（3）变形前垂直于梁中线的平截面，在梁弯曲变形时仍然保持平面；

（4）变形后的横截面仍垂直于中线；

（5）横截面形状不发生变化。

基于上述假定导出的梁单元能够很好地反映细长结构的变形和最高应力。

图 3-6 中具有结点 i 和 j 的二维梁
单元，假定开始时在水平轴上，结点
i 在原点，梁长度为 l，每个结点有两
个位移自由度和一个转动自由度：

$$\{\delta\} = \begin{Bmatrix} \delta_x \\ \delta_y \\ \theta \end{Bmatrix} \quad (3\text{-}22)$$

相应的结点载荷为两个集中力和一
个力矩：

$$\{F\} = \begin{Bmatrix} F_x \\ F_y \\ M_{xy} \end{Bmatrix} \quad (3\text{-}23)$$

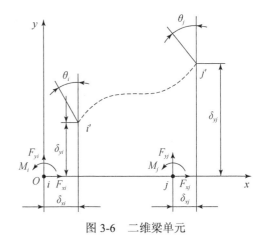

图 3-6　二维梁单元

假定梁在水平方向和垂直方向的位移插值函数为

$$\begin{cases} \delta_x = \beta_1 + \beta_2 x \\ \delta_y = \beta_3 + \beta_4 x + \beta_5 x^2 + \beta_6 x^3 \end{cases} \quad (3\text{-}24)$$

基于小变形假定，梁上任意一点的转角为

$$\theta \approx \tan\theta = \frac{\mathrm{d}\delta_y}{\mathrm{d}x} = \beta_4 + 2\beta_5 x + 3\beta_6 x^2 \quad (3\text{-}25)$$

根据弹性力学的几何方程以及剪应变的定义可知：

$$\gamma_{xy} = \frac{\partial \delta_x}{\partial y} + \frac{\partial \delta_y}{\partial x} = \theta \quad (3\text{-}26)$$

对比式（3-25）和式（3-26）可知，式（3-25）的插值函数并不独立，需要与
几何方程保持一致。式（3-24）和式（3-25）构成了平面梁单元的插值函数：

$$\{\delta\} = [N(x)]\{\delta_i\} \quad (3\text{-}27)$$

其中 $\{\delta_i\}$ 是单元结点的位移和转角的列向量，插值函数为

$$[N(x)] = \begin{bmatrix} 1 & x & & & \\ & & 1 & x & x^2 & x^3 \\ & & & 1 & 2x & 3x^2 \end{bmatrix} \begin{bmatrix} 1 & & & & & \\ & 1 & & & & \\ & & 1 & & & \\ 1 & l & & & & \\ & & & 1 & l & l^2 & l^2 \\ & & & & 1 & 2l & 3l^2 \end{bmatrix}^{-1} \quad (3\text{-}28)$$

如果不考虑剪切应变，梁的变形只有拉压和弯曲产生的正应变。拉压产生的
正应变和完全产生的正应变之和就是梁的轴向正应变：

$$\varepsilon = \varepsilon_x = \varepsilon_F + \varepsilon_M = \frac{\mathrm{d}\delta_x}{\mathrm{d}x} - y\frac{\mathrm{d}^2\delta_y}{\mathrm{d}x^2} \quad (3\text{-}29)$$

式（3-29）就是梁单元的应变–位移关系（几何关系）。将插值函数式（3-27）代入后，即可求得单元应变与结点位移的关系：

$$\{\varepsilon\} = \{\varepsilon_x\} = [B]\{\delta_i\} \tag{3-30}$$

进而可以得到应力与结点位移的关系：

$$\{\sigma\} = E[B]\{\delta_i\} \tag{3-31}$$

通过虚功原理可以得到单元的刚度：

$$[K] = \begin{bmatrix} \dfrac{EA}{l} & 0 & 0 & -\dfrac{EA}{l} & 0 & 0 \\ 0 & \dfrac{12EI}{l^3} & \dfrac{6EI}{l^2} & 0 & -\dfrac{12EI}{l^3} & \dfrac{6EI}{l^2} \\ 0 & \dfrac{6EI}{l^2} & \dfrac{4EI}{l} & 0 & -\dfrac{6EI}{l^2} & \dfrac{2EI}{l} \\ -\dfrac{EA}{l} & 0 & 0 & \dfrac{EA}{l} & 0 & 0 \\ 0 & -\dfrac{12EI}{l^3} & -\dfrac{6EI}{l^2} & 0 & \dfrac{12EI}{l^3} & -\dfrac{6EI}{l^2} \\ 0 & \dfrac{6EI}{l^2} & \dfrac{2EI}{l} & 0 & -\dfrac{6EI}{l^2} & \dfrac{4EI}{l} \end{bmatrix} \tag{3-32}$$

式中，E 是材料的弹性模量；I 是梁的横截面对图 3-6 中垂直于 xOy 平面的 z 轴的惯性矩；l 是梁的长度。上述单元刚度矩阵是在图 3-6 所示的特殊姿态下获得的，在一般姿态下的单元刚度 $[K]'$ 需要通过一次坐标变换获得：

$$[K]' = [T][K][T]^{-1} \tag{3-33}$$

坐标变换阵为

$$[T] = \begin{bmatrix} \cos\alpha & -\sin\alpha & & & & \\ \sin\alpha & \cos\alpha & & & & \\ & & 1 & & & \\ & & & \cos\alpha & -\sin\alpha & \\ & & & \sin\alpha & \cos\alpha & \\ & & & & & 1 \end{bmatrix} \tag{3-34}$$

如图 3-7 所示，α 是梁单元的局部坐标系 x' 轴相对于整体坐标系 x 轴的倾角。

三维梁单元与二维梁单元类似，主要不同之处在于三维梁单元有一个沿长度方向的扭转刚度，平面的二维梁单元则只有弯曲刚度没有扭转刚度。此外，三维的梁单元每个结点有三个位移自由度和三个转

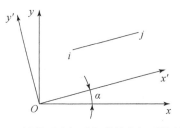

图 3-7　梁单元坐标系与整体坐标系的关系

动自由度。三维梁单元的刚度矩阵与二维梁单元的刚度矩阵推导过程类似，对于图 3-8 所示的空间三维梁，有如下形式的三维刚度矩阵：

$$[K]=\begin{bmatrix} \frac{EA}{l} & 0 & 0 & 0 & 0 & 0 & -\frac{EA}{l} & 0 & 0 & 0 & 0 & 0 \\ 0 & \frac{12EI_z}{l^3} & 0 & 0 & 0 & \frac{6EI_z}{l^2} & 0 & -\frac{12EI_z}{l^3} & 0 & 0 & 0 & \frac{6EI_z}{l^2} \\ 0 & 0 & \frac{12EI_y}{l^3} & 0 & -\frac{6EI_y}{l^2} & 0 & 0 & 0 & -\frac{12EI_y}{l^3} & 0 & -\frac{6EI_y}{l^2} & 0 \\ 0 & 0 & 0 & \frac{GI_x}{l} & 0 & 0 & 0 & 0 & 0 & -\frac{GI_x}{l} & 0 & 0 \\ 0 & 0 & -\frac{6EI_y}{l^2} & 0 & \frac{4EI_y}{l} & 0 & 0 & 0 & \frac{6EI_y}{l^2} & 0 & \frac{2EI_y}{l} & 0 \\ 0 & \frac{6EI_z}{l^2} & 0 & 0 & 0 & \frac{4EI_z}{l} & 0 & -\frac{6EI_z}{l^2} & 0 & 0 & 0 & \frac{2EI_z}{l} \\ -\frac{EA}{l} & 0 & 0 & 0 & 0 & 0 & \frac{EA}{l} & 0 & 0 & 0 & 0 & 0 \\ 0 & -\frac{12EI_z}{l^3} & 0 & 0 & 0 & -\frac{6EI_z}{l^2} & 0 & \frac{12EI_z}{l^3} & 0 & 0 & 0 & -\frac{6EI_z}{l^2} \\ 0 & 0 & -\frac{12EI_y}{l^3} & 0 & \frac{6EI_y}{l^2} & 0 & 0 & 0 & \frac{12EI_y}{l^3} & 0 & \frac{6EI_y}{l^2} & 0 \\ 0 & 0 & 0 & -\frac{GI_x}{l} & 0 & 0 & 0 & 0 & 0 & \frac{GI_x}{l} & 0 & 0 \\ 0 & 0 & -\frac{6EI_y}{l^2} & 0 & \frac{2EI_y}{l} & 0 & 0 & 0 & \frac{6EI_y}{l^2} & 0 & \frac{4EI_y}{l} & 0 \\ 0 & \frac{6EI_z}{l^2} & 0 & 0 & 0 & \frac{2EI_z}{l} & 0 & -\frac{6EI_z}{l^2} & 0 & 0 & 0 & \frac{4EI_z}{l} \end{bmatrix}$$

其中，I_x、I_y 和 I_z 分别是梁的截面相对于三个坐标轴的惯性矩。要获得任意姿态的梁单元刚度矩阵，也须对上式进行与二维梁单元类似的坐标变换。

上述梁单元的构造过程中，如果忽略梁的弯曲变形和扭转变形，梁单元可以进一步退化成杆单元，这时候的单元刚度矩阵不包含弯矩和扭矩对应的元

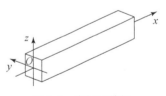

图 3-8 空间三维梁

素。杆单元没有转动自由度，只能承受沿杆的轴线方向的载荷，不能承受弯矩和扭矩，类似于理论力学中的二力杆，但是有轴线方向的弹性变形。杆单元与杆单元在结点之间的联接是一种铰接性质的联接，可以实现无约束的转动，因此杆单元可以用于模拟链条、皮带、缆索等细长的拉伸结构，这类结构有较高的拉伸刚度，但是压缩和弯曲刚度几乎为零。

3.2.2 铁摩辛柯梁

铁摩辛柯梁是在经典梁理论基础上发展起来的梁理论，考虑了横向剪切变形的影响，适用于短粗的深梁。铁摩辛柯与经典梁一样假定梁的横截面在受力后仍然保持平面，但是认为横向剪切变形将使得原来垂直于轴线的截面不再平行于轴

线，同时还认为横截面上的剪应力分布并不均匀，梁的计算中应计入这种应力分布不均匀带来的影响。此外，铁摩辛柯梁也可以不遵守横截面的平面假定，计入截面翘曲带来的影响。

在梁单元中计入剪切变形的影响主要有两种类型的方案：一种是在经典梁单元的基础上引入剪切变形[1]，另一种是建立挠度和截面转角各自独立插值的梁单元。习惯上把依据后一种方案建立的梁单元称为铁摩辛柯梁单元。

以图 3-6 所示的二维梁单元为例，梁单元的挠度为

$$\delta = \delta_b + \delta_s \tag{3-35}$$

式中，δ_b 是弯曲变形产生的挠度；δ_s 是剪切变形产生的挠度。

考虑到横截面上的剪应变 γ 与剪应力 τ 之间的关系：

$$\gamma = \frac{\tau}{G} \tag{3-36}$$

式中，G 是材料的剪切模量，可以有

$$\gamma = \frac{\mathrm{d}\delta_s}{\mathrm{d}x} = \frac{\tau}{G} \tag{3-37}$$

考虑到

$$\tau = \frac{F_i}{A} \tag{3-38}$$

式中，F_i 是结点上的横向集中力，A 是截面积，则挠度与结点力的关系为

$$\frac{\mathrm{d}\delta_s}{\mathrm{d}x} = \frac{F_i}{GA} \tag{3-39}$$

为了计入剪应力不均匀分布的影响，在式（3-39）中增加一个系数 k：

$$\frac{\mathrm{d}\delta_s}{\mathrm{d}x} = \frac{kF_i}{GA} \tag{3-40}$$

对于不同的截面形状，系数 k 取不同的值，如矩形截面 $k=1.2$，圆形截面 $k=10/9$。对式（3-40）在梁单元长度上积分，即求得单元的剪切变形 δ_s 与横向结点力 F_i 之间的关系：

$$\delta_s = \frac{kF_i(l-x)}{GA} \tag{3-41}$$

与弯曲变形相关的挠度 δ_b 则由经典梁理论确定：

$$EI\frac{\mathrm{d}^2\delta_b}{\mathrm{d}x^2} = F_i x + M_i \tag{3-42}$$

式中，E 是材料弹性模量；I 是截面惯性矩；M_i 是结点力矩。式（3-42）积分之后可以得到弯曲变形与结点载荷之间的关系，考虑到式（3-35）和式（3-41），最终可以得到计入了剪切变形影响的梁单元的平衡方程，并得到如下形式的单元刚度矩阵：

$$[K] = \begin{bmatrix} \dfrac{AE}{l} & 0 & 0 & -\dfrac{AE}{l} & 0 & 0 \\[2.2ex] 0 & \dfrac{12EI}{(1+b)l^3} & \dfrac{-6EI}{(1+b)l^2} & 0 & \dfrac{-12EI}{(1+b)l^3} & \dfrac{-6EI}{(1+b)l^2} \\[2.2ex] 0 & \dfrac{-6EI}{(1+b)l^2} & \dfrac{(4+b)EI}{(1+b)l} & 0 & \dfrac{6EI}{(1+b)l^2} & \dfrac{(2-b)EI}{(1+b)l} \\[2.2ex] -\dfrac{AE}{l} & 0 & 0 & \dfrac{AE}{l} & 0 & 0 \\[2.2ex] 0 & \dfrac{-12EI}{(1+b)l^3} & \dfrac{6EI}{(1+b)l^2} & 0 & \dfrac{12EI}{(1+b)l^3} & \dfrac{6EI}{(1+b)l^2} \\[2.2ex] 0 & \dfrac{-6EI}{(1+b)l^2} & \dfrac{(2-b)EI}{(1+b)l} & 0 & \dfrac{6EI}{(1+b)l^2} & \dfrac{(4+b)EI}{(1+b)l} \end{bmatrix} \tag{3-43}$$

其中，$b = \dfrac{12kEI}{GAl^2}$。

经典梁单元的插值函数中，转角的表达式并不独立，式（3-25）可以通过式（3-24）的位移插值函数和几何方程求得。在铁摩辛柯梁理论中，由于计入了剪切变形的影响，截面在梁弯曲后不再垂直于轴线，截面转角 θ 与挠度之间的关系不再满足

$$\theta = \frac{\mathrm{d}\delta_y}{\mathrm{d}x} \tag{3-44}$$

而是要满足图 3-9 所示的几何变形关系：

$$\gamma = \frac{\mathrm{d}\delta_y}{\mathrm{d}x} - \theta \tag{3-45}$$

因此，需要假定独立的转角插值函数：

$$\theta = \beta_7 + \beta_8 x + \beta_9 x^2 + \beta_{10} x^3 \tag{3-46}$$

以式（3-46）和式（3-24）为插值函数建立的梁单元即可计入剪切变形的影响。

当梁的长径比逐渐增大，梁的剪切变形影响将逐渐减小，图 3-9 中的角度 γ 将趋于零，式（3-45）的极限将为

$$\frac{\mathrm{d}\delta_y}{\mathrm{d}x} = \theta \tag{3-47}$$

由于梁的转角和挠度采用相同阶数的插值函数：

$$\begin{cases} \theta = \beta_7 + \beta_8 x + \beta_9 x^2 + \beta_{10} x^3 \\ \delta_y = \beta_3 + \beta_4 x + \beta_5 x^2 + \beta_6 x^3 \end{cases} \tag{3-48}$$

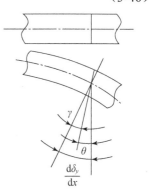

图 3-9　计入剪切效应的梁变形

显然式（3-48）两个插值函数并不能一般性地满足式（3-45），只有在 θ 和 δ_y 都等于零时才能使式（3-45）成立。这样，用上述的梁单元计算细长梁的挠度，随着长径比的增大，计算结果将趋于零，这种现象称为梁的剪切锁死。因此，经典的铁摩辛柯梁单元不能用于细长梁，随着长径比增大，计算误差会逐渐增大。

为了使铁摩辛柯梁单元也能用于细长梁，需要对单元的构造过程进行适当修正。例如，对于采用等参元技术建立的梁单元，可以采用减缩积分方案，软化结构刚性，以抵消长径比增大带来的刚度提高。此外还可以假定剪切应变的变化规律，或者在应变能计算中采用低一阶的转角插值函数，强行使 θ 与 $\dfrac{\mathrm{d}\delta_y}{\mathrm{d}x}$ 同阶，以便满足式（3-45）。这些不同的校正方法主要是以试验结果为依据的经验方法，能在不同程度上改善解的精度，最终使得梁的长径比增大时，横向剪切趋于零，只保留弯曲变形。不同有限元软件中的铁摩辛柯梁采用的构造和校正方法并不一定相同，采用铁摩辛柯梁计算同样的问题，计算结果可能不完全相同。理论上，当单元数量足够多时，不同软件的梁单元计算结果应该趋于一致。

3.2.3　等参梁单元

梁单元也可以用等参元技术来构造。与实体等参元的构造方法类似，等参梁单元的插值函数是参数形式的。对于包含结点 i 和 j 的二结点梁单元，单元内任意一点沿 x 轴方向的位移 δ_x 与结点沿 x 轴方向的位移 δ_{ix} 和 δ_{jx} 关系可以写为

$$\delta_x = \frac{1}{2}\delta_{ix}(1-s) + \frac{1}{2}\delta_{jx}(1+s) \qquad (3\text{-}49)$$

其中，s 是参数坐标，它实际上是沿梁的轴线方向的曲线坐标。单元内任意一点沿其他方向的位移表达式可以通过替换式（3-49）中的坐标符号 x 为 y 和 z 得到。单元内任意一点沿三个坐标轴方向的转角可以通过替换上式中的 δ 为 θ 获得。直角坐标与参数坐标之间也采用与式（3-49）相同的映射函数，这样就可以得到一维参数形式的单元刚度矩阵。

对于实际使用的梁单元，无论是基于直角坐标构造的传统的梁单元，还是基于等参元技术构造的等参梁单元，除了圆形截面梁以外，都需要定义梁截面的方向，以确保在正确的方向上有正确的弯曲刚度，为此需要在单元中增加一个方向定义用的参考结点，通过这三个结点定义图 3-8 中 xOy 平面，通过右手系规则定义 z 轴。因此，正常的梁单元应该至少有 3 个结点，这是梁单元建模不方便的地方。

3.2.4　梁单元的退化

如图 3-10（a）所示，三维梁单元每个结点有 3 个位移自由度和 3 个转动自由度，每个结点有 6 个自由度，如 i 结点上的位移自由度 δ_{ix}、δ_{iy}、δ_{iz} 以及转动自由

度 θ_{ix}、θ_{iy} 和 θ_{iz}。相对于实体单元，由于结点只有位移自由度，没有转动自由度，在结点上不能施加力偶，只能施加集中力。由于梁单元的结点有转动自由度，梁单元在结点上可以承受力偶，即在结点处具有转动刚度，可以用来模拟在端部固定或者与相邻结构固结的细长结构，可以反映细长结构内部的弯曲应力和扭转应力。对于端部铰支的细长结构，内部没有弯曲和扭转应力，只承受轴向的拉压应力，与理论力学中的二力杆具有相同的受力状态，可以采用图 3-10（b）所示的杆单元模拟。杆单元的结点只有位移自由度，没有转动自由度，单元刚度矩阵是梁单元刚度矩阵中消除与转动自由度对应的行和列后形成的，因此杆单元一般看

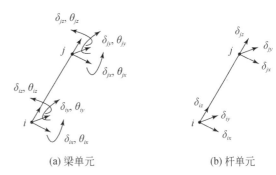

(a) 梁单元　　　　　　(b) 杆单元

图 3-10　梁单元与杆单元的结点自由度

成是梁单元的一种退化形式。需要注意的是，梁单元可以是弯曲的线单元，杆单元只能是直的线单元。

　　杆单元的刚度与实际结构的长度、截面积和材料特性有关。如果直接定义两个结点连线之间的刚度而不考虑实际结构的长度、截面积和材料特性，杆单元就演变成图 3-11（a）所示的弹簧单元，如果考虑两个结点之间的弹性的同时还计入并联的阻尼效应，则变成图 3-11（b）所示的弹簧-阻尼单元，也称为 Kelvin 单元。这种单元在使用时直接输入两个结点间的弹簧刚度 k_{ij} 和阻尼系数 c_{ij} 即可，不需要考虑结构的几何特征和材料特性。

　　如果图 3-10（a）中梁单元刚度远大于相邻单元的刚度，这时候可以忽略结构的弹性变形，单元所代表的结构作为刚体处理，计算中只考虑结构的质量，将其作为质点考虑，成为图 3-12（a）所示的质点单元。如图 3-12（a）所示，这种单元只有一个结点以及附着于结点上的集中质量，计算中可以计入平动位移中质量

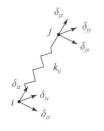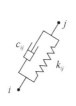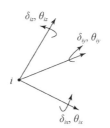

(a) 弹簧单元　　　(b) 弹簧-阻尼单元　　　(a) 质点单元的自由度　(b) 质点单元的物理意义

图 3-11　弹簧单元和弹簧-阻尼单元　　　　图 3-12　质点单元的自由度及物理意义

的惯性，也可以如图 3-12（b）所示计入转动位移中质量的影响，即转动惯量的影响，是一种特殊的点单元，可以看成是梁单元的极端退化形式。

3.3　壳　单　元

梁是细长结构，壳是薄壁结构，它们都是三维实体的退化形式。梁可以是直梁，也可以是曲梁，壳也一样，可以是平面，也可以是曲面。与三维实体单元相比，梁单元忽略了截面的变形，壳单元忽略了壳的厚度变化。壳单元的结点自由度数与三维梁单元相同，都有三个位移自由度和三个转动自由度，而三维实体单元的结点则只有三个位移自由度。壳单元与实体单元用在一个模型中时，会出现结点转动自由度约束不足的问题。

梁单元能够反映轴线的弯曲和扭转，壳单元需要反映薄壁的弯曲变形，因此壳理论比梁理论要复杂得多，壳单元的构造也比梁单元的构造复杂得多，壳理论和壳单元的构造目前还存在很多问题，这使得同样的薄壁结构，采用不同的软件或者同一个软件中不同的壳单元计算，结果往往存在明显的差异。相比之下，梁理论和梁单元的构造比较成熟，计算结果的准确性和一致性更好一些。

3.3.1　壳的定义

壳在几何上的定义是中面为曲面的薄壁结构，中面是平面的时候称为板，板是壳的一种特殊情形，因为这个关系，这两种结构也经常合称为板壳结构。梁分为深梁与细长梁，壳也有类似的分类。如果用 b 表示平面薄壁结构的面内几何特征尺寸（相当于梁的截面特征尺寸），用 t 表示壁厚，$b/t>80$ 的结构一般称为薄膜，$10<b/t<80$ 的结构称为薄板，$5<b/t<10$ 的称为厚板，$b/t<5$ 则认为是三维实体，一般不用板单元模拟。对于壳结构，如果用 R 表示中面的特征曲率半径，$R/t>20$ 时称为薄壳，$6<R/t<20$ 时为中厚壳，$R/t<6$ 的结构称为厚壳。根据不同的壁厚可以建立不同的板、壳理论和板、壳单元。

3.3.2　壳单元的种类和构造

如图 3-13（a）和图 3-13（b）所示，壳单元（shell element）是四边形或者三角形单元，单元边可以是直边也可以是曲边，可以有边中点，也可以没有边中点，单元结点可以不在一个平面上。根据几何特征和受力特点，壳单元还可以简化成膜单元（membrane element）和板单元（plate element）。这两种单元的自由度数都比壳单元少，可以简化壳单元的计算过程和减少计算量，如果不是为了这两个目的，可以直接采用壳单元。

壳单元可以基于已有的板单元和膜单元的组合构造，也可以根据不同的壳理论直接建立壳单元。根据板单元和膜单元建立的壳单元是平面单元不是曲面单元，模拟曲面结构在几何形状上存在误差。基于壳理论可以直接建立曲面的壳单元，对曲面结构有更好的模拟能力。此外，用三维实体等参元也可以反映壳的一些性质，图 3-13（c）就是在三维实体等参元基础上构造的一种特殊类型的壳单元。这种单元兼具实体单元和壳单元的性质，与三维实体单元具有完全的相容性。一般的三维实体单元要求三维尺寸相当，如图 3-13（c）所示当单元一个方向尺寸变小时，这个方向上在同样载荷下的变形会减小，相应的刚度会大于其他方向。当厚度比其他方向小很多时，厚度方向的单元刚度比其他两个方向大很多，这会使得单元刚度出现病态，因此三维实体单元一般情况下并不适合用来模拟薄壁结构。如果采取措施消除由于一个方向尺寸减小带来的病态影响，图 3-13（c）所示的实体单元就可以模拟薄壁结构。这种实体壳单元一般在厚度方向上没有边中结点，其他方向上则有边中结点，每个结点只有三个位移自由度，没有转动自由度，能够与三维实体单元很好地相容。

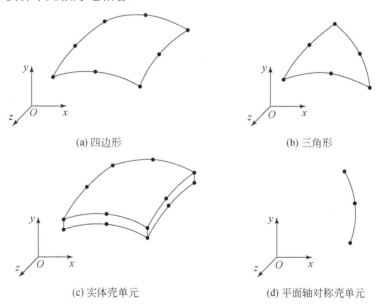

(a) 四边形　　　　　　　　　　　　　　(b) 三角形

(c) 实体壳单元　　　　　　　　　　　(d) 平面轴对称壳单元

图 3-13　壳单元的几何分类

图 3-13（d）所示的是另一种特殊的壳单元——平面轴对称壳单元。这种单元是一种线单元，不是空间的曲面单元，用来分析绕 y 轴的薄壁轴对称问题。在平面轴对称问题中，如果是薄壁结构，则可以用这种线单元模拟，薄壁中面的母线作为单元线，壁厚以数据方式输入，每个结点只有 xOy 平面内的两个位移自由度和平面内的弯曲自由度，与采用图 3-13（a）和图 3-13（b）所示的空间曲面单元建模相比，可以大幅降低模型的复杂程度。

3.3.3　膜单元的性质

有限元中的膜单元也称为薄膜单元,这种单元只承受面内载荷,没有面外载荷。平面应力问题一般将模型限制在 xOy 坐标平面内,膜单元可以视为空间的平面应力单元。严格意义上的膜单元没有转动自由度,只有位移自由度,主要用来模拟弯曲刚度很弱的薄膜和蒙皮。膜单元的这种面内载荷也称为薄膜载荷或者薄膜力。

3.3.4　板单元的性质

板单元要求中面是平面,通过两个面外的弯曲角度和一个面外的横向挠度反映板的变形。板单元的性质与膜单元的性质互补,二者的综合就是壳单元,可以把膜单元和板单元视为壳单元的两种特殊情形。在机械结构中,符合严格意义上的板单元的情况很少,一般的平面薄壁结构除了要考虑弯曲和挠度以外,也需要考虑板内的变形,因此多用壳单元模拟。

3.3.5　壳单元的性质

壳单元的中面是曲面,能反映曲面薄壁结构的弯曲和面内的变形,是板单元和壳单元更一般化的形式。由于实际使用的板单元往往也有面内的薄膜刚度,除了中面是平面外,性质与壳单元差别不大,构造过程也相似,往往把板单元和壳单元合称为板壳单元(plate-shell element)。

壳单元中的薄膜力位于曲面中面的切平面内。在壳单元建立以后,可以限制其中的相关自由度,将壳单元转变成膜单元或者板单元,反之也可以在建立板单元和膜单元以后将其组合构成壳单元。此外,壳单元也可以通过三维的曲边等参元退化得到,或者根据壳理论直接建立。壳的性质比梁更为复杂,壳单元的构造方法和种类也远比梁复杂和多样,到 1984 年就已经提出了大约 150 种各具特色的壳单元[2, 4]。迄今为止仍然没有一种公认的、统一的壳单元,因此在不同的有限元软件中,壳单元的构造方法和性质并不一定相同,相同模型的计算结果也可能存在明显差异。

壳单元没有膜单元和板单元的载荷限制,可以承受面内和面外的力和弯矩,可以模拟曲面的薄壁结构。空间的壳单元每个结点有 3 个位移自由度和 3 个转动自由度。当忽略转动自由度并将载荷限制在面内时,单元退化为薄膜单元,只考虑横向变形时,壳单元就退化为板单元。为了使用方便,有限元软件中的板单元和膜单元并不一定严格遵守板和膜的定义,板单元、膜单元和壳单元的界限往往并不清晰,可以根据建模需要选择合适的变形模式和自由度。

曲面的薄壁结构在很小的面积上总是很接近平面结构,曲面的壳理论就是在板理论基础上建立的。与梁理论类似，板理论也大致有两种。一种是不考虑板的横向剪切变形的，称为薄板理论或者基尔霍夫理论，可以看作是经典梁理论在板结构中的推广。这个理论起源于 1850 年前后基尔霍夫关于板理论研究的成果。基尔霍夫板理论适用于薄板，对于中厚板，由于横向剪切变形的影响较大，基尔霍夫理论的计算误差比较大。为此于 1950 年提出了计入剪切变形的 Mindlin 中厚板理论，也称为 Mindlin-Reissner 理论，这个理论类似于梁理论中的铁摩辛柯梁理论。最初的 Mindlin-Reissner 理论与铁摩辛柯梁理论一样，只适用于中厚板，不适合分析薄壁板。随着板壳理论的发展，提出了很多修正方法，将中厚板理论扩展至薄壁板，现在很多有限元软件中提供的壳单元既适用于薄壁，也适用于中厚壁，就是采用了这种修正的中厚板理论建立的。修正的中厚板理论建立的壳单元有取代基于薄板理论建立的壳单元的趋势。

　　曲面的壳单元是有限元中最难构造的单元类型之一。有限元软件中提供的各种壳单元在性能上经常具有较大的差异，单元的选择和使用需要充分了解不同单元的构造方法和适用范围，对壳单元计算结果的合理性、准确性也需要有专业、充分的认识和评估。

3.3.6　板壳理论

　　有限元中壳单元的理论基础来源于弹性力学中的板壳理论。与梁理论类似，由于对薄壁结构在受力后的变形规律的不同假定，存在很多种不同的板壳理论，基于这些不同的理论，可以构造不同类型的板壳单元。虽然形式上这些单元没有区别，但是由于这些单元采用的理论基础不同，计算结果往往存在差异。正确、合理地使用软件提供的各种壳单元，对壳单元计算结果合理性、准确性的判断，都需要深入了解这些单元的理论基础和构造方法。

　　薄板理论是最早提出的板壳理论之一，也称为古典薄板理论。薄板理论适用于板的厚度远小于中面的最小尺寸，而挠度又远小于板厚的情况。薄板理论假定：平行于板中面的各层互不挤压；不考虑剪应力和剪切变形，且认为板弯曲时沿板厚方向各点的挠度相等。这个假定也称为直法线假定，通常称为基尔霍夫-勒夫（Kirchhoff-Love）假定。薄板理论在板的边界附近、开孔板、复合材料板等情况中，其计算结果不够精确。

　　考虑横向剪切变形的板理论，一般称为中厚板理论或 Reissner 理论。该理论不再采用直法线假定，而是采用直线假定，同时板内各点的挠度不等于中面挠度。

　　自 Reissner 提出考虑横向剪切变形的平板弯曲理论后，又出现了许多修正性质的理论，如 Mindlin 等的理论和弗拉索夫等的理论。

　　除了薄板和中厚板理论以外还有厚板理论，厚板理论是平板弯曲的精确理论，即从三维结构的弹性力学分析出发研究弹性曲面变形的精确表达式。

薄壳理论也采用 Kirchhoff-Love 假定：薄壳变形前与中面垂直的直线，变形后仍然位于已变形中面的垂直线上，且其长度保持不变；平行于中面的曲面上的正应力与其他应力相比可忽略不计。

上述假定同时假定了两种不相容的变形状态，即平面应变和平面应力状态。为了解决两个假定不相容带来的问题，又提出了许多修正理论，这些修正理论也只适用于薄板壳结构，不考虑横向剪切变形的影响。

考虑横向剪切变形影响的壳理论，一般称为 Mindlin-Reissner 壳理论，它是将 Reissner 关于中厚板理论的假定推广到壳中的结果。薄壳单元基于 Kirchhoff-Love 假定，即不计横向剪切变形的影响，中厚壳单元则基于 Mindlin-Reissner 理论，考虑了横向剪切变形的影响。

由于板壳理论的多样性，在有限元软件中也经常需要提供多种基于不同板壳理论构造的壳单元，以适应不同问题分析的需要，但多种不同壳单元的选择也给使用带来不便。为此，近年来出现一种新的趋势，即开发通用性更强、适应性更好的统一的壳单元。

3.4　接　触　单　元

接触单元用来模拟两个表面之间的相互作用，是有限元分析中建立多个零件构成的整机模型的基础。

接触单元是有限元分析中使用的一类特殊的单元类型，它们的特点之一是不能单独使用，总是需要覆盖在结构单元的表面，在计算过程中程序会不断检测两个接触表面之间的间距，保证有接触单元覆盖的表面不会相互侵入。相应地，没有覆盖接触单元的表面，在计算过程中可以互相侵入和穿透。

接触单元与大多数单元不同的另一点是通常需要两个不同类型的接触单元成对使用。计算过程中，以一个类型的接触单元表面做基准，沿表面外法线方向搜索与之配对的另一个类型的接触单元。在 ANSYS 中，作为基准的接触单元称为接触单元（contact element），相应的表面称为接触表面（contact surface）[7]，模型中指定的、与之配对的接触单元则称为目标单元（target element），相应的表面称为目标表面（target surface），CONTA173 就是典型的面接触单元，与之配对使用的是 TARGE170 单元。如图 3-14 所示，在可能发生接触的表面上分别覆盖这两种类型的单元，并且通过指定这两种类型的单元使用相同的实常数号来告诉程序在计算过程中需要不断检测这两个表面的相对位置并确保不能发生相互侵入，这个过程叫作在

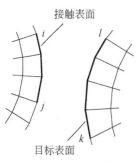

图 3-14　接触对的构成

两个表面之间建立接触对（contact pair）。图 3-14 中 *i-j* 表面上就覆盖了接触单元，*k-l* 表面覆盖了目标单元，这两种单元都属于接触单元，但是在接触计算中起不同的作用，它们通过共享同一个编号的实常数联系起来，形成一个接触对。如果两个表面分别覆盖有 CONTA173 和 TARGE170 单元，但是使用不同的实常数，程序不认为这是一个接触对，在计算过程中不会检测这两个区域的接触情况，因此两个表面虽然有接触单元覆盖，但仍然有可能互相侵入。

3.4.1　接触计算的过程

　　计算过程中程序需要不断检测指定的接触表面之间的间距，确保两个表面不会互相侵入。接触单元数量越多，检测消耗的时间就越多，建模过程中应该只对预期可能发生接触的表面覆盖接触单元，对没有可能发生接触的表面不覆盖接触单元，以省计算时间。为了提高接触计算的效率，减少计算时间，接触计算的过程还可以进一步细分为两个阶段，第一个阶段是以接触表面上的单元结点或者积分点为基准，以一个指定的半径或者基于接触单元下覆盖的实体单元的厚度计算出的半径搜索目标面上的结点或者积分点，对于在半径范围内的目标表面的结点，需要进行第二阶段的计算，即两个表面上的接触力、接触位移的计算。如图 3-15 所示，接触表面上结点 *m* 的搜索半径为 *r*，上一载荷步的结点位移为 *u*，在当前载荷步内，需要检测半径 *r* 内的区域是否存在目标面上的结点，如果没有检测到，就不进入接触计算的第二阶段，而是开始下一个载荷步的计算。从图 3-15 可以看到，当前载荷步是否进行接触力、接触位移的计算，与搜索半径 *r* 和结点上一载荷步的位移有关。如果 *r* 取值过大，所有目标表面上的结点都要进入第二阶段的计算，计算量增大。由于图中两个表面实际并未接触，进入第二阶段的计算并不必要。另一方面，如果位移 *u* 过大，在当前载荷步下，接触表面的实际位置跑到目标表面右侧，在结点 *m* 的搜索半径 *r* 范围内找不到目标表面上的结点，接触表面就会出现相互侵入和穿透现象，看上去跟这个区域没有建立接触对时得到的结果一样。如果结点位移 *u* 和搜索半径 *r* 都远小于两个表面的间距，并且两个表面肯定会接触的情况，接触计算就需要较多的载荷步数才能搜索到目标面，如果在规定的载荷步数内没搜索到目标面，计算结果中的接触表面不会发生接触。在静力分析中，如果覆盖接触表面的部分是无约束的自由构件，计算过程会显示不收敛，发生穿透时也是如此。

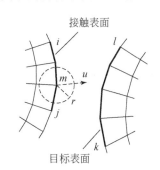

图 3-15　接触表面间距的检测

3.4.2　接触表面的法线方向

接触计算需要通过接触对中两个表面法线方向的一致性和距离判断两个表面是否存在相互侵入。对于两个可能接触的表面，要求法线方向必须相反，法线方向一致的接触表面不会发生接触。表面的法线方向通常由前处理器自动生成，如果生成的方向不满足接触计算的要求，接触计算就会出现非预期的结果。对于二维和三维的实体表面，前处理多数情况下能够给出正确的表面外法线方向，但是对于壳单元，程序给出的外法线方向往往并不能满足接触计算的要求，需要修正法线方向，使可能接触的两个表面有相反的法线方向。图 3-16（a）和图 3-16（b）显示了两种可以正确计算接触的法线方向，图 3-16（c）中两个相对的表面中，部分单元的法线方向一致，这个区域在计算过程中将不会发生接触，建立的接触单元是失效的。

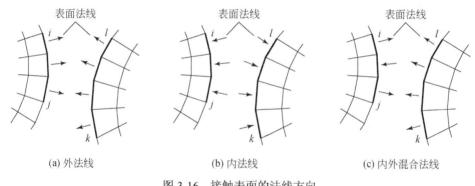

(a) 外法线　　　　　　　(b) 内法线　　　　　　　(c) 内外混合法线

图 3-16　接触表面的法线方向

3.4.3　接触面搜索的方向

以一个面做基准，搜索另一个面的接触面检测方式，称为单向检测。在接触对中，接触单元和目标单元的尺度相差过大时，单向的检测方式可能出现检测不到目标面而发生侵入和穿透的情况，这个时候就需要双向检测，在正向搜索结束后，交换目标面和基准面，反向检测。双向检测比单向检测费时，计算效率较低。只有在接触界面两侧的单元尺度相差较多，或者前一次计算已经出现侵入或者穿透现象时才考虑用双向检测。

3.4.4　接触单元的形式

如图 3-14 所示，如果实体单元是平面单元，接触单元就是二维的线单元形式，覆盖在二维实体单元的表面上。如图 3-17 所示，接触单元常见的形式是两个表面之间的接触，接触单元都是三角形或者四边形，覆盖在实体单元的表面上。类似地，如果结构单元是梁单元，也可以在梁单元上附着线形的接触单元，用以模拟两个梁单元之间的接触。图 3-18 是在一个结点和一个面之间建立接触对的例子，接触和目标面之间构成一个接触对，接触单元只有一个结点，目标单元则可以是线或者面的形式。此外接触单元还有点-点的形式，可以在两个结点上建立单结点的接触单元和目标单元，形成由两个结点构成的接触对。

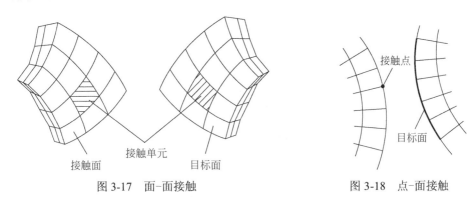

图 3-17　面-面接触　　　　　　　图 3-18　点-面接触

除了上述这些由接触对构成的接触以外，还有一种应用十分广泛的接触形式就是自接触。自接触是在结构表面覆盖一层接触单元，接触计算过程中程序会自动检查接触表面自身是否存在接触，主要用于模拟结构自身可能存在的折叠现象，如橡胶波纹管在轴向压缩或者弯曲时内外表面可能出现的折叠接触现象。

在冲击和爆破分析中，还经常使用一种特殊的接触形式，即结构在破碎后，程序会在碎块表面自动覆盖接触单元，自动跟周围结构形成接触对，以模拟碎块之间、碎块与结构之间的接触。

不同的有限元软件，提供的接触单元形式不尽一致。多种形式的接触单元，可以给涉及接触问题的有限元模型的建立提供较大的方便和灵活性。

3.4.5　接触面的侵入

理想的接触表面之间不会互相侵入，但是在接触计算的结果中，经常会发现接触表面之间有一定的侵入。这种侵入的出现除了与采用的接触算法有关外，还与接触表面的轮廓特征、接触表面的搜索方向、目标面和接触面的设置以及表面轮廓检测点的选择有关。

通常情况下，两个可能相互接触的表面上的网格尺度应是接近的，但是也存在两个接触表面上的网格尺度相差较大的情况，这个时候可能出现图 3-19（a）所示的表面侵入现象。图 3-19（a）中，目标表面的网格较密，接触表面的网格较稀疏，如果只是单向搜索目标面，会有一部分目标面侵入接触面，如果交换目标面和接触面，或者采用双向搜索算法，计算结果则不会出现图中的侵入现象。

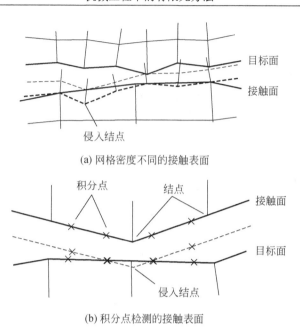

(a) 网格密度不同的接触表面

(b) 积分点检测的接触表面

图 3-19　接触表面的侵入

除了网格密度不同的接触表面容易出现表面局部侵入问题外，图 3-19（b）中采用积分点作为表面轮廓检测点时，凸出的结点也会与对应的表面产生局部侵入。出现这种情况的原因是接触表面的几何形状不是由结点表示，而是由积分点表示，程序只检测积分点之间是否存在边界侵入现象，不检测结点的侵入，凹凸不平的表面在接触时，就会出现凸出的结点侵入对面的边界。如果不希望出现这种情况，只需将表面接触检测点由积分点改为结点即可。

3.4.6　接触算法

对于进入搜索半径范围内的接触表面，需要进一步精确地确定两个接触表面之间的间距、接触力、切向的滑移量等接触数据。这一阶段的接触算法要求精确、高效、稳定。

当前在有限元分析中采用的接触算法有很多种，罚函数法（penalty function method）是最早在接触计算中采用的一种方法，它是在两个接触表面之间增加一个虚拟的弹簧，当两个表面之间互相侵入时，采用比较大的弹簧刚度，可以把两个表面拉开，当两个表面之间侵入量很少或者不侵入时，采用比较小的弹簧刚度，表面的接触力可以很小乃至忽略。用这种方法可以模拟两个表面的接触，但是又不用增加模型的自由度。

虚拟弹簧的刚度在优化技术中称为惩罚刚度（penalty stiffness），使用较大的惩罚刚度，可以减少两个接触面的侵入量，但是会产生引起有限元模型整体刚度的病态，导致接触计算过程的振荡和不稳定。同时，过大的惩罚刚度，相当于在两个表面之间的虚拟弹簧刚度过大，会引起过大的表面分离位移，后续需要较多的载荷步搜索接触目标面。采用较小的惩罚刚度，可以使得计算过程比较稳定，但是接触表面的侵入量较大，不适合接触计算精度要求较高的场合，如机床结构的整机性能分析。为此可以在开始计算阶段采用较小的惩罚刚度，待计算过程稳定后，逐步采用较大的惩罚刚度减少侵入量，提高接触计算的精度。

采用罚函数法获得的接触计算结果，在接触区的法线方向总是或多或少有一定的侵入量，在切线方向，或多或少总是会有一定的滑移。在严格的物理意义上，这种侵入量的存在是不合理的，表面之间的滑移也并不一定符合实际情况，需要把这种侵入量和滑移控制在一定范围内。只要侵入量和滑移量足够小，不显著影响计算结果的准确性，这种不合理的侵入量和滑移量就可以接受。在过盈配合或者精密机床的整机性能分析中，采用罚函数法进行接触计算，接触表面的侵入量和滑移量往往与过盈量、整机精度相当，计算结果失去意义。在高精度的接触计算中，罚函数法并不是一个很好的选择。

增广的拉格朗日法可以看作是罚函数法的一种改进，它采用迭代的罚函数法计算表面的法向接触力。与单纯的罚函数法相比，增广的拉格朗日法有更好的计算稳定性，对接触刚度的突变不十分敏感，接触表面的侵入量和滑移量也可以比较小，缺点是增广的拉格朗日法对网格质量的要求较高，过渡扭曲的网格会导致过多的迭代计算甚至不收敛。

拉格朗日乘子法在接触计算中可以使得表面的侵入量和滑移量为零，在一些精度要求较高的接触计算中可以获得"精确的"计算结果，是罚函数法的一种替代方法。拉格朗日乘子法把接触力作为附加的自由度加入计算过程，增加了模型的自由度数和迭代次数，计算量比增广的拉格朗日法和罚函数法都大。为了与增广的拉格朗日法区别，拉格朗日乘子法也称为纯拉格朗日法。拉格朗日乘子法的一个主要问题是计算过程在接触和不接触临界点处由于接触状态的突变会出现振荡，虽然罚函数法也会出现振荡问题，但是拉格朗日乘子法对接触状态更敏感，振荡问题更突出。拉格朗日乘子法求解接触问题，当结点的约束条件与结点的接触条件冲突时，模型是过约束的，会引起收敛困难和不准确的计算结果。此外，采用拉格朗日乘子法后，模型的刚度矩阵会出现零对角元素，成为病态的刚度矩阵，需要采取措施处理，消除病态。拉格朗日乘子法虽然能获得零侵入的接触计算结果，但是由于算法自身存在的这些问题，在复杂模型的接触计算中可能会出现一些奇怪的、不合理的结果。因为这个原因，基于拉格朗日乘子法的接触计算结果，需要小心地分析、判断其合理性。

除了上述几种常用的接触计算方法外，还有很多基于上述方法的混合算法，如在接触表面的法线方向采用拉格朗日乘子法，在切向采用罚函数法的混合接触

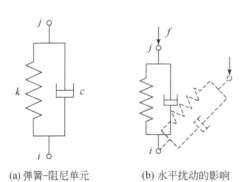

算法，这种算法可以得到接触表面零侵入的计算结果，但是允许表面有一定的切向滑移。适用于接触面的法向计算结果要求严格，切向精度要求不高的情况，在切线方向有较好的稳定性。

3.4.7　接触计算失效的形式

接触计算出现的问题主要有两种形式，一种是计算过程不收敛，另一种是应该接触的表面区域互相侵入、穿透。

接触问题是一种接触状态会发生突变的强非线性问题，也称为状态非线性。接触计算过程中，表面的接触状态经常在接触和不接触之间来回震荡、变换，使得计算过程不稳定、不收敛。不收敛、不稳定在接触计算中是一种常见现象。

目前有限元分析中采用的各种接触算法并不能保证所有接触计算都能收敛。影响接触计算收敛性的因素非常多，除了算法本身的稳定性和收敛性因素外，还与表面的几何特征、接触材料的性质、网格质量、网格密度的差异、计算过程采用的载荷步长度、子步数、载荷步中表面的接近量、接近方向、接触表面的搜索半径、罚函数法中的惩罚刚度、摩擦系数、刚度矩阵的对称性、评定收敛性的物理量及其容差、接触区网格受力后的变形程度、结构自身的稳定性等十几种因素有密切关系。了解接触计算的过程，有助于判断接触计算出现问题的主要原因，对解决接触计算过程中出现的问题有重要意义。

3.5　弹簧-阻尼单元

在梁单元一节已经讨论过，弹簧-阻尼单元也称为 Kelvin 单元，如图 3-20（a）所示由弹簧和阻尼器并联构成。相当于只受轴向合力的黏弹性二力杆，由于包含阻尼器，可以模拟振动过程中的阻尼。

多数弹簧-阻尼单元的两个结点只包含位移自由度，不包含转动自由度，有些软件也提供转动形式的弹簧-阻尼单元，用来模拟扭转刚度和扭转阻尼。Kelvin 模型最初是一维模型，用来研究和模拟结构的黏弹性，在有限元分析中将其扩展到二维和三维后存在类似倒立摆的不稳定效应。在图 3-20（b）中，受压的弹簧-阻尼单元在受到横向扰动，或者结点力 f 的方向与 i-j 连线不一致时，如果横向无适当约束，单元会横向偏倒。

(a) 弹簧-阻尼单元　　　(b) 水平扰动的影响

图 3-20　弹簧-阻尼单元及其不稳定性

弹簧–阻尼单元在有限元模型中通常用来模拟弹簧、细长的拉杆、设备的弹性支撑等构件的黏弹性性质。这种单元传统上也作为一维的接触单元用来模拟零件结合部之间的黏弹性接触性质，但是将其扩展到二维和三维时，由于受压时存在如图 3-20（b）所示的不稳定性，要求构件在接触表面切向的位移要充分约束，以确保接触表面之间不会有明显的切向位移。

3.6　质 点 单 元

如前所述，质点单元是一种形状特殊的单元，这种单元只有一个结点，自由度可以有 1～6 个，可以只有位移自由度，也可以包含转动自由度。质点单元主要用来模拟需要考虑质量，但是几何形状可以忽略的零部件。质点单元的结点一般与结构共享，不单独存在。

图 3-21 是质点单元的一种典型应用。图 3-21（a）中的轴上安装有齿轮，如果将轴用图 3-21（b）所示的梁单元模拟，齿轮则可以在相应的位置用质点单元模拟，这样的模型在模拟轴的弯曲变形和应力方面与实体单元建立的模型相当，但是规模上比用实体单元建立的模型小很多。在这个问题中，齿轮质量对轴的影响因素包括齿轮的自重、转动时的转动惯量以及齿轮受到的传动力，将齿轮简化成质点以后，质点应当包含位移自由度和转动自由度，质点单元的输入数据中应当包含齿轮的质量和转动惯量。

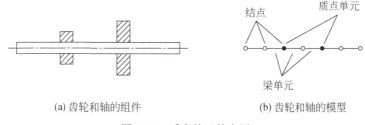

(a) 齿轮和轴的组件　　　　　　　　(b) 齿轮和轴的模型

图 3-21　质点单元的应用

练 习 题

（1）插值函数在等参元中的三个作用是什么？
（2）等参元的特点有哪些？
（3）等参元的插值函数与非等参元的插值函数有什么差别？
（4）等参元中采用的局部坐标是一种什么坐标系？
（5）什么是等参元？

（6）什么是沙漏现象？

（7）什么是零能模式？

（8）什么是减缩积分？

（9）什么是有限元位移解的下限性质？

（10）雅可比矩阵对单元形状的要求是什么？

（11）什么是应力磨平？

（12）以三角形等参单元为例，基于虚功原理推导单元的刚度矩阵。

（13）有限元中常见的梁单元理论有哪些？

（14）基于经典梁理论推导平面梁单元的刚度矩阵。

（15）举例说明哪些机械结构可以简化成经典梁。

（16）平面梁单元与三维梁单元主要差别在哪里？

（17）基于经典梁理论推导三维梁单元的刚度矩阵。

（18）板、壳、膜三种单元的差异是什么？

（19）常用的壳理论有哪些？

（20）接触单元的作用是什么？

（21）常用的接触算法有哪些？各有什么特点？

（22）什么是弹簧-阻尼单元的不稳定性？

（23）举例说明哪些机械结构可以简化成铁摩辛柯梁。

参 考 文 献

[1] 王勖成, 邵敏. 有限元法基本原理和数值方法[M]. 2 版. 北京: 清华大学出版社, 1996.

[2] 朱伯芳. 有限单元法原理与应用[M]. 2 版. 北京: 中国水利水电出版社, 1998.

[3] 巴斯 K J. 工程分析中的有限元法[M]. 傅子智, 译. 北京: 机械工业出版社, 1991.

[4] BATHE K J. Finite Element Procedures[M]. Englewood Cliffs, NJ: Prentice-Hall, 1996.

[5] 罗伯特 D 库克, 戴维 S 马尔库斯, 迈克尔 E 普利沙, 等. 有限元分析的概念与应用[M]. 4 版. 关正西, 强洪夫, 译. 西安: 西安交通大学出版社, 2007.

[6] ZIENKIEWICZ O C, TAYLOR R L. The finite element methods，Volume 2: Solid Mechanics[M]. Fifth edition.Oxford：Butterworth-heinemann，2002.

[7] ANSYS Inc. Contact Technology Guide[Z]. 2012.

第4章 材料的力学性质和建模

机械工程中使用的材料十分广泛，常见的有各种金属、工程塑料、玻璃、橡胶以及复合材料等，这些材料的力学性质差别很大，不同性质的材料有不同的应用场合。材料的力学性质通过弹性力学中微元体六个面上的应力与微元体应变之间的关系来反映[1]：

$$\{\sigma\} = [D]\{\varepsilon\} \tag{4-1}$$

上述的应力-应变关系在有限元分析中称为材料模型，也称为材料的本构关系或者物理方程，矩阵[D]称为材料矩阵，在弹性力学中称为弹性矩阵。由于上述微元体应力-应变关系的复杂性，很难通过试验直接确定矩阵[D]中的各个元素，一般是通过材料试样单向拉伸的试验结果，再结合三维条件下材料变形过程的一些假定，推导出材料应力-应变关系矩阵[D]中的各个元素。一维条件下的材料试验结果是建立材料模型的基础。

常见的材料特性包括弹性、塑性、黏性，这些性质在材料模型中是通过微元体加载和卸载过程中不同的应力-应变规律来反映的。不同的材料，如果具有相同的应力-应变规律，只是矩阵[D]中元素的取值不同，建模时应该采用同一种材料模型。

有限元软件中，通常会提供多种不同类型的材料模型，用户只需选择合适的材料模型并输入必要的材料特性参数即可，也有一些软件可以通过用户接口输入自己设计的材料模型。

4.1 材料的一维力学性质

材料的一维力学性质是指材料试样在拉伸或者压缩条件下的应力-应变关系。测定材料一维力学性质的试样做成圆形在材料试验机上进行拉伸或者压缩试验，由于材料试样的细长形状，试样内部的应力状态可以视为一维的单向应力状态，因此也称为简单拉伸试验和压缩试验。一维条件下材料的应力和应变都是标量，应力-应变关系比二维和三维应力状态下简单，也容易通过试验获得，在材料特性研究中应用广泛。值得注意的是，传统的机械设计中，弹塑性材料的应力-应变关系采用工程应力-应变关系，但是在有限元法分析时，需要采用弹塑性材料的真应力-应变关系。

低碳钢常用作机械的结构用钢，称为结构钢。图 4-1 是低碳钢在拉伸试验中经常使用的圆形细长试样在拉伸前后的变化[2]。圆柱形的试样在拉伸过程中截面逐渐变小，长度增大，拉伸到一定程度后截面上开始出现缩颈，随后在缩颈处发生断裂。拉伸过程中，如果假定试样截面积不变，试样轴线方向的应力-应变关系可以根据试验机记录的拉伸载荷和拉伸位移求得，如图 4-2（a）所示的 σ-ε 曲线。这条曲线可以分为四个阶段：弹性段、屈服段、强化段和软化段。OB' 是弹性变形阶段，这一阶段是斜直线，到 B' 点以后，进入屈服阶段，直到 C 点。从 C 点开始到 D 点，应力逐渐升高，应变逐渐增大，是强化阶段。从 D 点开始试样出现明显的缩颈，应变继续增大的同时应力却在逐渐降低，直到 E 点试样断裂，这一段是软化阶段。传统的机械设计中以最高点 D 点对应的应力作为材料的抗拉强度、抗拉极限。事实上，从 D 点开始，试样出现缩颈后，试样中的应力不再是均匀的，最高应力出现在缩颈处，该处的应力是单调上升的，并不下降，如图 4-2 中 σ_t-ε_t 曲线所示，称为材料的真应力-应变关系，这个曲线在过了 D 点以后并不下降，并且应变极限也比工程应力-应变曲线大，能够真实反映材料在这一阶段的性质。图 4-2（a）中按试样初始截面积计算的应力-应变曲线在过了强度极限以后，就不再能够反映材料的应力-应变关系。传统的机械结构设计中将零件作为一个整体考虑时，采用材料试验得到的工程应力-应变关系进行强度校核能够得到合理的结果，但是在有限元分析中，工程应力-应变曲线在缩颈后不能反映材料的特性，采用这种关系并不合适，甚至得到错误的计算结果[2, 3]。图 4-2（b）是根据实际横截面积的变化计算的弹性阶段和屈服阶段的应力-应变关系的比较，由图可见，即使是在弹性阶段，真应力-应变曲线与工程应力-应变曲线也不一致，只是在弹性阶段，这种差异很小，一般可以忽略，屈服阶段也有类似的情况。两条曲线主要的差异是过了抗拉极限以后连趋势都不再保持一致，工程应力-应变曲线表现出软化特性，真应力-应变曲线继续表现出强化特性，涉及这一阶段的有限元分析，如果采用工程应力-应变关系，计算结果不仅是在数值上难以保证准确，在趋势上也难以保证合理性。

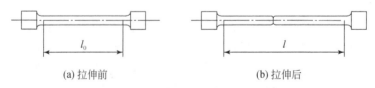

(a) 拉伸前　　　　　　　　　　　　(b) 拉伸后

图 4-1　低碳钢拉伸试样及其破坏形式

图 4-3 是几种常见的具有代表性的钢铁材料的真应力-应变曲线。除了 HT200 外，其他几种材料都有明显的塑性阶段，随着材料强度的提高，屈服阶段有逐渐减小、消失的趋势。高强度钢通常没有明显的屈服阶段，软化阶段也不如低碳钢

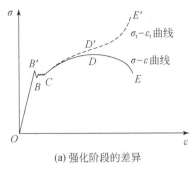

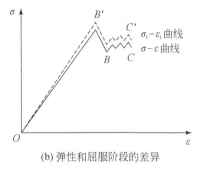

(a) 强化阶段的差异　　　　　　　　　　(b) 弹性和屈服阶段的差异

图 4-2　低碳钢拉伸的真应力-应变（$\sigma_t - \varepsilon_t$）曲线与工程应力-应变（$\sigma - \varepsilon$）曲线比较

显著。铸铁没有明显的塑性阶段，拉伸应力
到达材料强度极限后直接发生断裂。对于没
有屈服阶段但是有强化阶段的材料，在涉及
大塑性变形的计算中，与低碳钢一样也应采
用材料的真应力-应变关系而不能采用工程
应力-应变关系。对铸铁这类脆性材料，拉伸
过程中不出现明显的缩颈现象即发生断裂，
可以使用材料的工程应力-应变关系替代真
应力-应变关系而不会产生显著的误差。

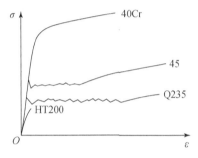

图 4-3　常见钢铁材料真应力-应变曲线

　　在有限元软件的计算过程中，如果实际的应变超过了材料给定的应变范围，
为了能够完成计算过程，软件一般会自动将材料数据外推，外推的方式可以是将
应力-应变曲线的最后一段线性外推，也可以将材料在应变区域外定义为理想塑性
材料，即将应力-应变曲线以水平线外推。因此，弹塑性计算中如果包含过大的应
变，计算结果可能是不合理的。此外，由于材料本身的延伸率和截面收缩率都是
有限值，反映材料拉伸过程的真应力-应变曲线都是有限的，计算过程中材料的塑
性应变一旦超过允许的范围，计算结果也变得不再可靠。

　　与拉伸试样不同，为了压缩过程中试样的稳定性，压缩试样的长径比一般不
超过 3:1，拉伸试样测量部分的长径比一般在 5:1～10:1。图 4-4（a）是低碳
钢试样压缩过程的示意图，随着载荷的增加，试样直径逐渐增大，同时由于试样
与压头接触面间存在摩擦，接触面的水平变形受到限制，试样逐渐变成鼓形，试
样内部的应力不再是一维应力状态，试验结果的误差增大。图 4-4（b）是低碳钢
压缩应力-应变曲线、拉伸应力-应变曲线与真应力-应变曲线的比较。三条曲线在
弹性阶段和屈服阶段以及强化开始的阶段有较好的一致性，随着变形增大，三条
曲线开始出现明显差异。在塑性变形过程中，尤其是在工程应力-应变曲线的软化
阶段，压缩曲线在趋势上与真应力-应变曲线一致，但是数值上比真应力-应变曲
线高，主要原因是试样与压头之间的摩擦在试样后期变形过程中的影响逐渐增大，

采用较大长径比、降低界面的摩擦系数有助于改善试验结果的准确性，但是试样在压缩过程中的稳定性会变差。

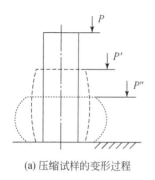

(a) 压缩试样的变形过程

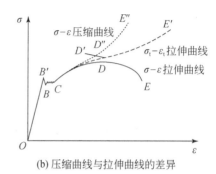

(b) 压缩曲线与拉伸曲线的差异

图 4-4　低碳钢试样的压缩特性

低碳钢受压过程中试样不会像拉伸试样时发生断裂，得不到材料的强度极限，可以认为压缩时材料有更高的强度和延展性。对于铸铁这类脆性材料，压缩过程中试样会出现与轴线成 45°的断裂面，压缩时的应力-应变曲线与拉伸时相似，但是应力和应变的极限远高于拉伸时的极限，压缩特性与拉伸特性存在明显差异，这给复杂应力状态下准确计算结构的变形和应力带来困难。

黏性反映在材料变形过程中应力 σ 与应变速度 $\dot{\varepsilon}$（应变率）的关系：

$$\sigma = c\dot{\varepsilon} \tag{4-2}$$

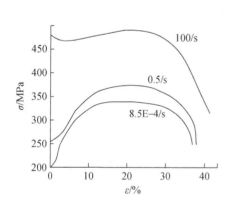

图 4-5　加载速度对低碳钢应力-应变
关系的影响

其中，反映黏性强弱的系数 c 受很多因素的影响，通常也不是常数，在不同的材料中黏性的强弱差别很大。与弹性和塑性不同，黏性是一个与时间有关的材料性质。图 4-5 是低碳钢试样的加载速度对应力-应变关系影响的试验结果。在材料加载速度不高时，应力-应变关系差别不大，在高速加载时，材料的屈服极限和强度极限会显著提高，但是材料的弹性模量则差别不大。在一般的机械振动中，应变率对材料应力-应变关系的影响可以忽略，在高速冲击分析中，则需要考虑不同应变率对应力-应变关系的影响。此外，机械零件的接触界面在微观上只是极少的微凸体在接触，一般的机械振动会使微凸体产生远远超过零件基体的应变和应变率，接触界面能够表面出显著的黏性性质，这是机械零件的接触界面具有黏性阻尼特性的主要原因之一。

弹性模量 E 反映了材料应力 σ 与应变 ε 之间的比例关系：

$$\sigma = E\varepsilon \qquad (4\text{-}3)$$

对于图4-4（b）所示的低碳钢应力-应变曲线，在进入屈服前的弹性阶段是直线，其斜率就是材料的弹性模量 E。对于图4-6（a）所示的合金钢应力-应变曲线，由于没有屈服点，屈服的判断准则与低碳钢不一样，是以材料的塑性应变达到0.2%时的应力作为屈服极限，以屈服极限之前的应力-应变曲线的直线部分的斜率作为材料的弹性模量 E，忽略塑性变形部分。对于图4-6（b）所示的具有非线性弹性的材料如铸铁，其弹性模量不是一个恒定的值，与材料测量弹性模量测量时所处的应力、应变水平有关系：

$$\sigma = E(\varepsilon)\varepsilon \qquad (4\text{-}4)$$

同时还与应变变化的幅值有关系。图 4-6（b）中，材料应力-应变曲线 $ODABE$ 在不同位置的切线斜率不同，弹性模量不同，工作中如果应力、应变发生变化，弹性模量也会变化。如果应力、应变的变化范围不大，可以用平均应力、应变点（如 A 点）的切线斜率作为材料的弹性模量，否则可以考虑用图中割线 DCB 的斜率作为材料等效的弹性模量。

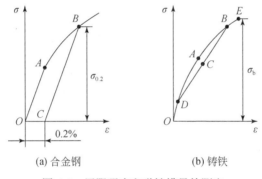

(a) 合金钢　　　　　　　　(b) 铸铁

图 4-6　屈服强度和弹性模量的测定

4.2　材料的弹性、塑性和黏性性质

可以认为工程材料同时具有弹性、黏性、塑性性质，只是对于不同的材料，这些性质表现的强弱不同。根据材料的力学性质和分析问题的特点，在具体问题的分析中可以将材料简化为弹性材料、塑性材料、弹塑性材料、黏弹性材料、黏塑性材料等多种形式。大型的有限元软件可以提供几十种不同的材料模型供有限元分析使用，便于在不同场合下模拟不同材料的力学性质。

弹性是材料的应变与时间无关的一种性质，在施加载荷后应变立即产生，在卸载以后，材料变形可以立即、完全恢复。由于应变与时间无关，没有时间上的滞后，考虑到材料本身具有一定质量，按照牛顿第二定律，变形过程不需要时间意味着变形加速度需要无穷大，产生变形的应力也要无穷大。由于实际工作中并不能产生无穷大的应力和变形加速度，力学上的弹性是实际材料变形性质的一种理想化的近似，当材料的变形过程与加载过程没有明显滞后时，可以将其视为弹性材料，常温下大多数金属材料在结构应力不超过屈服极限时可以看作是弹性材料，卸载以后结构的变形可以完全恢复，称为弹性变形。

塑性也是一种应变与时间无关的性质，与弹性不同的是塑性变形在卸载后完全不能恢复，表现在应力-应变关系上就是加载过程的曲线与卸载过程的曲线不一定重合，应力-应变之间的关系比弹性材料的应力-应变关系复杂。塑性变形也有即时性，因此塑性与弹性一样是实际材料的一种理想化近似，实际材料的塑性变形或多或少都需要一定时间，只要这个时间足够短，在问题的分析过程中可以忽略，材料特性就可以看作是塑性的。在高温下锻造的金属材料通常就可以简化成塑性材料，这个时候材料的弹性变形相对于塑性变形非常小，可以忽略，材料在受力后的变形可以近似认为是完全不能恢复的，这种材料的变形就称为塑性变形。

黏性是流体的一种性质。工程中的固体材料都不是理想的固体材料，而是既具有固体性质，又具有一定程度流体性质的介于理想固体和理想流体之间的材料，只不过有些材料的性质更接近理想固体材料，黏性性质表现不强烈，如钢铁材料，有些材料的性质接近流体，黏性性质表现明显，如橡胶材料。固体材料中的黏性通过应力与应变率的关系来描述，即应力与应变速度有关，也称为率相关特性或者率依赖特性。黏性材料加载阶段的应力-应变曲线与卸载阶段的应力-应变曲线不重合，加载-卸载过程总有能量损失，因此材料的黏性能够消耗振动的能量，表现出材料阻尼。不同材料的黏性产生机理可以有很大差别，黏性的强弱也可以有很大不同。黏性变形与弹性变形、塑性变形不同，黏性变形虽然与塑性变形一样不可恢复，但是变形过程具有时变特性，黏性变形会随着时间逐渐变化。

材料的黏性、弹性、塑性在反映材料特性的应力-应变曲线上有不同的表现形式。

对于弹性材料，如图 4-7（a）所示，无论是线性的应力-应变关系还是非线性的应力-应变关系，试样的加载-卸载曲线都是重合的，加载-卸载过程没有能量损耗。对于图 4-7（b）所示的弹塑性材料，材料在进入塑性阶段之前的 OA 段是弹性材料，加载和卸载过程重合，载荷过了 A 点之后进入塑性阶段，在这一阶段，如果加载到 B 点然后卸载，则加载路径和卸载路径不重合，加载路径为 OAB，卸载路径则是 BC，卸载到 C 点后如果再次加载，则加载路径是 CB，与卸载路径重合，加载超过 B 点后，则沿 OABD 曲线加载，如果加载到 D 点再卸载，则卸载路径为 DE，从 E 点再次加载的路径为 ED，与前一次卸载路径重合。弹塑性材料首次加载和卸载路径不重合，与横轴形成的封闭区域的面积反映了加载-卸载过程的能量损耗，等于加载-卸载过程的塑性功，在随后的加载-卸载过程中，只要加载不超过前面各次加载的最大载荷，加载和卸载路径都会重合，没有能量损失，表现出纯弹性性质。

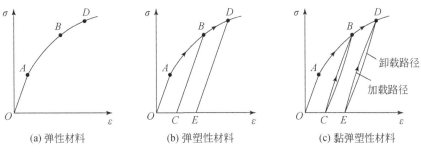

图 4-7　弹、塑、黏性在应力-应变曲线上的表现

图 4-7（c）所示的黏弹塑性材料的应力-应变关系与弹塑性材料类似，不同之处是重复加载曲线与卸载曲线不重合，卸载-加载曲线形成的封闭区间的面积反映了卸载-加载过程中能量损耗的大小。封闭区间的面积大小与卸载和加载的速度有关系，速度越高，面积越大。对与钢铁材料，材料的黏性在弹性阶段表现并不明显，通常可以忽略材料黏性将其视为弹性材料，在塑性阶段，如果黏性应变远小于塑性应变，在塑性阶段也可以忽略黏性。仅忽略弹性阶段黏性的黏弹塑性材料模型也称为弹-黏塑性材料模型。材料的黏性是使机械零件自由振动的幅值逐渐衰减的重要原因，材料黏性产生的机理十分复杂，准确地描述材料的黏性，尤其是非线性的黏性一直存在困难，是机械结构振动分析中的一个难点。

黏性材料在恒定载荷下能够产生时变的变形，即变形总是随时间变化，称为蠕变。在恒定的位移约束条件下，会产生时变的应力，即应力随时间变化，称为应力松弛。机械结构的蠕变和应力松弛是材料黏性在不同载荷和约束条件下的两种表现形式。

如图 4-7（b）所示，弹塑性材料在屈服以后卸载再加载，材料的屈服极限会提高，称为材料的硬化或者强化。在受到拉压循环载荷时材料硬化的方式可以分为两类：同向强化（也称等向强化）和随动强化。这两种形式的强化在应力-应变曲线上有不同的表现形式。图 4-8（a）是受到拉压循环载荷时同向强化的应力-应变曲线的变化规律。应力轴和应变轴的正半轴表示拉伸，负半轴表示压缩。材料从初始点 O 开始拉伸，沿路径 OAB 到 B 点，如果从 B 点卸载，卸载路径将是 BC。卸载后如果反向压缩，则压缩路径沿 CB' 到达 B' 点，此时如果卸载，则卸载路径将是 $B'C'$，卸载到 C' 点后，如果逐渐拉伸，则拉伸的路径为 $C'B$，拉压循环路径为 $BCB'C'B$。如果初始加载时的卸载点为 D，后续拉压循环的路径为 $DED'E'D$。同向强化以后，材料拉伸时的屈服极限与压缩时的屈服极限都提高。图 4-8（b）是材料随动强化时的应力-应变曲线。初始加载到 B 点的循环路径与图 4-8（a）相同，初始加载到 D 点的循环路径与图 4-8（a）明显不同，封闭的路径没有膨胀而是平移，材料拉伸时的屈服极限提高，压缩时的屈服极限降低，这种现象称为包辛格效应。

实际材料一般同时包含同向强化和随动强化，称为混合强化，这给材料模型的建立和程序的编制都带来麻烦。有限元分析中，可以根据具体的材料特性和问题的特点，将材料简化成单一的同向强化或者随动强化材料，以降低问题的复杂程度。

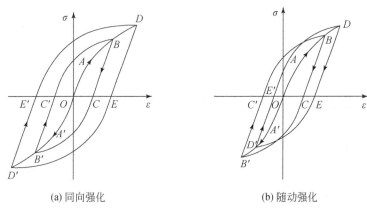

(a) 同向强化　　　　　　　　　　　(b) 随动强化

图 4-8　两种基本强化规律在应力-应变曲线上的反映

图 4-9（a）是一些常见金属材料的工程应力-应变曲线，可以发现曲线有明显的软化阶段，在趋势上与材料的强化特性是相反的，不能直接用于有较大应变的弹塑性结构的有限元计算。由于直接获得材料的真应力-应变关系存在一定困难，实际工作中也经常采用校正公式（4-5）将图 4-9（a）所示的工程应力-应变关系

$$\begin{cases} \sigma_c = \sigma(1+\varepsilon) \\ \varepsilon_c = \ln(1+\varepsilon) \end{cases} \tag{4-5}$$

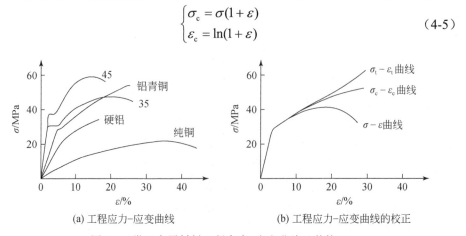

(a) 工程应力-应变曲线　　　　　　(b) 工程应力-应变曲线的校正

图 4-9　常见金属材料工程应力-应变曲线及其校正

转化成真应力-应变关系，式（4-5）中 σ_c 和 ε_c 分别是校正后的应力和应变。校正效果一般如图 4-9（b）所示，σ_c - ε_c 曲线在缩颈前与真应力-应变曲线大体吻合，在缩颈后仍然有一定差别，但是在趋势上比工程应力-应变曲线合理。为了进一步提高校正的效果，针对特定的材料，也有一些专用的经验公式能够获得更好的校正效果。

4.3 复杂应力状态下的材料性质和强度理论

与力学中对材料的分类方法不同，工程中一般将材料分为两类：塑性材料和脆性材料。工程中所谓的塑性材料和脆性材料与力学上的塑性和脆性不同，工程中所说的塑性材料是指常温下在断裂前会产生比较显著的塑性变形的材料，如低碳钢、铜、铝等金属材料，这类材料采用长径比为 10 的标准试样做拉伸试验获得的延伸率 $\delta_{10} \geqslant 5\%$，低碳钢一般在 20%～30%。脆性材料是指断裂前塑性变形很小的材料，如铸铁、岩石、玻璃等，这类材料的延伸率 $\delta_{10} < 5$。这两类材料在受力以后会有一定程度的弹性变形，不是只有塑性变形。

材料的塑性和脆性与温度、应力状态等很多因素有关，并不是绝对的。例如，随着温度降低，材料的塑性会降低，脆性增加，常温下的塑性材料在低温下可以变成脆性材料，反之也是一样。尤其值得注意的是，材料的塑性和脆性还与材料的应力状态有密切关系，塑性材料在受到三向拉应力时会表现出脆性材料的性质，不经过显著的塑性变形就发生断裂，铸铁、岩石等脆性材料，在三向压应力下，也能表现出一定程度的塑性。

表 4-1 给出了几种常用的金属材料的力学性质供结构分析使用。需要说明的是，表中的数据只是参考值，只能供初步的结构分析使用，准确的分析应该考虑到原料的尺寸、热处理工艺参数等多种因素对材料力学性质的影响，采用更为准确、合理的数据。

表 4-1 几种常用金属材料的力学性质

名称	牌号	弹性模量 /GPa	剪切模量 /GPa	泊松比	屈服极限 /MPa	强度极限 /MPa	延伸率 /%	密度 /(kg/m³)
碳钢	Q235A	212	82.3	0.288	185～235	375～500	21～26	7860
	08	203	79	0.3	≥195	≥325	≥33	7850
	25	202	79	0.3	274	451	24	7850
	45	201	79	0.3	355	600	≥14	7850
	ZG200-400	172～202	79	0.3	200	400	25	7800

名称	牌号	弹性模量 /GPa	剪切模量 /GPa	泊松比	屈服极限 /MPa	强度极限 /MPa	延伸率 /%	密度 /(kg/m³)
合金钢	30Mn	206	79	0.3	330	635	29.2	7900
	40Cr	206	79	0.3	785	980	9	7900
	65Mn	206	79	0.3	784	980	8	7900
球墨铸铁	QT-H200	140～154	73～76	0.3	320	500	7	7300
灰铸铁	HT200	113～157	44	0.23～0.27	—	200	—	7250
不锈钢	1Cr18Ni9	206	79	0.3	≥205	≥520	≥40	7900
铜	加工纯铜	108～127	39～48	0.31～0.34	340～350	370～420	4～6	8930
	退火纯铜	108～127	39～48	0.31～0.34	50-70	220～240	45～50	8930
铝	工业纯铝	68	26.5	0.32～0.36	30	85	30	2705

　　机械结构的受力状态一般不是简单的单向拉压受力状态，而是二维和三维的复杂受力状态。单向拉压试验获得的材料应力-应变特性，如何应用到三维状态下，反映三维应力状态下材料的应力-应变特性，是弹性力学需要解决的一个重要问题。在三维应力状态下，反映材料应力状态的量不止一个。如图 4-10 所示的三维微元体，每个面上都有两个剪应力和正应力，表达微元体的应力状态，需要 6 个应力分量，即使是用三个主应力表示三维微元体的应力特征，如何表达、建立三个主应力之间的关系也不是一件容易的事。此外，通过试验测定材料在三维应力状态下应力-应变关系在技术手段上也存在困难。为此需要建立一个三向应力状态下材料破坏的力学指标，即建立一个材料破坏原因的力学假说，一般称为强度理论，通过这个假说，将一维应力状态下的力学性质与二维和三维应力状态下的力学性质统一起来，将一维应力状态下的试验结果依据假说推广到二维和三维。假说的合理性决定了二维和三维条件下材料的理论特性的正确性，当然，理论特性的正确性仍然需要实践的检验。

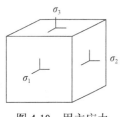

图 4-10　用主应力
表示的微元体应力

　　目前工程中常用的几种强度理论主要是针对塑性材料和脆性材料建立的，都是试图通过一些力学指标说明材料发生屈服或者断裂的力学规律。这些理论并不十分完善，还不能完整说明材料的破坏原因，每一种理论都有适用范围，只能说明一部分材料在一部分应力状态下的破坏原因和规律。

4.3.1　第一强度理论

　　第一强度理论最早可以追溯到 17 世纪伽利略关于材料强度的相关研究，也称为最大拉应力理论，适用于砖、石、水泥、铸铁等易于断裂的脆性材料。该理论认为材料的断裂取决于最大拉应力，当数值最大的主应力 σ_1 为拉应力，并且在数值上超过材料的强度极限 σ_b 时，材料就发生断裂。引入安全系数 n 后，第一强度理论可以写为

$$\sigma_1 \leqslant \frac{\sigma_b}{n} = [\sigma], \quad \sigma_1 \geqslant 0 \tag{4-6}$$

其中，$[\sigma]$ 是考虑安全系数后材料的许用应力。强度极限 σ_b 可以通过试样的单向拉伸试验获得，这样就可以通过式（4-6）将复杂应力状态下的材料强度与单向拉伸条件下的试验数据联系起来。

第一强度理论基本能够正确反映某些脆性材料的拉伸特性，由于它只考虑了三个主应力中的第一主应力，也称为最大主应力理论。这个理论与受内压的铸铁圆筒的拉伸试验结果符合得较好，在机械上可以用于铸铁类的脆性材料的强度校核。

4.3.2　第二强度理论

第二强度理论在 17 世纪由 Mariotte 提出，用于脆性材料，认为材料发生破坏的原因是最大主应变 ε_1 超过单向拉伸时的屈服应变 $\dfrac{\sigma_b}{E}$，也称为最大伸长线应变理论或者最大应变理论。考虑到第一主应变：

$$\varepsilon_1 = \frac{\left[\sigma_1 - \mu(\sigma_2 + \sigma_3)\right]}{E} \tag{4-7}$$

式中，μ 是材料的泊松比；σ_1、σ_2 和 σ_3 是三个主应力。第二强度理论可以表示成

$$\sigma_1 - \mu(\sigma_2 + \sigma_3) \leqslant \frac{\sigma_b}{n} = [\sigma], \quad \sigma_1 \geqslant \sigma_2 \geqslant \sigma_3 \geqslant 0 \tag{4-8}$$

试验表明，这个理论与脆性金属、砖、石的拉伸试验结果并不一致。与第一强度理论一样，第二强度理论也适用于压应力的情况。由于受到 Poncelet 和 Saint-Venant 的推崇，在 19 世纪十分流行。但是这个理论与大多数脆性材料的试验结果并不相符，脆性材料的强度校核已经很少采用这个理论。

4.3.3　第三强度理论

第三强度理论适用于塑性材料，由特雷斯卡提出，也称为特雷斯卡理论，是现代机械工程中广泛使用的一个强度理论。这个理论认为材料屈服是因为最大剪应力 τ_{max} 达到简单拉伸试验出现屈服时的最大剪应力 $\dfrac{\sigma_s}{2}$，由于最大剪应力为

$$\tau_{max} = \frac{\sigma_1 - \sigma_3}{2}, \ \ \sigma_1 \geqslant \sigma_2 \geqslant \sigma_3 \geqslant 0 \tag{4-9}$$

因此材料在复杂应力状态下的屈服条件为

$$\sigma_1 - \sigma_3 = \sigma_s \tag{4-10}$$

引入安全系数 n 后，第三强度理论可以表示为

$$\sigma_1 - \sigma_3 \leqslant \frac{\sigma_s}{n} = [\sigma] \tag{4-11}$$

有限元分析中，第三强度理论的等效应力为

$$\sigma_{eq} = \sigma_1 - \sigma_3 \tag{4-12}$$

一般称其为特雷斯卡应力或者应力强度。有限元计算获得的这个应力在数值上如果不超过材料单向拉伸时的屈服极限，则认为材料不发生塑性变形。显然，第三强度理论也能把材料一维的屈服条件与二维、三维的屈服条件联系起来。

塑性金属材料的试验结果表明，材料出现塑性变形时，最大剪应力基本上保持为常值，所以第三强度理论可以用来建立塑性材料的强度条件。第三强度理论能够与塑性金属材料的试验结果吻合，理论的误差主要来源于没有考虑第二主应力 σ_2 对材料屈服的影响。

第三强度理论目前主要应用于锅炉、压力容器和承压管道等对安全性有要求的塑性材料的强度校核中。

4.3.4　第四强度理论

第四强度理论也称为歪形能理论或畸变能理论，由米泽斯于 1913 年提出。这个理论认为形状改变比能是引起材料屈服的主要原因，当微元体的歪形能密度达到单向拉伸发生屈服时的歪形能密度，材料就开始屈服。这个屈服准则也称为米泽斯屈服准则，它考虑了第二主应力 σ_2 对材料屈服的影响，与塑性材料的试验结果吻合得比第三强度理论更好。

第四强度理论可以表示为

$$\sqrt{\frac{(\sigma_1 - \sigma_2)^2 + (\sigma_2 - \sigma_3)^2 + (\sigma_3 - \sigma_1)^2}{2}} \leqslant [\sigma] \tag{4-13}$$

有限元分析中，一般将等效应力

$$\sigma_{eq} = \sqrt{\frac{(\sigma_1 - \sigma_2)^2 + (\sigma_2 - \sigma_3)^2 + (\sigma_3 - \sigma_1)^2}{2}} \tag{4-14}$$

称为米泽斯应力。根据这个理论，如果不考虑安全系数，并且有限元计算获得的最大的米泽斯应力不超过材料一维拉伸试验中的屈服极限，材料将不发生塑性变形。

由于第四强度理论与塑性材料的试验结果吻合得更好，与第三强度理论相比，其在塑性材料的强度校核中应用得更加广泛，在没有特殊要求时，塑性材料的强度校核一般都采用第四强度理论。

如图 4-11 所示，以三个主应力为坐标轴建立一个主应力空间，在主应力空间中，式（4-10）表示一个与三个坐标轴等倾角的六棱柱面。在六棱柱面的内部，材料是弹性的，六棱柱面的外部，材料是塑性的，柱面是材料发生屈服的临界面，称为特雷斯卡屈服面。

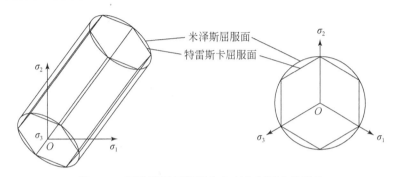

图 4-11　两种不同屈服面在主应力空间上的反映

相应地，式（4-14）在主应力空间代表一个与特雷斯卡屈服面外接的圆柱面，如果材料的三个主应力对应的空间点在圆柱面外，材料发生屈服，如果在圆柱面内则不发生屈服，圆柱面是发生屈服的临界面，称为米泽斯屈服面。

特雷斯卡屈服面的棱边与米泽斯屈服面重合，在其他地方两个屈服面并不一致。由于材料试验的结果与米泽斯屈服面更吻合，从图 4-11 中不难看出，机械设计中如果按特雷斯卡屈服面进行强度设计则趋于保守，临界的米泽斯应力最多比临界的特雷斯卡应力大 15%，因此采用第三强度理论进行强度设计比采用第四强度理论偏于安全，同时也意味着结构的体积、尺寸、重量偏大。因为这个原因，一般的机械设计中多采用第四强度理论进行强度校核，安全性要求高的结构设计中则多采用第三强度理论，如锅炉、压力容器的设计中，相关的法规和行业规范都要求采用第三强度理论，以便产品在强度上有更多的富裕。

图 4-12 是材料强化后两种不同的强化规律下米泽斯屈服面的变化规律。图 4-12（a）是同向强化后，材料的米泽斯屈服面均匀膨胀，由 ABC 扩展到 A'B'C'，材料的拉压屈服极限都增大。图 4-12（b）的随动强化则是屈服面不膨胀，只是发生平移，这样材料的拉压屈服极限一个升高，一个降低。类似地，特雷斯卡屈服面也有相同的变化规律。

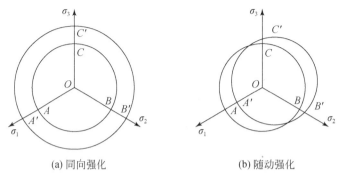

(a) 同向强化　　　　　　　　　　(b) 随动强化

图 4-12　两种基本强化规律在主应力空间上的反映

4.3.5　莫尔强度理论

莫尔强度理论是莫尔在 1900 年提出的。该理论中材料失效准则的思想可以追溯到 1773 年库仑的工作，因而也称为莫尔-库仑强度理论。与前述的几个强度理论不同，莫尔强度理论是基于材料试验的结果，不涉及材料失效原因的假定，可以用于脆性材料和低塑性材料，尤其是可以考虑某些材料拉压强度的不同。莫尔强度理论的断裂条件为

$$\sigma_1 - \frac{\sigma_{b1}}{\sigma_{by}}\sigma_3 = \sigma_{b1} \tag{4-15}$$

式中，σ_1 是第一主应力；σ_{b1} 是材料极限拉应力；σ_{by} 是材料极限压应力；σ_3 是第三主应力。引入安全系数后，莫尔强度理论的等效应力可以写为

$$\sigma_{eq} = \sigma_1 - \frac{[\sigma_1]}{[\sigma_y]}\sigma_3 \leqslant [\sigma_1] \tag{4-16}$$

式中，$[\sigma_1]$ 是脆性材料的许用拉应力；$[\sigma_y]$ 是脆性材料的许用压应力。式（4-16）不足之处是不涉及第二主应力 σ_2。不难看出，式（4-16）中如果 $[\sigma_1]=[\sigma_y]$，就是第三强度理论的表达式，因此，如果将莫尔强度理论用于塑性材料，可以导出第三强度理论。

4.3.6　强度理论的应用

目前已经提出了几十种不同的强度理论，从不同的角度给出了各种材料的失效准则。这些强度理论都有各自的适用范围，如有适用于塑性材料的，也有适用于脆性材料的，还有适用于某些特殊材料的，等等。同时，受设计习惯和行业规范的影响，这些强度理论中只有少数在工程中得到广泛应用，多数主要还是应用于理论分析和研究。

　　机械工程中采用的强度理论主要是第四强度理论、第三强度理论和第一强度理论。第四强度理论用于一般机械结构中塑性材料的强度校核，如铜、铝、低碳钢、中碳钢等。第三强度理论主要用于锅炉、管道、压力容器等安全性要求较高的结构中塑性材料强度的校核，这类结构有较高的安全性和可靠性要求，并且往往有相关的法律、法规和行业规范要求必须采用第三强度理论进行强度校核。第一强度理论主要用于脆性材料的强度校核，如铸铁、陶瓷和淬火后的高碳钢等。

　　材料的塑性和脆性与材料所处的应力状态有一定关系，同一种材料，不同的应力状态下，材料的性质可以有明显的不同。强度理论的选择，应当考虑应力状态对材料性质的影响，如低碳钢在三向拉应力状态下应当作为脆性材料考虑，脆性材料在三向压应力作用下则作为塑性材料考虑。

4.4　材料的本构关系

　　弹性力学为了分析问题的方便，假定材料是各向同性的。这个假定在多数情况下是合理的，但是在某些特殊情况下并不适用，如多层的复合材料、单晶体、木材、微观尺度的金属晶粒，在不同的方向上，材料的弹性模量、屈服强度、抗拉强度都有显著的差异。在不同方向上具有不同力学性质的材料，称为各向异性材料。各向同性材料可以看作是各向异性材料的一种特殊情况。工程中常见的各向异性材料是正交各向异性材料和横观各向同性材料，复合材料、单晶体、木材、金属晶粒都可以看作正交各向异性材料甚至横观各向同性材料。

　　无论是各向同性材料还是各向异性材料，形式上总是可以用式（4-1）所示的应力-应变关系来描述。对于常用的各向同性材料，式（4-1）中的材料矩阵[D]为[4]

$$[D] = \begin{bmatrix} \dfrac{1}{E} & -\dfrac{v}{E} & -\dfrac{v}{E} & 0 & 0 & 0 \\[2mm] -\dfrac{v}{E} & \dfrac{1}{E} & -\dfrac{v}{E} & 0 & 0 & 0 \\[2mm] -\dfrac{v}{E} & -\dfrac{v}{E} & \dfrac{1}{E} & 0 & 0 & 0 \\[2mm] 0 & 0 & 0 & \dfrac{1}{G} & 0 & 0 \\[2mm] 0 & 0 & 0 & 0 & \dfrac{1}{G} & 0 \\[2mm] 0 & 0 & 0 & 0 & 0 & \dfrac{1}{G} \end{bmatrix}^{-1} \tag{4-17}$$

其中剪切模量

$$G = \frac{E}{2(1+\nu)} \tag{4-18}$$

式中，E 和 ν 分别是材料的弹性模量和泊松比，可以通过材料试验确定。

对于正交各向异性材料，材料内部的每一点都有三个互相垂直的对称面，材料矩阵[D]为

$$[D] = \begin{bmatrix} \dfrac{1}{E_1} & -\dfrac{\nu_{21}}{E_2} & -\dfrac{\nu_{31}}{E_3} & 0 & 0 & 0 \\[2mm] -\dfrac{\nu_{12}}{E_1} & -\dfrac{1}{E_2} & -\dfrac{\nu_{32}}{E_3} & 0 & 0 & 0 \\[2mm] -\dfrac{\nu_{13}}{E_1} & \dfrac{\nu_{23}}{E_2} & \dfrac{1}{E_3} & 0 & 0 & 0 \\[2mm] 0 & 0 & 0 & \dfrac{1}{G_{23}} & 0 & 0 \\[2mm] 0 & 0 & 0 & 0 & \dfrac{1}{G_{31}} & 0 \\[2mm] 0 & 0 & 0 & 0 & 0 & \dfrac{1}{G_{12}} \end{bmatrix}^{-1} \tag{4-19}$$

式中，下标 1、2、3 分别表示三个正交的弹性对称面的方向；E_1 表示方向 1 上的弹性模量；ν_{12} 表示方向 1 上的伸缩引起方向 2 上的伸缩时的泊松比；G_{12} 表示方向 1 与方向 2 之间夹角变化的剪切模量；其他符号含义类似。

式（4-19）中的矩阵与各向同性材料一样仍然具有对称性，虽然有 12 个非零元素，但是只需要 9 个独立的参数即可确定这 12 个非零元素。独立参数一般选取不同方向的弹性模量和泊松比，称为弹性常数。与各向同性材料一样，可以通过试验确定这些弹性常数的取值。

对于各向同性材料，只需要 2 个独立的参数，即弹性模量和泊松比，就可以确定式（4-17）中的 12 个非零元素。

横观各向同性材料是指材料内的每一点都有一个对称平面，在这个平面内的各个方向，材料特性都相同，这个平面称为各向同性平面。横观各向同性材料的材料矩阵[D]为

$$[D] = \begin{bmatrix} \dfrac{1}{E_1} & -\dfrac{\nu_{12}}{E_1} & -\dfrac{\nu_{31}}{E_3} & 0 & 0 & 0 \\[2.5ex] -\dfrac{\nu_{12}}{E_1} & \dfrac{1}{E_1} & -\dfrac{\nu_{31}}{E_3} & 0 & 0 & 0 \\[2.5ex] -\dfrac{\nu_{13}}{E_1} & -\dfrac{\nu_{13}}{E_1} & -\dfrac{1}{E_3} & 0 & 0 & 0 \\[2.5ex] 0 & 0 & 0 & \dfrac{1}{G_{13}} & 0 & 0 \\[2.5ex] 0 & 0 & 0 & 0 & \dfrac{1}{G_{13}} & 0 \\[2.5ex] 0 & 0 & 0 & 0 & 0 & \dfrac{1}{G_{12}} \end{bmatrix}^{-1} \tag{4-20}$$

其中

$$G_{12} = \frac{E_1}{2(1 + \nu_{12})} \tag{4-21}$$

式（4-20）也具有对称性，其中只有 5 个独立的参数，即只需要 5 个独立的参数即可确定矩阵中的 12 个元素。与正交各向异性材料一样，一般也选择不同方向上的弹性模量和泊松比作为独立参数，然后通过试验确定这些作为独立参数的弹性模量和泊松比的数值。

对于均质的各向异性弹性体，材料矩阵[D]最多有 36 个非零元素，但是只有 21 个独立的参数。

如果是线弹性材料，弹性模量和泊松比都是常数，式（4-1）中的应力与应变之间是线性关系，矩阵[D]是常数矩阵。对于非线性材料，矩阵[D]不是常数矩阵，矩阵中的各个元素取值与具体的应力水平和应力状态有关，甚至与材料加载和卸载的过程也有关系，矩阵[D]的对称性也不一定能保持。因为这些原因，通常情况下，用户在有限元软件中添加自己的非线性材料模型是十分困难的，即使是软件开发者，在已有的商业软件中添加新的非线性材料模型也不是一件容易的事。

4.5 常用的材料模型

如前所述，工程中使用的材料在有限元分析时需要根据问题的特点，对材料性质做出一定程度的简化，在降低问题的复杂程度，提高分析效率的同时，还要保证一定的准确性和可靠性。以钢材 Q235 为例，在常规的受力分析中一般被视为线弹性材料，在弯曲成型问题中可以视作塑性材料，在振动阻尼问题中则经常被视为黏弹性材料。

　　大多数工程材料在初步的分析过程中可以简化成图 4-13（a）所示的理想的线性弹性模型，这种材料模型将弹性阶段的应力-应变曲线无限外推，没有屈服极限，不会进入塑性状态，计算结果可以产生极高的、不合理的应力数值。一旦出现这种情况，说明当前的材料模型不合理，需要采用弹塑性材料模型，考虑材料塑性的影响。这种理想化的弹性模型的特点是材料模型只需输入弹性模量和泊松比，模型简单，输入参数少，使用方便，因而应用最为广泛。

　　图 4-13（b）是有限元分析中经常使用的双线性弹塑性强化材料模型，这种模型将材料屈服后的塑性阶段用一条斜直线表示，能够考虑材料的塑性和强化，不足之处是应变过大时，斜直线与真应力-应变曲线差别增大。因为定义材料的性质只需两条直线，所以称为双线性强化材料模型，这种材料模型输入参数不多，能够考虑材料的塑性和强化，是一种常用的弹塑性模型。

　　图 4-13（c）是在双线性强化模型基础上的一种增强模型——多线性弹塑性强化模型。这种模型在塑性阶段采用多个直线段定义材料塑性和强化规律，与双线性强化模型相比，比较容易建立与实验数据更加吻合的弹塑性材料模型。由于非线性求解过程的限制，这种材料模型通常要求在进入塑性以后的应力-应变曲线是上凸的。对于低碳钢材料，如图 4-13（b）中的 σ_t-ε_t 曲线，在材料屈服阶段和强化阶段之间，应力-应变曲线下凹，并不满足上凸的要求，需要进行适当处理，确保曲线上凸。

　　需要说明的是，材料的塑性也反应在加载路径与卸载路径的差异上，图 4-13（c）中的曲线不能充分反应材料的塑性和强化特性，换句话说，图 4-13（c）中的曲线不是弹塑性材料独有的。如果是非线性的弹性材料模型，加载路径与卸载路径相同，其应力-应变关系也可以有类似图 4-13（c）中的曲线形式。

　　图 4-13（d）是理想弹塑性材料模型的应力-应变曲线，这种模型与图 4-13（b）比较，只是少了材料的强化，在开始屈服后，材料变成了理想塑性材料，材料的变形不再需要提高应力水平。与理想弹塑性模型类似的还有一种理想塑性模型，与图 4-13（d）的理想弹塑性材料模型不同之处在于忽略了弹性阶段，应力-应变曲线是一条起于应力轴的水平线，这是锻造、成型分析中经常使用的一种材料模型，这类问题的分析中，塑性变形通常远大于弹性变形，材料模型中忽略弹性变形不会产生过大的计算误差。

　　除了上述几种常用的材料模型外，机械工程中还经常会用到具有超弹性性质的橡胶材料模型，包装材料中常用的泡沫材料模型，机械垫片模型中使用的垫片模型，铜、铝等塑性金属在高速冲击问题中使用的黏塑性模型，拉压特性具有明显差异的铸铁材料模型，等等。大型的商业软件通常会提供几十种不同的材料模型供用户选择。材料模型的多少，也反映软件功能的强弱。

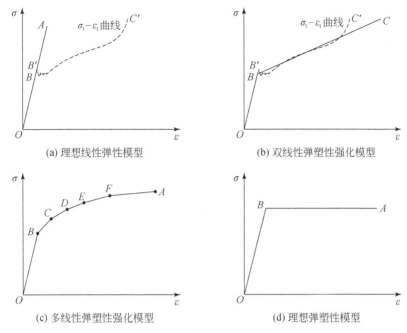

(a) 理想线性弹性模型　　　　　　　　(b) 双线性弹塑性强化模型

(c) 多线性弹塑性强化模型　　　　　　(d) 理想弹塑性模型

图 4-13　常用的材料模型

图 4-14 是 ANSYS 软件中的材料模型库，库中提供了大量结构分析中经常用到的各种材料模型[5]。模型库将材料模型分为两类，一类是线性材料模型（Linear），另一类是非线性模型（Nonlinear）。线弹性材料模型包括各向同性材料（Isotropic）、正交各向异性材料（Orthotropic）和各向异性材料（Anisotropic）三种。图 4-15 是线弹性的各向同性材料模型的参数输入窗口，只需输入弹性模量 EX 和泊松比 PRXY 即可。图 4-16 是线弹性的正交各向异性材料模型的参数输入窗口，需要输

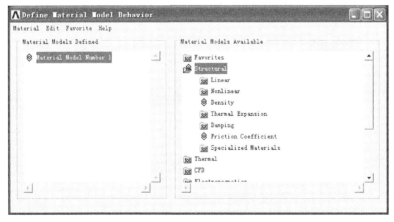

图 4-14　ANSYS 的材料模型库

入三个正交方向的弹性模量、泊松比和剪切模量。图 4-17 是各向异性材料模型的参数输入窗口，需要输入材料矩阵中的所有元素，由于矩阵的对称性，只需输入上三角阵中的元素即可。

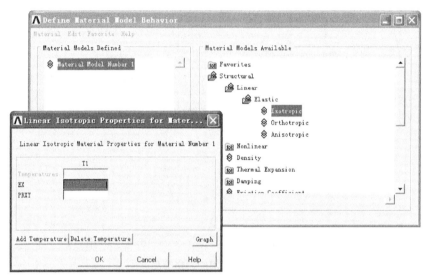

图 4-15　线弹性各向同性材料模型参数输入窗口

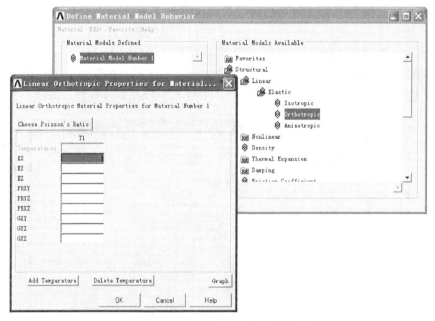

图 4-16　线弹性正交各向异性材料模型参数输入窗口

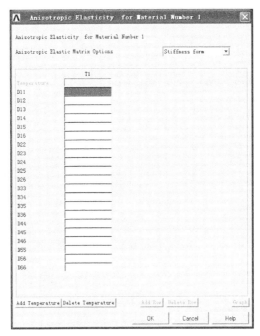

图 4-17 各向异性材料模型参数输入窗口

模型库中的材料模型主要是非线性材料模型。非线性材料模型分为三类：非线性弹性（Elastic）、非弹性（Inelastic）和黏弹性（Viscoelastic）。非线性弹性包括超弹性（Hyperelastic）和多线性弹性（Multilinear）。非弹性材料模型包括率无关的非弹性材料模型（Rate Independent）、率依赖的非弹性材料模型（Rate Dependent）、非金属的塑性材料模型（Non-metal Plasticity）、铸铁材料模型（Cast-Iron）和形状记忆合金材料模型（Shape Memory Alloy）。

图 4-18 是非线性弹性材料模型中的一种常用模型——多线性弹性模型（Multilinear Elastic），需要以离散点的形式输入材料应力-应变关系曲线上的数据点。

率无关的非弹性材料模型是指材料的特性与应变率无关，即不包括黏性的各种塑性硬化模型，如图 4-19 所示的基于米泽斯屈服准则的双线性各向同性硬化弹塑性模型。如图 4-20 所示，率依赖的非弹性材料模型包含黏塑性（Visco-Plasticity）和蠕变（Creep）这两类与黏性相关的多种材料模型。

非金属塑性材料包含混凝土和土两类模型，主要在土木工程中使用。图 4-21 中非弹性的铸铁材料模型考虑了铸铁拉压特性的差异，需要以离散点的形式输入单轴拉伸和压缩时的应力-应变曲线。图 4-22 是高分子材料中经常使用的各种黏弹性材料模型，它们与率依赖的非弹性材料一样，都包含有材料的黏性，差别在于率依赖的非弹性材料不考虑弹性。

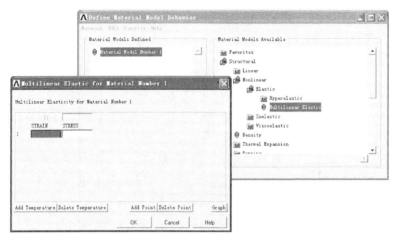

图 4-18　多线性弹性材料模型参数输入窗口

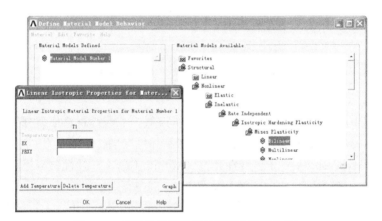

图 4-19　双线性弹塑性材料模型参数输入窗口

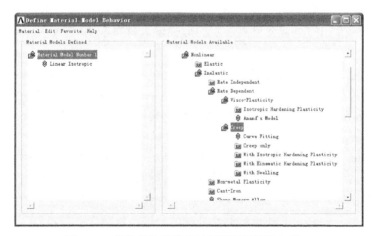

图 4-20　率依赖的非弹性材料模型参数输入窗口

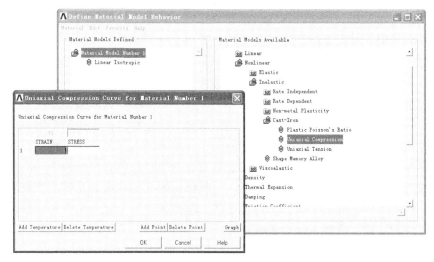

图 4-21　非弹性的铸铁材料模型参数输入窗口

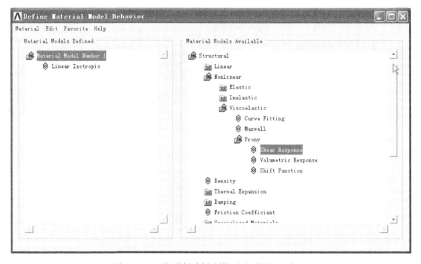

图 4-22　黏弹性材料模型参数输入窗口

4.6　非线性材料的计算过程

非线性问题的形式多种多样，大致可以分为三类：状态非线性、几何非线性和材料非线性。任何一种形式的非线性问题，最终都会表现出结构刚性的显著变化。

状态非线性是指结构的状态发生变化引起结构刚性出现明显变化的现象。例如，绳索拉伸状态的刚性与松弛状态的刚性明显不同，受力大小和方向改变时，绳索刚性会发生明显变化。吉他弦在绷紧和松弛状态下的共振频率明显不同，也属于这种情况。状态非线性中很重要的一类是接触非线性，表现在两个零件表面在接触和不接触时的结构刚性明显不同，甚至接触载荷不同，结构刚性也不一样。

几何非线性是指结构受力后出现大的位移或者转角。弹性力学假定结构受力后的位移是微小的，结构位移与几何形状相比可以忽略，可以认为结构在受力前后的位置和几何形状都没有发生变化。但是在一些特殊情况下，结构的位置变化很大，或者变形很大，基于微小位移假定建立的弹性力学的几何方程并不适用，需要在几何方程中计入高阶微分项，使得原有的线性几何方程变为非线性几何方程。结构受力后出现大位移、大变形，引起结构的受力状态、几何形状发生明显改变，结构刚性也随之改变，如细长零件、薄壁零件的大幅度弯曲和屈曲，引起结构刚性的变化，就属于这类非线性问题。

材料非线性是另外一种常见的非线性问题，根源在于材料非线性的应力-应变关系，这类非线性问题在有限元模型中通过非线性的材料本构关系描述。

如前所述，无论哪种形式的非线性问题，最终都会表现出结构刚度的变化。在有限元模型中，非线性问题最终都是通过结构刚度矩阵的改变来反映，因此非线性问题的求解方式是相同的，不同的是，引起刚度矩阵改变的原因和方式不同。对于材料非线性，材料的本构关系是非线性的，式（4-1）中的材料矩阵$[D]$不是常数矩阵，将其代入单元的刚度矩阵后，使得单元刚度矩阵变成非常数矩阵，进而使得整体刚度矩阵变成非常数矩阵，结构受力状态发生变化后，结构刚度也随之变化，最终变成了非线性问题。

非线性材料与线弹性材料不同，非线性材料的弹性模量E不是一个常数，它与应变ε有关，记为$E(\varepsilon)$。应力与应变的关系可以写成

$$\sigma = E(\varepsilon)\varepsilon \tag{4-22}$$

几何上，$E(\varepsilon)$是应力-应变曲线的斜率，并且是一个随应变ε变化的变量。对于非一维条件下的非线性材料本构关系，式（4-1）可以写成

$$\{\sigma\} = [D(\{\varepsilon\})]\{\varepsilon\} \tag{4-23}$$

将$[D(\{\varepsilon\})]$代入到单元刚度矩阵$[K]^e$中

$$[K]^e = [B]^e[D(\{\varepsilon\})][B]^e \tag{4-24}$$

其中，$[B]^e$是单元的几何矩阵。

将单元刚度矩阵组装成整体刚度矩阵后，可以得到包含材料非线性的整体结构刚度矩阵：

$$[K] = [B][D(\{\varepsilon\})][B] \tag{4-25}$$

这样整体结构的结点载荷$\{F\}$与结点位移$\{\delta\}$的关系可以写成

$$[B][D(\{\varepsilon\})][B]\{\delta\} = \{F\} \tag{4-26}$$

考虑到应变$\{\varepsilon\}$与位移$\{\delta\}$的关系，式（4-26）可以写成

$$[K(\{\delta\})]\{\delta\} = \{F\} \tag{4-27}$$

数值计算中，一般采用迭代法求解式（4-27）。以一维问题为例，可以将式（4-27）写成

$$f(\delta) = 0 \tag{4-28}$$

如果$f'(\delta) \neq 0$，令

$$g(\delta) = \delta - \frac{f(\delta)}{f'(\delta)} \tag{4-29}$$

如果$g(\delta) = \delta$，则式（4-29）与式（4-28）等价，这样可以将（4-29）改写成迭代形式：

$$\delta_{k+1} = \delta_k - \frac{f(\delta_k)}{f'(\delta_k)}, \qquad k = 0,1,2,\cdots \tag{4-30}$$

利用式（4-30）求式（4-27）的非线性方程的方法一般称为 Newton-Raphson 法，简称 Newton 法或者 N-R 法。

Newton-Raphson 法具体的迭代过程可以用图 4-23 说明。迭代的起点是 O 点，式（4-30）中的位移 δ_k 需要给定一个初值 δ_0 并求得起点 O 点的斜率 $f'(\delta_0)$，然后通过式（4-30）求得一个新的位移 δ_{k+1}，它与图 4-23 中的 δ_1 点对应，在求出与 δ_1 点对应的 O_1 点的斜率 $f'(\delta_1)$ 后，根据式（4-30）求出新的位移 δ_{k+1}，它与图 4-23 中的 δ_2 点对应，然后求出与 δ_2 点对应的 O_2 点的斜率 $f'(\delta_2)$，通过式（4-30）求出新的位移 δ_{k+1}，它与图 4-23 中的 δ_3 点对应。继续这个过程，可以使得 O_k 点逐渐逼近 B 点，δ_k 点逐渐逼近 δ 点，即随着载荷步数的增多，结点载荷 f_k 逐渐逼近 f_A，位移 δ_k 逐渐逼近 δ。当载

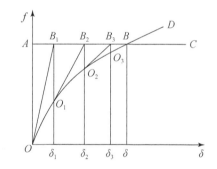

图 4-23 Newton-Raphson 法的求解过程

荷步数足够多时，δ_k 将足够接近 δ，ε_k 就可以作为非线性方程的近似解。Newton-Raphson 法的收敛速度非常快，但是每次迭代都要计算曲线的斜率，并且要求斜率不能等于 0，也不能为负值，当斜率接近于 0 时，收敛性也变差，为负值时迭代过程不收敛。为此在 Newton-Raphson 法的基础上又提出很多改进算法，如迭代过程不用每次都计算斜率，而是间隔几次后修正一次斜率，这样可以减少斜率的计算次数，此外还有采用割线而不是采用切线的算法。这些改进算法虽然能放宽对曲线几何形状的要求，但是在迭代效率上通常会有一定损失。

由于 Newton-Raphson 法要求曲线斜率不能等于或者接近 0，也不能是负值，

使得这个方法对载荷-变形曲线在迭代区间的几何形状有一定要求,这个要求反应在材料应力-应变曲线上,要求应力-应变曲线的斜率不能接近 0,也不能是负值。例如,图 4-13(b)中的真应力-位移曲线在过了屈服点点 B 后应力出现波动,应力-位移曲线的斜率有负值,不满足 Newton-Raphson 法的求解要求,必须对这部分应力-应变关系进行修正。

　　弧长法(arc-length method)是 Newton-Raphson 法的一种替代算法[5]。如图 4-24 所示,弧长法在迭代过程中,每个载荷步内目标载荷是逐渐变化的,点 A、B_1、

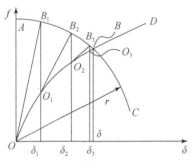

图 4-24　弧长法的求解过程

B_2、B_3、B 不是如图 4-23 中那样位于一条水平直线上,而是位于一个半径为 r 的圆弧上,通过迭代,载荷由 A 点,经 B_1、B_2、B_3 逐步逼近 B 点,位移则由 δ_1、δ_2、δ_3 逐步逼近 δ。由图 4-24 可知,只要在弧长范围内,载荷-位移曲线斜率变化不大,该算法总是能够保证比较快地收敛,同时对曲线的斜率没有 Newton-Raphson 法那样的特殊要求。

　　由于不知道数值计算结果的精确值,迭代计算过程中无法判断计算结果是否足够精确,因此数值计算的迭代过程需要一个指标,用以决定迭代过程何时结束,通常称为迭代过程的收敛准则。

　　对图 4-23 中的单自由度系统,最直观的收敛准则是通过判断迭代过程得到的计算结果序列 δ_1、δ_2、δ_3 是否逐渐接近,如果最后两次迭代的计算结果十分接近,差值小于预期的差值,就可以认为迭代过程已经达到了预期的计算精度,终止迭代过程,并将最后一次的计算结果作为最终的计算结果输出。这个收敛准则相当于判断式(4-30)中两次计算结果 δ_{k+1} 与 δ_k 的残差 $\Delta\delta$ 是否小于预期值 $\Delta\delta_{\text{Criterion}}$:

$$\Delta\delta = \left|\delta_{k+1} - \delta_k\right| < \Delta\delta_{\text{Criterion}} \tag{4-31}$$

　　预期值 $\Delta\delta_{\text{Criterion}}$ 可以直接给出,也可以通过参考值 $\Delta\delta_{\text{reference}}$ 与相对收敛精度 $c_{\text{tolerance}}$ 的乘积确定:

$$\Delta\delta_{\text{Criterion}} = \Delta\delta_{\text{reference}} c_{\text{tolerance}} \tag{4-32}$$

$\Delta\delta_{\text{reference}}$ 可以采用前一次迭代计算的预期值 $\Delta\delta_{\text{Criterion}}$,或者使用缺省值,再给定相对收敛精度 $c_{\text{tolerance}}$,就可以确定本次迭代的预期值。由于相对收敛精度 $c_{\text{tolerance}}$ 小于 1,预期值总是在逐渐减小,使得两次迭代计算的结果总是逐渐接近。

　　对于多自由度的系统,式(4-32)需改为用范数计算两次计算结果之间的差异。常用的范数有 2-范数、1-范数和 ∞-范数。以结点位移为例,基于 2-范数的收敛准则可以定义为

$$\left\|\Delta\delta\right\|_2 = \sqrt{\sum_{i=1}^{n}\Delta\delta_i^2} < \Delta\delta_{\text{Criterion}} \tag{4-33}$$

式中，$\Delta\delta_i$ 是第 i 个自由度的位移差；n 是自由度数。

基于 1-范数的收敛准则可以定义为

$$\left\|\Delta\delta\right\|_1 = \sum_{i=1}^{n}\left|\Delta\delta_i\right| < \Delta\delta_{\text{Criterion}} \tag{4-34}$$

基于 ∞-范数的收敛准则可以定义为

$$\left\|\Delta\delta\right\|_\infty = \max_{1\leqslant i\leqslant n}\left|\Delta\delta_i\right| < \Delta\delta_{\text{Criterion}} \tag{4-35}$$

除了用位移作收敛性评价的指标外，有限元分析中更多的是用载荷（结点力或者结点力矩）作为收敛性评价指标，通过判断最后两次迭代结果中结点力或结点力矩的差值是否小于预期的差值来决定是否终止迭代过程。

除了上述判断收敛性的指标外，还有一个指标就是迭代次数，用来确保迭代过程不会无限制持续下去。如果迭代过程不能在指定的迭代次数内收敛，程序会强行退出迭代过程。

图 4-25 是 ANSYS 的非线性收敛参数设置界面。在这个界面中，用户可以选择力作为收敛指标，也可以选择位移作为收敛指标，甚至可以同时选择位移和力作为收敛指标。当选择多个收敛指标后，计算过程的收敛意味着多个收敛指标都达到了收敛要求。缺省条件下，程序用 2-范数（L2 norm）判断迭代过程的收敛性。

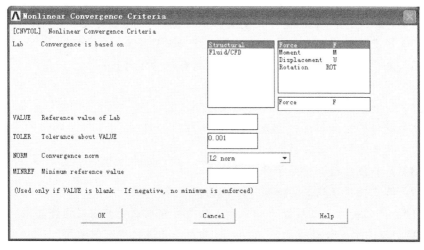

图 4-25　ANSYS 的非线性收敛参数设置

图 4-26 是 ANSYS 非线性计算过程的收敛曲线。图中的曲线有上下两条，都是以力作为收敛指标，上面的曲线是 L2 曲线，即 2-范数曲线，下面的是 CRIT 曲线，即预期值曲线。当 L2 曲线低于 CRIT 曲线时，意味着当前载荷子步的迭代过

程收敛，可以开始下一个载荷子步的迭代过程。如果 L2 曲线一直位于 CRIT 曲线上部，说明收敛情况不好，如果 L2 曲线逐渐向上偏离 CRIT 曲线，说明迭代过程趋于发散。

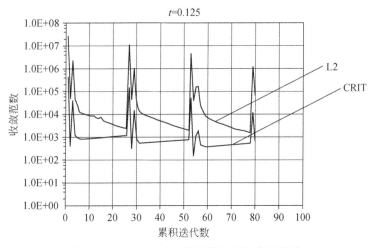

图 4-26　ANSYS 非线性计算过程的收敛曲线

练 习 题

（1）什么是材料的真应力-应变关系？与工程应力-应变关系有何不同？
（2）弹塑性的有限元分析中为什么不采用工程应力-应变关系？
（3）复杂应力状态下如何描述弹塑性材料的力学特性？
（4）材料的硬化形式有几种？
（5）说明不同材料硬化的后继屈服轨迹及其特点。
（6）材料的拉伸与压缩应力-应变曲线有何不同？
（7）什么是包辛格效应？
（8）第一强度理论适用于什么材料？
（9）第三强度理论与第四强度理论的差异是什么？
（10）什么是特雷斯卡应力和米泽斯应力？分别说明其应用场合。
（11）压力容器设计采用的强度校核准则与普通机械有何不同？
（12）什么是材料的后继屈服？
（13）讨论铸铁、陶瓷、玻璃这些脆性材料的特性及其本构关系的表达方式。
（14）讨论泡沫材料和橡胶材料的特性差异及其本构关系的表达方式。

参 考 文 献

[1] 徐芝纶. 弹性力学[M]. 4 版. 北京: 高等教育出版社, 2006.

[2] 苏翼林. 材料力学[M]. 北京: 高等教育出版社, 1987.

[3] 王世军, 杨超, 王诗义, 等. 基于真应力-应变关系的粗糙表面法向接触模型[J]. 中国机械工程, 2016, 27(16): 2148-2154.

[4] 刘锡礼, 王秉权. 复合材料力学基础[M]. 北京: 中国建筑工业出版社, 1984.

[5] ANSYS, Inc. Structural Analysis Guide[Z]. 2007.

第5章　机械动态性能的分析方法

　　静力分析只考虑不随时间变化的静态力对机械系统性能的影响，即静态力导致的结构应力、变形的改变，也称为静态性能分析。机械系统的动态性能分析则需要考虑速度、加速度对系统性能的影响，系统的受力除了静态力以外，还可以包含随时间变化的动态外力以及系统自身的阻尼力和惯性力。当速度、加速度对系统性能的影响不能忽略时，静态性能分析的结果与动态性能分析的结果就存在明显的差异，如高速转动的轴、齿轮、涡轮，受到的惯性离心力可以远大于自身重力甚至驱动力，结构性能分析中如果不考虑速度、加速度的影响，只做静力分析，将得不到正确的结论。此外，在高速的冲击、爆破以及物体的跌落分析中，需要考虑应力波在结构中传播的时间效应，只做静力分析也得不到正确的结论。另外，机械结构在工作过程中可能发生共振，如何在设计中准确地预测出结构的共振频率和共振的形态，是结构设计工程师的一个重要任务，这项工作不能依赖结构的静力分析结果，而是要通过动态性能分析实现。

　　机械系统动态性能分析方法可以分为瞬态分析方法和稳态分析方法两类。瞬态分析也称为时间历程响应（time history response）分析，简称时程分析，是通过求解动力方程

$$[M]\{\ddot{u}\} + [C]\{\dot{u}\} + [K]\{u\} = \{f(t)\} \tag{5-1}$$

考察结构的应力、变形随时间的变化。瞬态分析经常用于结构的跌落分析中，考察结构抗跌落冲击的能力，如手机外壳、产品包装箱等。此外，也用于武器设计中的爆炸、撞击、爆破过程的结构分析。在瞬态分析中，结构变形往往是随时间变化在结构中以应力波形式传播的，需要考察的时间极短。稳态分析考察的时间通常比较长，主要关注结构在稳态振动过程中的性能，特别是共振时的频率和形态。模态分析是一种主要的稳态分析方法。通过计算方法获得结构模态参数，如结构共振时的频率和振型，称为计算模态法；通过实物样机试验和相关的分析计算获得结构模态参数，称为试验模态法。计算模态法由于简便易行，成本低廉，在结构设计中应用广泛。利用有限元模型进行计算模态分析，是计算模态法的主要实施方法。

5.1　计算模态分析

　　在有限元分析中，可以利用有限元模型，通过计算模态法获取结构的固有

频率和振型，这在数学上对应于求取对称矩阵的特征值和特征向量。在结构阻尼不大的情况下，结构的固有频率与共振频率相当，振型则反映了结构共振时的振动形态，因此计算模态分析是了解机械结构振动特性的基础。在进行结构动力响应计算前，通常需要预先进行模态分析，以了解和估计结构的动力学性质，尤其是固有频率和振型，作为后续动力响应分析确定分析时间长度和时间步长的依据。

5.1.1　计算模态分析理论

机械结构无阻尼自由振动时的动力学方程为一个齐次线性方程组[1, 2]：

$$[M]\{\ddot{u}\} + [K]\{u\} = \{0\} \tag{5-2}$$

假定稳态的振动为简谐振动，则式（5-2）的解为

$$\{u\} = \{U\}\sin\omega t \tag{5-3}$$

式中，$\{U\}$ 为振动位移 $\{u\}$ 的幅值向量；ω 为固有频率。将式（5-3）的位移解代入式（5-2）的自由振动方程：

$$([K] - \omega^2[M])\{U\} = \{0\} \tag{5-4}$$

方程两边乘以质量矩阵的逆矩阵 $[M]^{-1}$：

$$([S] - \lambda[I])\{U\} = \{0\} \tag{5-5}$$

式中，系统矩阵 $[S] = [M]^{-1}[K]$；系统矩阵的特征值 $\lambda = \omega^2$；$[I]$ 是单位阵；幅值向量 $\{U\}$ 与特征值 λ 对应，称为特征向量。与特征值对应的固有频率 ω 也称为特征频率，由于负频率值没有工程意义，ω 不取负值，可以认为特征值与固有频率是一一对应的。特征值和固有频率的数量由结构的自由度决定，n 个自由度的系统，应该有 n 个特征值和固有频率。稳态振动时，振动的幅值向量 $\{U\}$ 不会为零向量，式（5-5）中 $\{U\}$ 的系数矩阵的行列式必须等于零：

$$\|[S] - \lambda[I]\| = 0 \tag{5-6}$$

式（5-6）称为频率方程或者特征方程。对于 n 阶系统，特征方程的展开式（5-6）是特征值 λ 的 n 次代数方程。如果系统的质量矩阵和刚度矩阵是正定的实对称阵，系统矩阵也将是正定的实对称阵，式（5-6）的特征值 λ 将会有 n 个正的实数解，即系统将会有 n 个固有频率。对于半正定的系统矩阵，特征值可以出现零解，表示系统约束不足，振动过程中可以出现刚体运动，即结构没有变形，只有空间位置上的整体漂浮、移动。特征值零解的数目等于结构在空间允许的刚体自由度数，对于三维结构，最多可以求得 6 个零频率解，即无约束的三维结构可以求得 6 个零频率解，结构的刚体运动被约束后将不会有零频率解。

由于数值解存在数值误差，理论上的零频率在数值上可能并不为零，如果计算误差较大，零频率的数值结果可以"显著地"不为零。这种数值"显著"不为零的频率值到底是误差较大的零频率，还是结构真实的固有频率，需要根据结构

特点和经验判断。

　　式（5-6）的特征方程可以有重根，这意味着与特征值 λ 对应的固有频率 ω 相等，n 个固有频率按照大小可以排成一个序列：

$$0 \leqslant \omega_1 \leqslant \omega_2 \leqslant \omega_3 \leqslant \cdots \leqslant \omega_n \tag{5-7}$$

　　按照连续介质力学理论，连续结构的自由度有无穷多个，相应的固有频率也应有无穷多个，式（5-7）中应有 $n \to +\infty$。连续结构的固有频率在数值上具有离散性，在数量上具有无限性。在有限元法中，连续结构被离散后，结构自由度不再是无穷多，固有频率的总数等于结构自由度的总数。

　　将式（5-7）中每个固有频率对应的特征值代入式（5-5），可以得到与相应的特征值对应的特征向量，即可以得到与固有频率 ω_i 对应的特征向量 $\{U_{\omega_i}\}$：

$$([S] - \omega^2[I])\{U_{\omega_i}\} = \{0\} \tag{5-8}$$

这里 $i = 1, \cdots, n$。式（5-8）是齐次方程，系数行列式为零时，特征向量 $\{U_{\omega_i}\}$ 中各元素线性相关，通过式（5-8）虽然不能求出特征向量 $\{U_{\omega_i}\}$ 中各个元素的数值，但是可以确定各个元素之间的比例关系。这表明结构在以频率 ω_i 共振时，结构上各点在振动过程中不论振动时振幅 $\{U_{\omega_i}\}$ 的大小如何，结构不同位置上的振幅总是保持确定的比例关系，这种特殊的振动形态与特定的固有频率 ω_i 对应，称为振型或者振型向量。振型向量中各个元素的取值没有绝对意义，只有相对意义，振型向量只反映振动的形态，不代表具体的振动幅值。一般把固有频率 ω_i 及其对应的振型 $\{U_{\omega_i}\}$ 合称为模态，计算模态分析就是通过求解式（5-6）和式（5-8）获得结构的固有频率和对应的振型。

　　机械结构的有限元模型可以有成千上万个自由度，相应地可以求得成千上万个固有频率和振型。模态理论认为，结构实际的振动形态可以看成是由这些成千上万的振型叠加在一起形成的，实际振动信号的频率成分中也包含与这些振型对应的固有频率。图 5-1 是工程上常用的周期方波信号及其频谱，图 5-2 是齿轮箱在工作时的振动信号[3]，图 5-3 是船用柴油机在工作时油管振动信号的自功率谱[4]，这些工程信号的频谱有一个共同的特征：随着频率的升高，频域的幅值有逐渐降低的趋势，这也是一般工程信号的共同特征，即存在固有频率越高，相应的振型对振动的贡献越小的趋势。阶数过高的振型对实际振动的影响很小，振动分析通常并不需要考虑全部的固有频率和振型。经验上，考虑频率最低的前三阶振型（不包括刚体运动的零频率）即可满足一般工程需要，考虑最低的 5～10 阶振型通常已经足够精确。这样，在利用具有几十万甚至几百万自由度的有限元模型进行模态分析时，也只需分析少量最低阶的模态，并不需要分析所有的模态。因此，在有限元的模态分析中，低阶模态的提取算法有重要的意义。

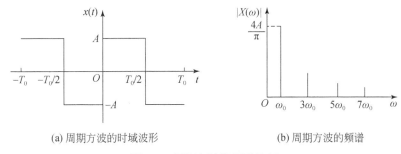

(a) 周期方波的时域波形　　　　　　　(b) 周期方波的频谱

图 5-1　周期方波的频谱特征

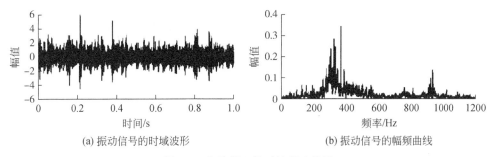

(a) 振动信号的时域波形　　　　　　　(b) 振动信号的幅频曲线

图 5-2　齿轮箱工作时的振动信号

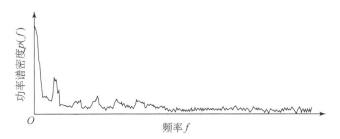

图 5-3　船用柴油机油管振动信号的自功率谱

5.1.2　特征值的求解方法

结构的计算模态分析在数学上归结为矩阵特征值和特征向量的求解[2, 5, 6, 7]。求解式（5-6）的特征值最直接的方法就是特征方程法，即把式（5-6）展开，得到特征值多项式：

$$\lambda^n + C_{n-1}\lambda^{n-1} + \cdots + C_1\lambda + C_0 = 0 \qquad (5-9)$$

通过求根公式求解式（5-9）即可得到特征值。特征方程法仅适用于 $n \leqslant 3$ 的低阶情况下的特征值解析求解，不是求解特征值的一般方法。对于 $n>3$ 的情况，可以对式（5-9）采用多项式数值迭代法求特征值的数值解，也可以采用其他方法求特征值的数值解。求解大型结构的特征值问题的方法很多，大致可分为矩阵变换法和迭代法两类。

1. 矩阵变换法

矩阵变换法是矩阵通过不同的变换转换成一个形式简单的、与原矩阵具有相同特征值且容易进行特征值求解的矩阵，然后求新矩阵特征值的方法。矩阵变换法主要有雅可比法、豪斯霍尔德法、斯特姆序列法、QR 法等很多不同的具体变换方法[6,7]。

雅可比法是求实对称矩阵全部特征值和特征向量的一种矩阵变换方法。它是通过构造一系列特殊形式的正交阵对实对称矩阵作正交变换，使得对角元素占比逐次增加，非对角元素变小。当非对角元素小到无足轻重时，可以近似认为对角元素就是原有矩阵的所有特征值。

当矩阵的阶数较高，非对角元素较稠密，且数值较大时，使用雅可比法的收敛速度降低，为了谋求更快更有效的算法，吉文斯提出了一个将实对角矩阵三对角化的方法，将矩阵三对角线外的元素利用正交变换逐一消除，称为吉文斯法，豪斯霍尔德改进了这一方法，将三对角线外的元素逐行消除，最后将矩阵三对角化，在三对角化的基础上进一步求出全部或部分特征值，这个方法称为豪斯霍尔德法。

斯特姆序列法通过斯特姆序列的性质，分离出每个特征值所在的区间，通过二分法或其他加速查找方法，逐步缩小特征值所在的分隔区间，最后得到所需的特征值。将矩阵三对角化后，用斯特姆排序法计算三对角矩阵的全部或部分特征值时效率更高。

20 世纪 60 年代出现的 QR 算法是目前计算中小型矩阵的全部特征值与特征向量的最有效方法之一。一般先用豪斯霍尔德变换得到一个三对角矩阵，然后将其分解成一个正交矩阵 Q 和一个上三角矩阵 R 的乘积。将矩阵进行 QR 分解后，通过迭代将矩阵转化为相似的上三角阵或分块上三角阵，进而求出矩阵的全部特征值与特征向量。

2. 迭代法

上述求解实特征值的方法——矩阵变换法可以求出系统的全部特征值，而迭代法主要用于求解大型系统的部分特征值，幂法、反幂法、子空间迭代法和兰乔斯法是目前常用的几种求解实特征值的迭代算法。由于机械结构通常只需要分析低阶的若干阶模态，不需要求出全部模态，迭代法在基于有限元法的模态分析中得到了广泛的应用。

迭代法经常与里兹向量法结合，构造出一些目前常用的大型矩阵的特征值求解迭代算法。里兹向量法是一种缩减自由度的方法，用于求解大型系统部分特征值的近似值[6,8,9]，最初用来求解地震的动力响应问题，后来袁明武等将其用于大型特征值问题的计算，使其成为一种重要的特征值求解算法。对于阶数超过 1000 的矩阵，子空间迭代法、里兹向量法和兰乔斯法是求解低阶特征值和特征向量的主要方法。迭代法求矩阵特征值存在的主要问题是可能出现漏根、多根、自由模态误判等，不能保证计算结果的完全准确、可靠。商业化的有限元软件通常会为模态分析提供多种不同的求解算法，以期通过比较不同算法的模态计算结果改善和提高模态分析结果的准确性和可靠性。即便如此，现有的有限元软件在进行模态分析时仍然可能出现丢失应有模态或者出现伪模态等现象。

幂法是由已知的非零向量和矩阵的乘幂构造一个新向量序列，通过迭代过程获得矩阵的模最大的特征值及其特征向量，也称为向量迭代法。该方法的优点是计算简单，容易实现，对稀疏矩阵较为合适，但有时迭代过程的收敛速度很慢。反幂法的求解过程类似，但求的是逆矩阵模最大的特征值及其对应特征向量，在低阶模态的提取过程中主要用来求模最小的特征值及其对应特征向量，也称为逆迭代法。这两种算法，尤其是反幂法，是构造很多大型特征值问题的迭代求解算法的基础。

子空间迭代法实质是由里兹向量法和逆迭代法有机结合组成的[10,11]。它的基本思想是，选择 m 个线性无关的初始向量，相继使用逆迭代法和里兹向量法进行迭代，求得系统前 m 阶特征解的近似值。其中逆迭代法的作用是，使 m 个迭代向量所张子空间 V_m 向前 m 阶持征向量所张子空间 E_m 逼近，里兹向量法的作用是使迭代向量正交化，并且当 V_m 很接近 E_m 时，用它就可求得较精确的前 m 阶特征解。由于是同时对几个特征向量进行迭代求解，因此又称为同时迭代法。在子空间迭代中，一般采用的正交化方法是里兹法，因此可以认为逆迭代法和里兹法的结合就是子空间迭代法。子空间迭代法是求解大型矩阵低阶特征值的重要方法之一，在有限元模态分析中有广泛的应用。

兰乔斯法产生于 20 世纪 50 年代[6,12,13]，其基本思想是用递推公式产生一个正交的矢量矩阵——兰乔斯矢量矩阵，然后通过兰乔斯矢量矩阵将原来对称矩阵的特征值问题变换成一个三对角矩阵的特征值问题。70 年代以前它被认为不稳定，在实际计算中应用不多。1972 年，Paige 证明了失去正交性的充分必要条件是其投影矩阵的特征值收敛到原矩阵的特征值。此后，Wilkinson 等提出了重正交化方案，Golub 提出了块兰乔斯法，Underwood 又提出了迭代兰乔斯法[12,13]。兰乔斯法本质上也是逆迭代法和里兹向量法结合的一种方法，不过结合的方式与子空间迭代法不同，可以使计算过程大大简化，甚至可以比子空间迭代法快 5~10 倍，成为近年来大型矩阵特征值计算的主要方法。

5.1.3　模态分析在机械工程中的应用

模态分析在机械结构的动力学性能分析中有广泛的应用，如结构的故障诊断，振动、噪声的减振、降噪，结构振动特性的预测，结构动力学性能的优化，等等。需要说明的是，基于式（5-2）的模态分析，要求系统是线性系统，即要求质量矩阵[M]和刚度矩阵[K]是常值矩阵，但是实际的机械结构可以是非线性的。对于非线性结构，不能用上述方法求结构模态，需要将结构简化成线性，或者采用非线性模态分析方法计算结构模态。

1. 低阶模态对车床加工精度的影响

图 5-4（a）是车床加工原理的示意图。切削过程中，由于电机的振动，车刀与工件之间的相互作用等因素的影响，可以使床身产生不同形式的振动，床身的不同振型对车削表面质量和加工精度有不同的影响，同时在设计时转动件的转速也应避免接近有害振型的振动频率。图 5-4（b）中的虚线是车床床身经常会出现的一种上弓振型，这种振型会导致加工过程中车刀与回转工件表面之间出现如图 5-4（c）所示的附加的上下相对运动。这种附加运动沿圆柱表面的上下切线方向，如果这种附加运动的振动幅值不大，通常不会对加工表面的质量和零件精度有显著的影响，因此是无害的，可以不做处理。对于图 5-4（d）所示的床身水平方向前后弯曲的振型，会引起车刀与工件之间产生如图 5-4（e）所示的水平相对运动。这种相对运动使得切削刃与工件轴线之间的水平距离不断发生变化，在工件的圆柱表面上产生图 5-4（f）所示的周向振纹，降低了表面质量。因此图 5-4（d）所示的振型对车床加工是有害的，在设计阶段应设法加以解决，如改变床身结构，提高床身前后弯曲的刚度等。另外，车床内部回转零件的转速也需远离该振型的振动频率。

2. 低阶模态对振动筛性能的影响

图 5-5 显示了一种振动筛的工作原理，筛子通过四个弹簧联接到底座上，筛子与倾斜的激振器联接，工作时激振器沿倾斜的方向激振装有沙子的振动筛，使其产生一个椭圆运动，实现筛沙子的功能。在这个结构的振动设计中，设计目标是让振动筛共振并产生一个如图所示的平动振型，从而获得最佳的筛沙效果。如果底座被固定，激振器的激振频率应当等于或者接近振动筛和振动弹簧构成的振动系统的固有频率。这个共振的设计目标与大部分机械需要减振降噪的设计目标相反。模态分析的任务是计算和考察振动筛-弹簧系统的低阶模态，选择合适的振型和激振频率，使筛沙效果最好。

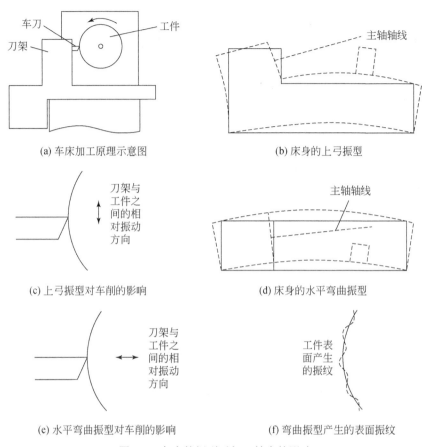

(a) 车床加工原理示意图　　　　　　　　　(b) 床身的上弓振型

(c) 上弓振型对车削的影响　　　　　　　　(d) 床身的水平弯曲振型

(e) 水平弯曲振型对车削的影响　　　　　　(f) 弯曲振型产生的表面振纹

图 5-4　车床的振型对加工精度的影响

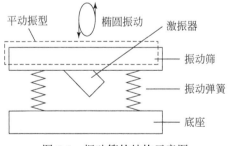

图 5-5　振动筛的结构示意图

5.2　试验模态分析

　　试验模态分析是通过试验方法测出结构振动的输入和输出信号，通过对信号的分析和参数的辨识确定结构模态参数的一种模态分析方法，是一种试验技术与计算技术相结合的模态分析技术[14,15]。工程问题中，机械结构的模态分析主要关心结构的固有频率和振型，它们与结构的共振频率和振动过程中的形态密切相关。模态理论认为，线性结构的实际振动形态，可以看作是各个振型的线性叠加。如图 5-6（a）所示，悬臂梁有多个不连续的固有频率，每一个固有频率对应一个振型，悬臂梁的实际振动形态是各个振型的叠加。通过参数辨识技术，可以将振动信号中包含的各个振型提取出来。如图 5-7 所示，如果振动本身就是单一的振型，不需要辨识即可得到振动的振型。这种单一的振动形态可以在模态试验中通过合理的激振方案获得，它是结构按某一共振频率共振时结构的振动形态。与振型对应的固有频率，可以通过图 5-6（b）所示的频响函数或者响应信号频谱中的共振峰对应的频率确定。

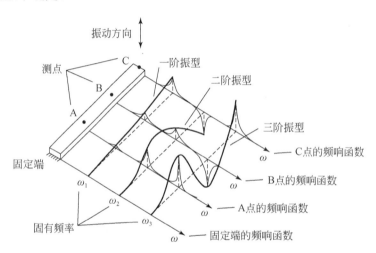

(a) 频响函数与固有频率和振型的关系

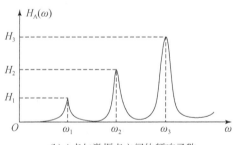

(b) A点与激振点之间的频响函数

图 5-6　基于频响函数的模态识别

　　与计算模态分析一样，试验模态分析也需要建立一个包含模态参数的线性方程组，不同之处是计算模态分析是通过矩阵变换或者迭代计算求出模态参数，试验模态分析则是利用激振信号和响应信号通过各种参数识别算法确定方程组中包

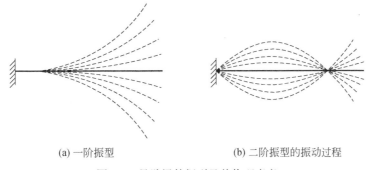

(a) 一阶振型　　　　　　　　　　　(b) 二阶振型的振动过程

图 5-7　悬臂梁的振型及其物理意义

含的模态参数。与计算模态分析方法相比，试验模态分析方法需要实物样机和相关的试验检测设备，分析所需的费用和时间远高于计算模态分析法，在机械结构的性能分析中多用于对计算模态分析结果的验证。

　　试验模态分析的实施过程可以分为四个步骤：建立测试系统、被测系统激励和响应信号的测量、模态参数的计算以及分析结果可靠性的验证。建立测试系统就是搭建测试系统，包括确定实验对象，选择激振方式，选择传感器，如力传感器和响应传感器，对搭建的测试系统进行校准。模态参数的计算是对测量、记录下来的被测系统的激励和响应信号进行数据拟合，然后估计、识别出系统的模态参数，如固有频率和振型等。受试验环境、试验仪器和试验方法等多种因素的影响，估计、识别出的系统模态参数可能存在较大的误差，甚至是虚假的系统模态参数，通常需要对估计、识别出的模态参数采用经验或者理论分析进行可靠性验证，提高试验结果的准确性、可靠性。

5.2.1　试验模态分析技术的起源、发展和现状

　　试验模态分析技术起源于 20 世纪 30 年代提出的机械阻抗技术。由于当时测试技术及计算水平的限制，在很长一段时间内发展非常缓慢。至 50 年代末，模态分析技术还只限于离散的稳态正弦激振方法。60 年代，随着测试硬件和计算机技术的进步，试验模态分析技术有了很大发展。70 年代初，Ibrahim 提出时域模态分析法——Ibrahim 时域（Ibrahim time domain，ITD）法，利用系统的自由衰减振动信号提取模态参数，后来提出的随机减量技术能够从系统工作时的在线信号提取自由衰减振动信息，使得时域法能够利用工作状态下的振动信号进行模态分析，实现在线试验模态分析。

　　至 70 年代中期，多点稳态正弦激振和单点激振的频响函数法成为比较成熟的试验模态分析方法。此后，许多新的试验激振方法不断出现，如脉冲、随机、伪随机等激振方法。70 年代末到 80 年代初，随着多通道数据采集技术及计算机小型化、高速度、大容量技术的进步，试验模态分析技术有了进一步的发展，一些

商业化的试验模态分析软件和系统开始出现。现在的试验模态分析工作虽然可以按照模态分析算法通过自行编写相关程序完成，但是更多的是依赖商业化的试验模态分析系统完成，如 LMS Test.Lab、DASP、DHMA、m+p 等。这些商业程序内部可以集成多达几十种不同的试验模态分析算法，给用户带来极大方便。

　　试验模态分析方法按照处理的信号特征一般分为频域法和时域法，频域法目前是应用最广泛的模态分析方法。在一些新的试验模态分析方法中，既涉及频域信号，又涉及时域信号，时域法和频域法呈现一种混合发展的趋势。根据模态试验中输入信号与输出信号的数量，试验模态分析方法也可以分为单入单出法（SISO）、单入多出法（SIMO）和多入多出法（MIMO），此外还提出了一些只需要响应数据，不需要输入数据的模态分析方法。在这些方法中，单入单出法通过不断变换测量和激振位置获得需要的输入输出数据，成本较低，但是数据一致性差。单入多出法采用一个激振器激振，多个传感器测量，信号的一致性好，是目前试验模态分析中的主要方法。多入多出法需要多个激振器同时激振，成本较高，主要用于大型复杂结构的试验模态分析。

5.2.2　频域试验模态分析原理

　　一个具有 N 个自由度的无阻尼系统有如下形式的动力学方程：

$$[M]\{\ddot{\delta}\}+[K]\{\delta\}=\{f(t)\} \tag{5-10}$$

　　假定 ω_r 是系统的第 r 阶固有频率，系统的特征向量 $\lambda_r=\omega_r^2$，$r=1,2,\cdots,N$。$\{\varphi_r\}$ 是与固有频率 ω_r 对应的振型（特征向量）。模态理论将线性系统的响应看作是系统各个振型的线性叠加：

$$\{\delta\}=\sum_{r=1}^{N}q_r\{\varphi_r\} \tag{5-11}$$

　　将式（5-11）代入无阻尼系统的动力学方程式（5-10）：

$$[M]\left(\sum_{r=1}^{N}\ddot{q}_r\{\varphi_r\}\right)+[K]\left(\sum_{r=1}^{N}q_r\{\varphi_r\}\right)=\{f(t)\} \tag{5-12}$$

左乘 $\{\varphi_s\}^{\mathrm{T}}$：

$$\{\varphi_s\}^{\mathrm{T}}[M]\left(\sum_{r=1}^{N}\ddot{q}_r\{\varphi_r\}\right)+\{\varphi_s\}^{\mathrm{T}}[K]\left(\sum_{r=1}^{N}q_r\{\varphi_r\}\right)=\{\varphi_s\}^{\mathrm{T}}\{f(t)\} \tag{5-13}$$

整理后得

$$\left(\sum_{r=1}^{N}\ddot{q}_r\{\varphi_s\}^{\mathrm{T}}[M]\{\varphi_r\}\right)+\left(\sum_{r=1}^{N}q_r\{\varphi_s\}^{\mathrm{T}}[K]\{\varphi_r\}\right)=\{\varphi_s\}^{\mathrm{T}}\{f(t)\} \tag{5-14}$$

由于系统的振型向量关于质量矩阵和刚度矩阵正交：

$$\{\varphi_s\}^{\mathrm{T}}[M]\{\varphi_r\} = \begin{cases} 0, & r \neq s \\ m_r, & r = s \end{cases}$$

$$\{\varphi_s\}^{\mathrm{T}}[K]\{\varphi_r\} = \begin{cases} 0, & r \neq s \\ k_r, & r = s \end{cases}$$

这样

$$m_r \ddot{q}_r + k_r q_r = \{\varphi_r\}^{\mathrm{T}}\{f\} \tag{5-15}$$

不难看出，当 $r = 1, 2, \cdots, N$ 时式（5-15）表示的各个方程是解耦的，每个方程代表一个独立的、不耦合的单自由度系统。如果激振力是简谐的：

$$\{f(t)\} = \{F_1 \quad F_2 \quad \cdots \quad F_N\}^{\mathrm{T}} \sin \omega t = \{F\} \sin \omega t \tag{5-16}$$

则线性无阻尼系统的强迫振动响应为

$$q_r = Q_r \sin \omega t \tag{5-17}$$

将式（5-17）的响应和式（5-16）的激振力代入式（5-15）的系统方程可得

$$(k_r - m_r \omega^2) Q_r = \{\varphi_r\}^{\mathrm{T}}\{F\} \tag{5-18}$$

即

$$Q_r = \frac{\{\varphi_r\}^{\mathrm{T}}\{F\}}{(k_r - m_r \omega^2)} \tag{5-19}$$

将式（5-19）代入式（5-17）：

$$q_r = \frac{\{\varphi_r\}^{\mathrm{T}}\{F\}}{(k_r - m_r \omega^2)} \sin \omega t \tag{5-20}$$

将式（5-20）代入式（5-11）：

$$\{\delta\} = \left(\sum_{r=1}^{N} \frac{\{\varphi_r\}^{\mathrm{T}}\{F\}\{\varphi_r\}}{(k_r - m_r \omega^2)} \right) \sin \omega t = \{\varDelta_1 \quad \varDelta_2 \quad \cdots \quad \varDelta_N\}^{\mathrm{T}} \sin \omega t \tag{5-21}$$

记

$$\{\varDelta\} = \{\varDelta_1 \quad \varDelta_2 \quad \cdots \quad \varDelta_N\}^{\mathrm{T}} = \left(\sum_{r=1}^{N} \frac{\{\varphi_r\}\{\varphi_r\}^{\mathrm{T}}}{(k_r - m_r \omega^2)} \right) \{F\} \tag{5-22}$$

如果只在 j 点施加幅值为 F_j 的简谐激振力：

$$\{F\} = \{0 \quad \cdots \quad 0 \quad F_j \quad 0 \quad \cdots \quad 0\}^{\mathrm{T}} \tag{5-23}$$

则

$$\{\varDelta\} = \sum_{r=1}^{N} \frac{\{\varphi_r\} \varphi_{jr} F_j}{(k_r - m_r \omega^2)} \tag{5-24}$$

任意一点 i 处的响应为

$$\varDelta_i = \sum_{r=1}^{N} \frac{\varphi_{ir} \varphi_{jr} F_j}{(k_r - m_r \omega^2)} \tag{5-25}$$

由此可得 i、j 之间的频响函数为

$$H_{ij}(\omega) = \frac{\varDelta_i}{F_j} = \sum_{r=1}^{N} \frac{\varphi_{ir}\varphi_{jr}}{(k_r - m_r\omega^2)} \tag{5-26}$$

式（5-26）也称为频域传递函数。$H_{ij}(\omega)$ 的下标 i、j 表示在结构上 j 点激励时，在 i 点产生的响应。考虑到线性系统的互异性：

$$H_{ij}(\omega) = H_{ji}(\omega) \tag{5-27}$$

因而有矩阵形式的频响函数为

$$\{\varDelta\} = [H]\{F\} \tag{5-28}$$

频响函数矩阵

$$[H] = \begin{bmatrix} H_{11} & H_{12} & \cdots & H_{1N} \\ H_{21} & H_{22} & \cdots & H_{2N} \\ \vdots & \vdots & & \vdots \\ H_{N1} & H_{N2} & \cdots & H_{NN} \end{bmatrix} \tag{5-29}$$

是个对称阵，其中的任意一行

$$\{H_{i1} \quad H_{i2} \quad \cdots \quad H_{iN}\} = \sum_{r=1}^{N} \frac{\varphi_{ir}}{(k_r - m_r\omega^2)}\{\varphi_{1r} \quad \varphi_{2r} \quad \cdots \quad \varphi_{Nr}\} \tag{5-30}$$

表示在结构上各个激振点激振，只在 i 点拾振获得的频响函数，并且每一个元素所代表的频响函数都是 N 个二阶频响函数的叠加，这一行频响函数实际上包含了各阶模态的所有模态参数和振型数据，即包含了模态分析所需要的全部信息。如果通过试验获得这一行的全部频响函数，可以通过调整式（5-30）等号右边中的模态参数和振型向量中的元素数值来拟合试验获得的频响函数，从而确定全部模态参数和振型向量，这一确定模态参数和振型向量的过程，称为模态识别，其本质是一个参数辨识过程。模态识别过程中采用不同的参数辨识方法，可以产生不同的模态识别算法。这种基于频响函数矩阵一行元素进行单点拾振，多点激振的模态参数识别方法，是试验模态分析中常用的一种方法，具体原理如图 5-8 所示。

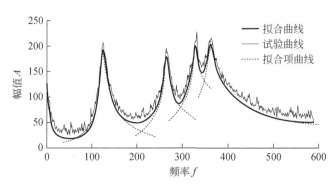

图 5-8　试验模态分析的原理

　　图 5-8 中的试验曲线是通过试验获得的某个激振点激振时的频响函数曲线。调整式（5-30）中的模态参数 k_r 和 m_r，可以改变各个二阶系统频响函数虚线的形状，即图 5-8 中的拟合项曲线，使得式（5-30）中与试验对应的激振点的频响函数曲线（图 5-8 中的拟合曲线）逐渐逼近试验曲线。当所有激振点的频响函数都用这种方法逼近（拟合）后，就可以获得最优的系统模态参数 k_r 和 m_r，系统的各阶固有频率按单自由度系统的固有频率计算，即

$$\omega_{\mathrm{n}r} = \sqrt{\frac{k_r}{m_r}}$$

由于频响函数矩阵$[H]$存在对称性，矩阵的任意一列频响函数

$$\left\{ \begin{array}{c} H_{1j} \\ H_{2j} \\ \vdots \\ H_{Nj} \end{array} \right\} = \sum_{r=1}^{N} \frac{\varphi_{jr}}{(k_r - m_r \omega^2)} \left\{ \begin{array}{c} \varphi_{1r} \\ \varphi_{2r} \\ \vdots \\ \varphi_{Nr} \end{array} \right\} \tag{5-31}$$

也包含了模态分析所需要的全部信息。不同的是，这一列频响函数的获得，需要通过一个固定点 j 激振，在多个拾振点拾振的方式获得，这也是试验模态分析的一种常用方法。

　　基于频响函数行或者列的模态辨识方法没有规定激振或者响应测量的同时性，多点的激励或者响应的测量可以同时实现，也可以轮流实现。同时进行多点激励或响应测量，可以获得较好的数据一致性和较高的工作效率，但是需要较多的传感器、激振器以及测量仪器的并行通道，成本较高。相反，轮流激振或者拾振的方法，可以使用一个测量响应的拾振传感器和测量激振的力传感器以及一个激振器完成试验，使用的传感器、激振器、测量通道数量最少，在试验模态分析中有广泛的应用。

　　对于有阻尼的系统，其动力学方程为

$$[M]\{\ddot{\delta}\} + [C]\{\dot{\delta}\} + [K]\{\delta\} = \{f(t)\} \tag{5-32}$$

如果阻尼是比例阻尼（瑞利阻尼）：

$$[C] = \alpha[M] + \beta[K] \tag{5-33}$$

则系统的模态参数和振型向量也可以通过类似无阻尼系统拟合频响函数行或者列的方法确定。

5.2.3　试验模态分析过程

　　图 5-9 是常用的机械结构试验模态分析系统的组成示意图。图中的系统大致可以分为试验测试和模态识别两个部分。试验测试部分是用来获取被测结构的激振信号和响应信号的试验系统，模态识别部分则是利用计算机软件对测试信号进

行处理，识别出所需的模态参数。试验测试部分又可以分为被测结构、支撑系统、激振系统和检测系统三部分。试验测试部分在硬件安装完成后，需要经过试验确认试验测试系统能够正常工作，获得的数据能够满足要求，然后将获得的试验数据保存到计算机上，供模态识别软件使用。

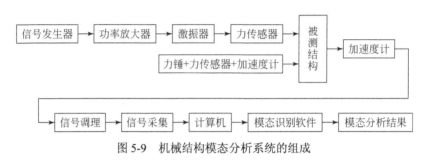

图 5-9　机械结构模态分析系统的组成

机械结构的激振，常用的有两种方式，一种是稳态激振，另一种是冲击激振。稳态激振一般采用电磁激振器，由信号发生器产生频率随时间变化的等幅扫频信号，信号频率由低到高，在指定范围内逐渐变化，信号由功率放大器放大后输出给激振器，由固定好的激振器激励被测结构。为了检测激振力信号，激振器与被测结构之间需要安装力传感器。冲击激振一般采用力锤，在锤头上安装有力传感器，可以测量冲击力，如果需要测量激振点的响应，还可以增加加速度计。力锤结构简单，使用方便，可以产生时间极短的脉冲冲击信号，这种信号在频域上是个宽频的等幅信号，可以替代稳态激振的等幅扫频信号，节省扫频需要的时间，有较高的工作效率，也不需要结构复杂、成本较高的电磁激振器，在机械结构的试验模态分析中是一种常用的激振方式。

被测结构在试验时的支撑刚度对结构振动的幅值和频率有影响，反应在模态分析中，即会增加与支撑相关的共振频率和振型。为了排除支撑的影响，需要用较软的支撑方式，支撑刚度远小于结构的刚度，这样在振动信号中可以显著地将支撑刚度相关的模态与结构本身的模态区分开来。实际的支撑结构经常采用刚度很低的弹簧、橡胶垫支撑，或者用橡皮筋将被测结构悬吊起来。

对于机械结构的振动，由于难以找到不振动的基础作为测量基准，振动的测量量一般不是位移，而是加速度，因此在模态分析中测量振动响应的传感器是加速度计，测量的是结构表面的加速度，这与有限元模态分析用位移表示的振型在物理意义上并不一致。由于振型的位移没有绝对意义，经过无量纲处理的位移振型和加速度振型可以认为是相同的。此外，通过位移信号获得的共振频率与通过加速度信号获得的共振频率相同，通过加速度计测量结构的响应与测量结构的位移响应相当，但是可以避免寻求静止的位移测量基准的难题。

加速度计一般采用压电式结构，测量获得的信号需要经过电荷放大器放大，将电荷信号转换成电压信号，这一过程属于信号调理过程。调理过后的信号就可以送给信号采集设备将其由模拟信号转换成数字信号，通过 I/O 接口输入计算机保存，然后由模态识别软件从数据中提取模态数据后输出。机械工程中主要关心被测结构的共振频率和振型，共振频率可以通过数据表输出，振型则可以以振型图、振型动画形式输出。

5.2.4　时域试验模态分析

频域模态分析方法已经发展得较为成熟，是目前试验模态分析的主要方法。频域方法的主要缺点是对大阻尼系统、短记录情况下，模态参数的识别效果较差，同时，频域法因为要求频响函数的原因，还需要知道输入的激振力，但是某些条件下，机械结构受到的载荷难以直接测量，如工作条件下结构受到的激振力，已经安装、无法拆卸的结构，以及难以有效激振的超大型结构等。

时域法直接利用系统的响应信号，如自由振动响应、单位脉冲响应等，直接进行模态参数识别，不需要激振信号。时域法可以直接利用结构在工作状态下的振动响应信号进行模态分析，这对于难以测量激振信号的情况有很重要的意义。此外，时域法不仅适用于小阻尼系统，也适用于大阻尼系统。对于大阻尼系统，自由振动的响应时间很短，频域法进行傅里叶变换后数据误差较大，分析精度较低，时域法则不存在这方面的问题。对于模态耦合程度较高的密集模态系统，频域法的模态参数识别效果较差，时域法则不受模态耦合程度的限制，可以直接估计出模态参数。

时域法目前存在的主要问题是模态参数的识别精度较低，对响应信号中的噪声比较敏感，容易引起虚假模态。由于没有输入数据，通常不能求得完整的模态参数，只能获得模态频率、模态阻尼和振型，但是对于大多数机械工程问题，求得所需的共振频率和振型，已经能够满足大部分工程需要。

时域模态参数识别方法可以分为两类：一类是结构动力学基础上发展起来的ITD 法，该方法通过求解特征方程获得模态参数，利用最小二乘法提高分析精度。另一类是从自动控制工程和信息工程中引入的方法，如 ARMA 时序法，卡尔曼滤波法等。除上述几种方法外，常见的时域模态参数识别方法还有时域复指数拟合法、时域最小二乘迭代法、最小二乘复指数法(LSCE)、多参考点复指数法(PRCE)、特征系统实现法（ERA）等。

5.3　瞬态响应分析

模态分析主要用于分析机械结构的稳态振动性质，特别是与共振相关的动力学性质，主要关心结构的固有频率和振型。瞬态响应分析也称为时间历程分析，主要用于分析短时间内的结构动力响应，如机械结构的冲击、跌落、碰撞、爆炸特性，主要关心结构的应力、变形随时间的变化情况。

与模态分析不同的是，瞬态分析首先要确定分析的时间区间和时间步数，程序将按照给定的时间区间和时间步数求出每个时间点上的应力、变形等数据。时间步数的确定，是一个时间离散过程，与网格划分的空间离散过程类似，时间点越多，计算结果的时间连续性越好，计算精度越高。由于每个时间点的计算相当于一次静力计算，时间点越多，计算量越大。选择合理的计算时间长度和时间步数，是瞬态动力计算首先要解决的问题，这通常需要经过多次试算，对计算结果的准确性、合理性进行比较、评估后确定。

有限元分析中使用的瞬态响应分析方法有很多[7, 16-18]，常用的有振型叠加法和差分法。差分法将方程中的微分项改写成近似的差分格式，从而求解。差分法求解动力学方程的方法有很多，目前在有限元分析中常用的有中心差分法和Newmark 法。

5.3.1 振型叠加法

振型叠加法也称为模态叠加法，是一种利用模态分析结果求解动力响应的方法。这个方法要求在动力响应求解之前进行一次模态求解，利用振型向量将式(5-1)所示的物理坐标下的相互耦合的动力方程变换到模态坐标下，形成一组解耦的、可独立求解的动力方程，然后求出每个解耦后的动力方程的时间响应，将其变换回物理坐标后就可以得到结构的动态响应。

对于式（5-2）所示的无阻尼动力学系统，通过模态分析可以求出与各阶固有频率对应的振型向量，如果将各阶振型向量写成矩阵形式$[\Phi]$，则振型矩阵$[\Phi]$可以将式（5-1）所示的有阻尼动力学系统在物理坐标下的质量矩阵$[M]$、阻尼矩阵$[C]$和刚度矩阵$[K]$变换到模态坐标下：

$$\begin{cases} [\Phi]^{\mathrm{T}}[M][\Phi]=[M_{\mathrm{p}}] \\ [\Phi]^{\mathrm{T}}[C][\Phi]=[C_{\mathrm{p}}] \\ [\Phi]^{\mathrm{T}}[K][\Phi]=[K_{\mathrm{p}}] \end{cases} \quad (5\text{-}34)$$

由于振型向量的正交性，在模态坐标下，质量矩阵$[M_{\mathrm{p}}]$和刚度矩阵$[K_{\mathrm{p}}]$都是对角阵，如果阻尼是瑞利阻尼，则阻尼矩阵$[C_{\mathrm{p}}]$也将是对角阵：

$$\begin{cases} [M_{\mathrm{p}}]=\mathrm{diag}[m_{\mathrm{p}i}] \\ [C_{\mathrm{p}}]=\mathrm{diag}[c_{\mathrm{p}i}] \quad , \quad i=1,\cdots,N \\ [K_{\mathrm{p}}]=\mathrm{diag}[k_{\mathrm{p}i}] \end{cases} \quad (5\text{-}35)$$

其中，$m_{\mathrm{p}i}$、$c_{\mathrm{p}i}$和$k_{\mathrm{p}i}$分别是与自由度i对应的模态质量、模态阻尼和模态刚度；N

是系统的自由度数。这样，将物理坐标 $\{u\}$ 与模态坐标 $\{q\}$ 之间的变换关系

$$\{u\} = [\boldsymbol{\Phi}]\{q\} \tag{5-36}$$

代入式（5-1）中并左乘 $[\boldsymbol{\Phi}]^{\mathrm{T}}$，根据式（5-34）可以得到解耦的模态坐标下的动力学方程：

$$[M_{\mathrm{p}}]\{\ddot{q}\} + [C_{\mathrm{p}}]\{\dot{q}\} + [K_{\mathrm{p}}]\{q\} = [\boldsymbol{\Phi}]^{\mathrm{T}}\{f(t)\} \tag{5-37}$$

由于方程组中的各个方程互不耦合，各自独立，因此可以对每一个方程

$$m_{\mathrm{p}i}\ddot{q}_i + c_{\mathrm{p}i}\dot{q}_i + k_{\mathrm{p}i}q_i = \{\varphi_i\}\{f(t)\} \tag{5-38}$$

采用杜阿梅尔积分（Duhamel integral）单独求解时刻 t 的响应：

$$q(t) = \frac{1}{m_{\mathrm{p}i}\omega_{\mathrm{d}}} \int_0^t f_{\mathrm{p}}(\tau) \mathrm{e}^{-\xi\omega_{\mathrm{n}}(t-\tau)} \sin[\omega_{\mathrm{d}}(t-\tau)]\mathrm{d}\tau \tag{5-39}$$

其中

$$f_{\mathrm{p}}(\tau) = \{\varphi_i\}\{f(\tau)\}$$

$$\xi = \frac{c_{\mathrm{p}i}}{2m_{\mathrm{p}i}\omega_i}$$

$$\omega_{\mathrm{d}} = \omega_i\sqrt{1-\xi^2}$$

式中，$\{\varphi_i\}$ 是与第 i 阶固有频率 ω_i 对应的特征向量。在求出模态坐标下的位移解 $\{q\}$ 以后，再通过式（5-36）的模态坐标与物理坐标之间的变换关系变换到物理坐标下，即可得到式（5-1）的物理坐标下的位移响应：

$$\{u\} = \{u(t)\}$$

振型叠加法需要事先进行模态分析，因此要求模型是线性的。振型叠加法的求解过程只涉及线性的坐标变换和单自由度方程的求解，比直接求解相互耦合的物理坐标下的动力方程效率高。

5.3.2　中心差分法

中心差分法是求解差分方程的线性加速度法的一种改进形式，是以 LS-DYNA 程序为代表的显式动力学分析程序的核心算法，主要用于求解跌落、碰撞、冲击、爆炸等具有强烈非线性的瞬态冲击问题。

对于式（5-1），可以简记为

$$M\ddot{U} + C\dot{U} + KU = R \tag{5-40}$$

用中心差分法求解上述方程时，采用中心差分格式代替微分：

$$\begin{cases} \ddot{U}_t = \dfrac{1}{\Delta t^2}(U_{t-\Delta t} - 2U_t + U_{t+\Delta t}) \\[2mm] \dot{U}_t = \dfrac{1}{2\Delta t}(U_{t+\Delta t} - U_{t-\Delta t}) \end{cases} \tag{5-41}$$

其中，下标 t 表示时刻；Δt 是时间增量，即时间步长。考虑到

$$\begin{cases} U = U_t \\ R = R_t \end{cases}$$

式（5-40）可以改写成离散时间的形式：

$$\hat{M}U_{t+\Delta t} = \hat{R} \qquad\qquad (5\text{-}42)$$

其中

$$\begin{cases} \hat{M} = \dfrac{1}{\Delta t^2}M + \dfrac{1}{2\Delta t}C \\ \hat{R} = R_t - \left(K - \dfrac{2}{\Delta t^2}M\right)U_t - \left(\dfrac{1}{\Delta t^2}M - \dfrac{1}{2\Delta t}C\right)U_{t-\Delta t} \end{cases}$$

如果已知 t 时刻的位移 U_t 和 $t-\Delta t$ 时刻的位移 $U_{t-\Delta t}$，求解式（5-42）可以得到 $t+\Delta t$ 时刻的位移 $U_{t+\Delta t}$，将 $U_{t+\Delta t}$ 代入几何方程和物理方程，可得 $t+\Delta t$ 时刻的应力和应变。

式（5-42）中，如果 $\hat{M}$ 是对角阵，式（5-42）是解耦的，可以对其中的每一个方程逐个求解，用小内存求解大问题，这就要求质量矩阵 M 采用集中质量阵，阻尼矩阵 C 采用对角阵。

由式（5-42）可以看出，中心差分法在求解 $t+\Delta t$ 时刻的位移 $U_{t+\Delta t}$ 时，只需 t 时刻的位移 U_t 和 $t-\Delta t$ 时刻的位移 $U_{t-\Delta t}$，以及 t 时刻的载荷 R_t，式（5-42）在时间序列上是一种显式格式，因此这种求解微分方程的方法称为显式方法。

中心差分法的计算过程是条件稳定的，要求时间步长 Δt 小于一个稳定的临界值 Δt_{cr}，这个临界值由模型的最高阶固有频率 f_N 确定：

$$\Delta t \leqslant \Delta t_{cr} = \frac{1}{\pi f_N} = \frac{2}{\omega_N}$$

ω_N 是用角频率表示的最高阶固有频率，有

$$\omega_N = 2\pi f_N$$

并且最高阶特征值

$$\lambda_N = \omega_N^2$$

临界值 Δt_{cr} 由模型的最高阶固有频率 f_N 确定，过高的 f_N 将导致过小的 Δt_{cr}，故在有限元模型中采用适当少而均匀的网格对保持合理的临界时间步长是有利的。因此，基于中心差分法的显式分析在网格划分时需要控制最小单元边的尺度，并且尽量避免使用密度不一致的网格，从而避免在网格疏密过渡区域产生过小的单元边。

5.3.3　Newmark 法

Newmark 法也称为 Newmark β 法，是线性加速度法的一种改进形式。与中心差分法不同，Newmark 法是一种隐式方法，是无条件稳定的，时间步长可以比较

大，是目前有限元分析中用于求解大型动力方程的一种主要的隐式方法。

Newmark 法假定在时间间隔 $[t, t+\Delta t]$ 加速度线性变化，即采用如下假定计算 $t+\Delta t$ 时刻的速度和位移：

$$\begin{cases} \dot{U}_{t+\Delta t} = U_t + [(1-\delta)\ddot{U}_t + \delta\ddot{U}_{t+\Delta t}]\Delta t \\ U_{t+\Delta t} = U_t + \dot{U}_t\Delta t + \left[\left(\frac{1}{2} - \alpha\right)\ddot{U}_t + \alpha\ddot{U}_{t+\Delta t}\right]\Delta t^2 \end{cases} \tag{5-43}$$

式（5-43）中 α 和 δ 是两个参数，可以按积分精度和稳定性要求调整。由此可以得到类似式（5-42）的时间离散的差分方程：

$$\hat{K}U_{t+\Delta t} = \hat{R}_{t+\Delta t} \tag{5-44}$$

其中

$$\begin{cases} \hat{K} = \dfrac{1}{\alpha\Delta t^2}M + \dfrac{\delta}{\alpha\Delta t}C + K \\ \hat{R}_{t+\Delta t} = R_{t+\Delta t} + M\left[\dfrac{1}{\alpha\Delta t^2}U_t + \dfrac{1}{\alpha\Delta t}\dot{U}_t + \left(\dfrac{1}{2\alpha} - 1\right)\ddot{U}_t\right] \\ \qquad\qquad + C\left[\dfrac{\delta}{\alpha\Delta t}U_t + \left(\dfrac{\delta}{\alpha} - 1\right)\dot{U}_t + \Delta t\left(\dfrac{\delta}{2\alpha} - 1\right)\ddot{U}_t\right] \end{cases}$$

对式（5-44）求解，即可得到 $t+\Delta t$ 时刻的位移 $U_{t+\Delta t}$。

需要注意的是，式（5-44）在时间序列上与式（5-42）不同。式（5-44）等号右边项不仅包含 t 时刻的位移、速度和加速度，还包含 $t+\Delta t$ 时刻的载荷 $R_{t+\Delta t}$，方程在时间序列上是一个隐式方程，需要通过迭代求解。

此外，式（5-44）中的等效的刚度矩阵 $\hat{K}$ 与式（5-42）中的等效的刚度矩阵 $\hat{M}$ 存在明显差异，即 $\hat{M}$ 矩阵可以是对角阵，这给方程组的求解带来极大方便，$\hat{K}$ 由于包含有结构刚度矩阵 K，$\hat{K}$ 无法写成对角阵形式，方程的求解需要采用迭代方法，计算量比中心差分法大。

当参数 δ 和 α 满足

$$\begin{cases} \delta \geqslant 0.5 \\ \alpha \geqslant 0.25(0.5 + \delta)^2 \end{cases}$$

时，Newmark 法是无条件稳定的，即时间步长 Δt 不影响数值计算的稳定性，只影响解的精度，因此 Newmark 法可以使用比中心差分法大得多的时间步长。

5.3.4 不同瞬态分析方法的特点

振型叠加法的计算效率最高，但只能用于线性问题的求解。中心差分法虽然在方程求解中计算量比 Newmark 法小，但是由于受到计算步长的限制，实际的计算效率与 Newmark 法相比并不占优势。

Newmark 法获得的动力学方程是相互耦合的，式（5-44）的求解过程涉及矩阵的求逆，要求等效的刚度矩阵 $\hat{K}$ 不能奇异，对于高度非线性问题，有时无法保证收敛。中心差分法则更适于高度非线性问题，如碰撞、高速冲击、爆炸等。Newmark 法由于可以使用较大的时间步长，更适于低频占主导的动力问题，以获得较长时间内的响应，中心差分法则适于计算短时间内的响应。

Wilson-θ 法是 Wilson 提出的一种隐式算法，也属于一种改进的线性加速度方法。当参数 $\theta \geqslant 1.37$ 时，Wilson-θ 法是无条件稳定的，即随着时间步长的增加，数值解不会变成无穷大。Wilson-θ 法在很长一段时期都是有限元隐式分析的一种主要方法，甚至一度有取代 Newmark 法的趋势。近年来的工程应用和相关研究发现，Wilson-θ 法获得的位移、速度、加速度并不满足 $t+\Delta t$ 时刻的运动方程，Wilson 本人不再推荐使用，有限元分析中也逐渐不再使用这种方法求解大型结构的动力响应。

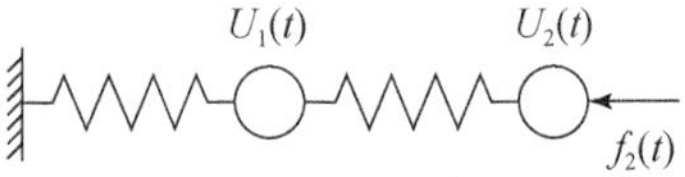

图 5-10 是一个两自由度的弹簧-质量系统，动力方程为

图 5-10　两自由度弹簧-质量系统

$$\begin{bmatrix} 2 & 0 \\ 0 & 1 \end{bmatrix} \ddot{U} + \begin{bmatrix} 6 & -2 \\ -2 & 4 \end{bmatrix} \dot{U} = \begin{Bmatrix} 0 \\ f(t) \end{Bmatrix}$$

其中

$$f(t) = \begin{cases} 0, & t < 0 \\ 10, & t \geqslant 0 \end{cases}$$

计算时假定初始位移和速度均为 0。图 5-11 是采用几种不同的动力响应分析方法求得的图 5-10 中右端质点的动力响应[18]，其中振型叠加法由于采用解析形式的精确积分，计算结果是精确解，Newmark 法和中心差分法的结果与振型叠加法的

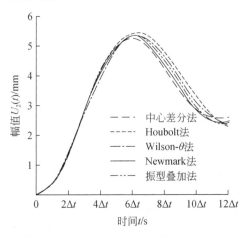

图 5-11　不同动力响应算法的结果比较

结果非常接近。由图中还可以看出，随着时间步的增加，各种近似算法的结果逐渐偏离精确解，计算误差逐渐增大，Newmark 法和中心差分法的结果也同样逐渐偏离振型叠加法的结果。进一步的计算分析表明，这种动力计算结果随分析时间的增长逐渐偏离精确解的现象与每个时间步的误差累积有关，动力方程在时间离散时采用比较小的时间步长能够减小计算误差，但是误差累积效应总是存在，因此 Newmark 法和中心差分法这类数值计算方法并不适合计算长时间、多周期的动力响应问题。

练 习 题

（1）什么是机械的动态性能分析？

（2）机械结构模态分析的主要目的是要获得哪两类参数？

（3）为什么说模态分析是了解机械结构振动特性的基础？

（4）模态分析包含哪两种类型？

（5）计算模态分析的数学本质是什么？

（6）试验模态分析的原理是什么？

（7）计算模态分析的结果与结构上施加的载荷有关系吗？

（8）计算模态分析与试验模态分析各有什么特点？请举例说明。

（9）模态分析在机械设计中有何应用？请举例说明。

（10）非线性的有限元模型能否进行计算模态分析？

（11）试验模态的结果不一定是正确的，计算模态也是如此，为什么？

（12）模态分析与瞬态分析有什么关系？

（13）瞬态分析方法都是近似的？

（14）碰撞分析也可以用 Newmark 法完成？

（15）流体流动也可以用 SPH 法模拟？

（16）动力方程的求解算法实际上是差分法？

（17）Wilson-θ 法存在什么问题？

（18）模态叠加法求动力响应前为什么需要做模态分析？

（19）有限元动力分析中的显示算法实际就是中心差分法，对吗？

（20）有限元动力分析中的隐式算法主要是 Newmark 法，对吗？

（21）有限元动力分析既可以用隐式算法，又可以用显式算法？

（22）什么是隐式算法？有什么特点，代表性算法有哪些？

（23）什么是显式算法？有什么特点？代表性的软件有哪几个？

（24）显示算法的时间步长如何确定？

（25）隐式算法与显式算法的结果有什么差异？

（26）显式算法的稳定性如何？隐式算法呢？

（27）时间较长的瞬态分析采用什么算法比较合适？

（28）爆炸、冲击问题的分析采用什么算法比较合适？

（29）显式算法和隐式算法对单元的尺度有什么要求？

（30）显式算法和隐式算法哪一种计算效率高？为什么？

参 考 文 献

[1] 同济大学数学系. 线性代数[M]. 5 版. 北京: 高等教育出版社, 2007.

[2] 许本文, 焦群英. 机械振动与模态分析基础[M]. 北京: 机械工业出版社, 1998.

[3] 杨德斌, 杨聚星, 阳建宏, 等. 基于声信号分析的齿轮故障诊断方法[J]. 北京科技大学学报, 2008, 30(4): 436-440.

[4] 黄长艺, 严普强. 机械工程测试技术基础[M]. 2 版. 北京: 机械工业出版社, 1999.

[5] 威尔金森 J H. 代数特征值问题[M]. 北京: 科学出版社, 2001.

[6] 宫玉才, 周洪伟, 陈璞, 等. 三种常用固有振动特征值解法的比较[C]. 全国结构动力学学术研讨会, 海口. 2005: 172-179.

[7] 陈玲莉. 工程结构动力分析数值方法[M]. 西安: 西安交通大学出版社, 2006.

[8] WILSON E L, YUAN M W, DICKENS J M. Dynamic analysis by direct superposition of Ritz vectors[J]. Earthquake Eng Struct Dyn, 1982: 813-832.

[9] YUAN M W, CHEN P, XIONG S J, et al. The WYD method in large eigenvalue problems[J]. Engineering Computations, 1989, 6: 49-57.

[10] CLINT M, JENNINGS A. The evaluation of eigenvalue and eigenvectors of real symmetric matrices by simultaneous iteration[J]. The Computer Journal, 1970, 13(1): 76-80.

[11] BATHE K J, WILSON E L. Large eigenvalue problems in dynamic analysis[J]. Journal of the Engineering Mechanics Division, 1972, 98(6): 1471-1485.

[12] GOLUB G H. Some Uses of Lanczos Algorithm in Numerical Linear Algabra[C]. Topics in Numerical Analysis, Dublin, 1972: 173-194.

[13] UNDERWOOD R. An Iterative Block Lanczos Method for the Solution of Large Sparse Symmetric Eigenproblems [D]. Stanford, CA: Stanford University, 1975.

[14] 管迪华. 模态分析技术[M]. 北京: 清华大学出版社, 1996.

[15] 李德葆, 陆秋海. 实验模态分析及其应用[M]. 北京: 科学出版社, 2001.

[16] 张昭, 蔡志勤. 有限元方法与应用[M]. 大连: 大连理工大学出版社, 2011.

[17] 尹飞鸿. 有限元基本原理及应用[M]. 北京: 高等教育出版社, 2010.

[18] 巴斯 K J. 工程分析中的有限元法[M]. 傅子智, 译. 北京: 机械工业出版社, 1991.

第6章　机械结构的建模方法

机械结构的有限元分析主要涉及以下几个方面：确定分析类型和分析目标，实际结构的简化和等效，模型的边界条件和载荷，选择单元类型和材料模型等。对同一个问题，不同的分析人员采用的建模方案往往并不完全相同，得到的结论，尤其是计算结果，也不会完全相同。

有限元分析的第一步是确定分析类型和分析目标，这是有限元建模过程中的重要内容。有限元分析软件的求解器，通常能进行结构的静力分析、瞬态动力学分析、模态分析、谐响应分析和谱分析等几种有限类型的计算，工程中遇到的实际问题往往各不相同，各有各的特点，有限元建模过程中，需要将具体的工程问题归纳、总结成有限元求解器能够求解的形式，即确定分析类型和分析目标。例如，机械结构在工作中发生断裂，首先要分析断裂的可能原因，如结构的静强度不够，工作中出现意外的冲击过载，或者工作过程中发生共振，然后在有限元分析中采用静态分析、瞬态分析或者模态分析，考察结构在静态载荷作用下应力是否超标、冲击载荷下结构应力是否超标或者结构低阶模态的固有频率和振型是否与发生断裂时的工况一致，由此确定断裂原因，进而提出改进措施。确定分析类型和分析目标，除了依赖专业知识和对现场工况的认识和了解以外，还需要工作经验的积累，是一个猜测和尝试的过程，可能需要多次的试算和分析才能确定合适的分析类型和分析目标。

对于静力分析，除了需要在模型上施加合理的载荷以外，还要求模型具有足够的边界约束条件，保证模型的空间位置具有确定性。对于模态分析和瞬态动力学分析，虽然求解过程并不要求充分的边界条件，但是基于模型的合理性，合理、充分的边界条件仍然是需要的。

商业化的有限元软件通常能够提供多达几百种不同类型的单元供用户使用。在一个有限元模型中具体使用哪几种类型的单元，需要分析人员做出合理的选择。单元的选择需要了解问题的需要以及软件提供的各种单元的性质，找到最合适的单元类型。

几何建模是机械结构建模过程的第一步，是将结构通过简化、等效等手段处理成能够满足有限元分析需要的几何模型，如将结构上对分析结果影响较小的倒角、圆角、螺钉孔等细部几何特征略去或者等效成便于有限元网格划分的几何形状，为后续的有限元模型的建立奠定基础。将一个实际结构或者设计好的几何结构转化成单元组成的有限元模型，是通过网格划分实现的，也称为结构的离散化。网格划分之前，原有的几何结构或者实际结构上的一些特征，如果与有限元分析的需求不一致，就需要简化或者等效处理，如零件上的一些对分析结果影响较小的细部特征需要处理掉，以便降低局部的网格密度，减少单元总数。因此，有限元模型的几何特征与实际结构或者 CAD 设计的几何结构往往并不一致。

　　建立有限元模型所需要的几何模型与 CAD 设计中所使用的几何模型具有不同的使用目的。CAD 设计中的几何模型一般只对几何形状有要求，对拓扑结构往往并无要求，但是有限元建模所需要的几何模型因为后续网格划分的需要，除了对几何形状有特定的要求外，对拓扑结构也有要求。因为这个原因，CAD 设计中使用的几何模型很多时候并不能直接用于有限元模型的建立。目前没有专门为有限元分析需要而建立的几何数据交换工业标准，在有限元软件中导入外部 CAD 软件建立的几何文件时，经常会出现导入失败，导入后丢失部分几何元素，或者导入的几何模型在网格划分时出现局部单元密度过高、单元形状畸变严重的情况。因此在几何模型建立过程中需要考虑考虑有限元模型的需要，对几何模型进行必要的处理，或者几何模型导入有限元软件后进行适当的修改、修复，以满足后续的有限元建模的需要。

　　影响有限元计算结果的，除了单元类型以外，模型中单元的尺度、网格的密度对计算结果也有很大的影响。理论上，随着网格密度的增加，计算结果总是可以逐渐逼近问题的精确解，但是网格密度的增加也使得问题的规模增大，计算时间变长，存储空间变大，最终使得计算所需的时间无法接受，计算文件过大无法存储甚至方程规模过大，求解器无法求解。合理的有限元模型，需要在网格密度、计算精度、问题规模、计算机时等几个方面做到平衡。平衡的方法除了依靠经验以外，主要是通过多次的试算，根据不同网格密度的计算结果、计算文件的大小以及机时消耗情况，最终确定合理的网格密度。

　　机械工程中使用的材料是多种多样的，不同的材料有不同的力学性质。有限元软件通常能提供多达几十种不同类型的材料模型。从材料的弹性、塑性、黏性性质上分，材料模型可以有弹性模型、弹塑性模型、黏弹性模型、黏塑性模型等不同类型。根据材料弹性性质的不同，可以分为线弹性模型和非线性弹性模型。弹塑性材料模型经常简化成双线性弹塑性模型和多线性材料模型。根据材料在塑性阶段不同的强化特性，材料模型可以分为同向强化（等向强化）、随动强化（运动硬化）以及混合硬化的材料模型。如果不考虑材料的强化特性，材料模型可以简化成理想弹塑性模型或者忽略弹性变形的理想塑性模型。针对材料特性的方向性，还可以分为正交各向异性材料模型和不考虑方向性的各向同性材料模型。除了金属材料以外，机械工程中也大量使用非金属材料，如橡胶密封圈、垫片以及各种复合材料，针对这类材料，很多软件也提供不同类型的材料模型。材料模型的选择，需要结合实际问题的需要和软件能够提供的材料模型，才能找到合适的材料模型。

有限元模型的建立过程中，对同一种结构，可以有多种不同的建模方法，如选择不同的单元类型、不同的材料模型，或者采用不同的网格划分方案，甚至采用不同的载荷和约束条件等，得到的分析结果会有一定差异。了解不同的几何和有限元建模方案对计算结果的影响，是建立合理、准确的有限元模型的基础。对于一些常见的机械零件，如螺栓、齿轮、轴、轴承、箱体、管道、压力容器等，在长期的有限元分析实践中，逐渐形成了一些习惯性的建模方法，这些方法在多数情况下有较好的分析效果，在相关的结构分析中加以借鉴，可以提高分析效率和分析结果的可靠性。

6.1　不同类型单元的混合使用

有限元软件通常提供多种类型的单元供用户建模使用，如实体单元、线型的梁单元、面型的壳单元等。实体单元包括二维实体单元和三维实体单元，二维实体单元的形状又有三角形和四边形之分，三维实体单元的形状有四面体和六面体，ANSYS中还有五面体单元。单元边有直边和带边中结点的曲边。梁单元、壳单元也是如此，有直线的梁单元和带边中结点的曲梁单元，有直边的壳单元，也有曲边的壳单元。

不同类型的单元，其结点的自由度数也不尽相同。例如，三维实体单元，每个结点有 3 个位移自由度，没有转动自由度；梁单元和壳单元的结点则有 6 个自由度，包括 3 个位移自由度和 3 个转动自由度。这些几何形状不同、结点自由度不同的单元，在建模过程中经常会根据模型简化和等效的需要，在一个有限元模型中混合使用，以降低模型规模，减少计算费用。混合使用这些单元带来的问题是不同类型的单元在连接处的几何可能不相容，连接处的结点自由度也可能不匹配，进而导致建立的物理模型不能正确反映实际结构的力学性质，使得计算结果与实际情况有较大差异。

6.1.1　实体单元与梁单元

实体单元不论是二维还是三维，结点自由度都只包含位移自由度，没有转动自由度，在实体单元的结点上不能施加力偶，只能施加结点力（集中力）。梁单元的结点包含转动自由度，能反映转角的变化，能在结点上施加力偶。这两种类型的单元在通过一个公共的结点相连时，梁单元的力偶不能通过公共结点传递给实体单元，实体单元也没有力偶可以通过公共结点传递给梁单元，公共结点只能传递集中力，虽然能将两种不同类型的单元连接起来，但是不能阻止两种单元在结点处的转动，两种单元的连接关系是铰接关系。

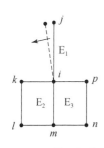

图 6-1　梁单元与实体
单元的连接

　　图 6-1 是两个平面实体单元与平面梁单元连接示例。梁单元 E_1 与实体单元 E_2 和 E_3 在 i 结点处连接，三个单元共享 i 结点。三个单元可以通过结点 i 传递力，但是不能传递力偶，梁单元在结点 i 处与实体单元的连接性质是铰接，能够绕 i 结点自由转动。如果用这种模型模拟固定在平台上的旗杆，焊接在大平台上的钢筋以及插入地面的栏杆，显然并不合适。图 6-1 中的模型在 i 结点处没有合理的抗弯刚度，在自重和侧向干扰力的作用下，梁单元 E_1 会绕 i 结点倒下。

　　这种问题传统的解决方案是在梁单元和实体单元之间增加一些几何约束，将梁的转动与实体单元的变形耦合起来，使得梁单元的转动不再是自由的。比较简洁的方式是在 i 结点与实体单元其他结点之间，如 i-p 或 i-m 之间生成梁单元用以约束梁单元 E_1 的转动自由度。这样做带来的副作用是 i-p 或 i-m 之间的实体单元刚度额外增强，与实际情况有差异。一般认为，当 E_2 和 E_3 单元的尺度足够小时，这种附加梁单元带来的刚度增加的影响会逐渐减弱，计算结果将趋于合理。对于三维模型也有类似的情况，但是由于有三个转动自由度需要约束，需要在实体单元三个正交方向上附加新的梁单元。

　　杆单元作为梁单元的一种退化形式，与实体单元连接时，也存在类似的问题。由于杆单元没有转动自由度，在结点 i 处也形成铰接关系。

6.1.2　实体单元与壳单元

　　机械机构中经常有各个部分厚薄不一的情况，这类结构在有限元建模时，厚的部分可以用实体单元建模，薄的地方用壳单元建模。实体单元的结点自由度只有位移自由度，没有转动自由度，壳单元的结点既有位移自由度，也有转动自由度，两种不同类型的单元在连接处也会出现梁单元与实体单元中的结点自由度不匹配问题。

　　如图 6-2（a）所示的箱体，各部分结构厚度不一，薄壁部分可以简化成壳单元，厚壁部分可以用实体单元建模。按照如图 6-2（b）所示的建模方案，$ijkl$ 和 $oprs$ 区域可以用实体单元建模，$lmno$ 部分采用壳单元建模，在壳单元和实体单元的连接处，如 l 和 o 处，由于实体单元没有转动自由度，这些位置的连接关系是铰接关系，不是图 6-2（a）中有一定抗弯能力的固结关系，图 6-2（b）所示的建模方案不能正确反映图 6-2（a）中结构在薄厚连接处的刚度。

　　这种问题的解决方案与梁单元与实体单元连接的问题类似，也是要设法建立两种类型单元在连接处的转动耦合关系，可以通过建立连接处相邻单元结点自由度之间的耦合方程或者在实体单元上附加壳单元的方法实现转动耦合。附加壳单元的方法与附加梁单元类似，可以在图 6-2（b）中的 l-i、l-k、o-p、o-s 等位置建立附加的壳单元，通过这些附加的壳单元将原有壳单元的转动与实体单元耦合起

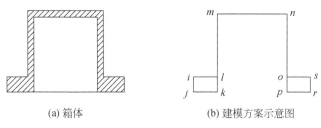

(a) 箱体　　　　　　　　　　(b) 建模方案示意图

图 6-2　箱体及其建模

来，避免在 *l* 和 *o* 处形成铰连接。这样做的好处是耦合关系的建立比较简便，缺点是在实体单元附加有壳单元的位置，结构有附加的刚度，模型在这个位置的刚度大于结构的刚度。当然，随着这个位置实体单元尺度的减小，附加的壳单元尺度也在减小，附加壳单元带来的影响也逐渐减弱。经验上，在这些位置建立的附加单元不应向下覆盖整个 *l-k* 和 *o-p* 区域，否则会带来过大的弯曲刚度，但是过小的覆盖区会带来过小的弯曲刚度，通常情况下覆盖区域与连接处薄壁的壁厚相当即可。沿 *l-i* 和 *o-s* 也可以建立类似的附加壳单元，壳单元沿 *l-i* 和 *o-s* 方向覆盖的区域也以薄壁的壁厚为宜。

6.1.3　六面体单元与四面体单元

通常六面体单元的计算精度高于四面体单元，同样的区域需要更多的四面体单元才能达到同样的精度。这两类单元的混合使用主要是为了单元的疏密过渡以及不同区域网格之间的过渡。

六面体单元与四面体单元混合使用的主要问题是界面的不连续。如图 6-3（a）所示的六面体和四面体混合网格，单元 E_3 的上表面与两个四面体单元 E_1 和 E_2 连接，单元边 *i-j* 属于两个四面体 E_1 和 E_2，但不属于六面体 E_3，两个包含 *i-j* 边的四面体下表面与包含 *i*、*j* 结点的六面体上表面实际上并不共面。四面体与六面体在

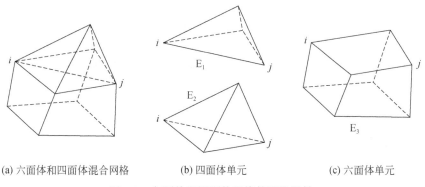

(a) 六面体和四面体混合网格　　　(b) 四面体单元　　　(c) 六面体单元

图 6-3　六面体和四面体网格的不协调性

界面处虽然共享结点，但是在几何上，界面之间可以相互侵入，也可以开裂，位移、应力结果在界面上不连续、协调。这种界面不连续的网格，代表的物理意义类似于结构内部存在裂纹，裂纹尖端会出现应力集中，界面上的应力、位移也不连续。为了避免这种情况，ANSYS 提供了图 6-4 所示的五面体单元和三棱柱单元，用以保证六面体单元与四面体单元之间的网格能够协调过渡。

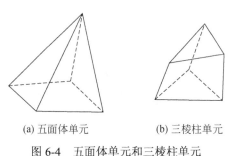

(a) 五面体单元　　　　　(b) 三棱柱单元

图 6-4　五面体单元和三棱柱单元

6.1.4　直边单元与曲边单元

直边单元的边有两个结点，一般采用双线性插值。曲边单元的边有三个结点，采用二次插值，属于高阶单元，计算精度比直边单元高。直边单元与曲边单元在混合使用时会出现图 6-5 所示的界面侵入和开裂现象，使得界面上的位移和应力不连续，同时在连接结点 i、j 处出现应力集中。为此在 MARC 之类的程序中经常采用图 6-6 所示的交错网格方案，曲边单元的边中点与直边单元的角结点相连。这种网格方案，从理论上并不能消除界面的开裂，只能减弱开裂的影响。还有一种过渡方案是采用图 6-7 所示的特殊的过渡单元 E_3 和 E_4，这种网格过渡方式是一种比较理想的过渡方式，但是常用的有限元软件较少提供这种直边和曲边混合的单元类型。

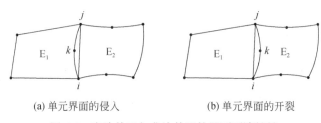

(a) 单元界面的侵入　　　　　　　(b) 单元界面的开裂

图 6-5　直边单元与曲边单元的界面不连续性

直边单元和曲边单元混合使用时，如果单元尺度比较大，则连接面上的开裂尺度比较大，计算结果的不连续性比较明显。在界面上采用比较密的网格可以减弱这种不协调单元边的开裂带来的影响。如果直边单元和曲边单元混合使用是为了单元的疏密过渡，那么这样的建模方案可能并不合理。

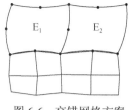
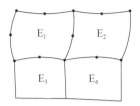

图 6-6　交错网格方案　　　　　　　　图 6-7　过渡单元方案

6.2　网格生成算法及质量评价

网格生成技术是随着计算机技术的发展、计算规模的增大以及计算机图形技术引入有限元建模后逐渐发展起来的。

早期的有限元模型中，由于计算机容量和速度的限制，计算规模都很小，单元数量很少，网格的划分采用手工方法逐个建立。这种方法建立的有限元模型，单元数量一般在几十个到几百个，上千个单元的有限元模型，依靠手工建立单元、准备计算数据，是一件十分复杂、困难的工作。通过自动网格生成技术，可以比较方便地建立具有几十万、几百万单元的有限元模型。

最初的网格自动生成算法主要是三角形网格生成算法和四面体网格生成算法，这类算法对目标几何的适应性较好，但是三角形单元和四面体单元的计算精度不好，随后发展了四边形网格和六面体网格。现有的网格划分技术已经可以将任意的几何划分成三角形或者四面体网格，但是还不能保证将任意几何直接划分成四边形或者六面体网格，只能将一部分形状比较特殊的几何直接划分成四边形或者六面体网格，多数情况下只能生成混合网格，即网格中大部分是四边形或者六面体，少部分是三角形或者四面体。四面体单元与六面体单元的混合网格在不同类型的单元交界面上会出现上节中提到的单元不协调问题。此外，在结构分析中，通常高应力出现在结构表面，不出现在芯部，所以要求生成的混合网格中的低精度单元和形状较差的单元出现在单元芯部，不出现在结构表面附近，尤其不出现在比较关心的高应力区。

网格生成的方法有很多，不同的方法有不同的特点，适用不同的几何对象和单元形状，生成的网格质量也不尽相同。网格质量的高低，除了影响计算结果的准确性以外，恶劣的网格质量也会导致刚度方程的病态，影响计算结果的稳定性和收敛性。形状畸变严重的单元，往往是导致非线性计算过程不收敛的一个重要原因。

有限元模型的网格划分，需要考虑不同网格划分算法的特点和适用条件，以及目标几何的拓扑结构和几何特点，设计合理的划分方案，以求获得高质量的计算网格，为计算结果的准确、合理以及计算过程的稳定打下基础。

6.2.1　Delaunay 三角化方法

在 CAD 技术中，三维几何的渲染需要将三维表面离散成三角形，然后在每个三角形中涂色，使用的三角形越多，三维表面的渲染效果就越逼真。三角形离散的主要技术是 Delaunay 三角化技术，它可以将任意的几何表面离散成三角形。CAE 技术中也采用这一方法生成三角形计算网格。有限元分析中的三角形网格与 CAD 技术中的网格要求有一些不同，CAD 技术中对三角形的形状要求不高，但是有限元分析中要求三角形接近正三角形，即等边三角形，形状较差的三角形会影响计算精度。因此在有限元网格生成中，很重要的一个环节是单元形状的优化。不同的优化算法，会导致不同的网格质量。在图 6-8 所示的单元尺度相同且没有疏密过渡的网格中，单元的形状和网格质量通常比较容易保证，但是在图 6-9 所示的有疏密过渡的网格中，通常会有更多的形状恶劣的单元，质量会低于没有疏密过渡的网格。Delaunay 三角化方法在 CAD 技术中用来生成表面网格，在 CAE 技术中也被推广到三维实体网格划分中，用来生成四面体网格。

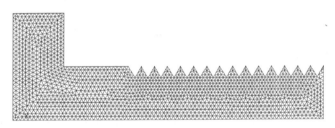

图 6-8　单元尺度一致的网格

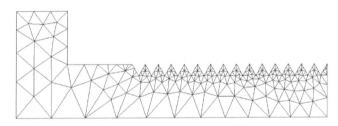

图 6-9　单元尺度不一致的网格

三角形单元和四面体单元的精度较低，可以通过插入边中点的方法形成高阶的曲边单元来提高分析精度，或是通过进一步的处理，将其转变成四边形单元或者六面体单元，Delaunay 三角化方法是一种重要的网格划分的基础技术。

6.2.2　映射法

映射法是有限元网格生成的一种重要方法，可以快速生成四边形和六面体网格。映射法对划分的几何区域有要求，即几何的拓扑结构必须是四边形或者六面体。图 6-10（a）就是在四边形区域上用映射法生成的四边形网格，网格质量由四边形区域的几何形状决定，划分区域的几何形状不好，会直接导致恶劣的单元形状。图 6-10（b）是一个特殊的四边形区域，几何形状上是一个四边形，但是在拓扑结构上是五边形，映射算法不能在这种拓扑结构为非四边形的区域上生成四边形网格。同样，六面体几何也必须保证在拓扑结构上是 8 个点的六面体，结点数量不能多，也不能少。图 6-11 就是在六面体几何上用映射法生成的六面体网格，网格质量也同样依赖目标几何与六面体的接近程度，目标几何越接近六面体，获得网格越接近矩形。形状恶劣的目标几何，不适合采用映射法生成四边形网格或者六面体网格。

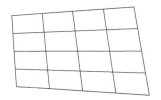
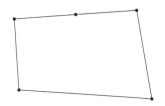

(a) 四边形的映射网格　　　　　　(b) 不符合映射要求的四边形

图 6-10　映射法的网格及其拓扑要求

对于图 6-10（b）中不符合映射要求的四边形区域，在 ANSYS 中可以通过专门的命令指定拓扑结构上的两条边为一条边，从而通过映射法实施前的拓扑检查，在拓扑结构为五边形的区域生成四边形网格，程序会自动在边中点上生成一个对应的结点。边中点的位置如果不合适，或者单元尺度不合适，也会影响生成网格的质量。

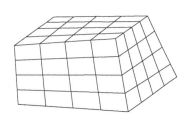

图 6-11　映射法生成的六面体网格

6.2.3　扫略法

扫略法生成的网格与映射法类似，但是扫略法对目标几何的适应性更好，网格生成的速度也很快，应用更广泛。

扫略法也称为拉伸法，它是将一侧的网格拉伸到对面的一侧，在拉伸过程中形成高维网格。如图 6-12（a）所示，在左侧的源面上首先生成线网格，然后向目标面一侧拉伸，生成图 6-12（b）所示的四边形网格。扫略法要求源面和目标面的拓扑结构相同，拉伸路径上的边也有相同的拓扑结构，限制条件比映射法少。

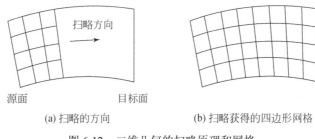

（a）扫略的方向　　　　　　　　（b）扫略获得的四边形网格

图 6-12　二维几何的扫略原理和网格

图 6-13 显示了一个非六面体几何采用扫略法生成六面体网格的过程。图 6-13（a）中的几何体不是六面体，不能采用映射法生成六面体网格，但是可以采用扫略法生成六面体网格。如图 6-13（b）所示，首先在上表面生成四边形网格，然后向对面的目标面拉伸（扫略），生成图 6-13（c）所示的六面体网格。

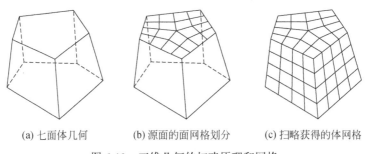

（a）七面体几何　　　　　（b）源面的面网格划分　　　　（c）扫略获得的体网格

图 6-13　三维几何的扫略原理和网格

　　扫略法生成的网格质量与几何体的形状有关系，也与源面和目标面的几何形状有关系，但是相对映射法来说，这些因素的影响程度要小一些。对于几何体而言，只要拓扑结构是棱柱形，即可用采用扫略法快速生成六面体网格，扫略法是一种常用的六面体网格生成算法。

6.2.4　波前推进法

　　波前推进法又称为铺路法或者堆砌法，也是生成四边形和六面体网格经常采用的一种方法。图 6-14 以平面网格的生成为例显示了波前推进法的实施过程：首先沿几何边界逐个铺设单元，待铺满边界后，以铺设单元形成的内边界作为新边界再逐个铺设一层单元，直至整个区域铺满单元。单元铺设过程中，每铺满一层单元，单元内边界的长度会减小一些，内边界形成的空间也会逐渐减小，最后在铺不下新单元的时候，把剩余的空隙缝合，完成网格的生成。这种方法的优点是容易在边界上生成较高质量的四边形或者六面体网格，质量不高的单元通常会分布在区域的中间，能够满足大多数机械结构网格划分的需要，对目标几何的拓扑结构和几何形状没有太多的要求，适用范围较广。不足之处是算法本身的效率比较低，每铺设一个单元都要检测周围空间的大小，此外在最后缝合时容易产生形状扭曲、恶劣的网格，而且不能保证最后生成的网格都是四边形或者六面体网格。

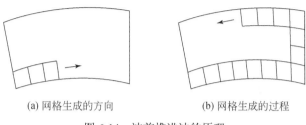

(a) 网格生成的方向　　　　　　(b) 网格生成的过程

图 6-14　波前推进法的原理

6.2.5　模板法

模板法本质上是一种映射法，是将事先做好并存储在系统中的网格映射到拓扑结构相同的目标几何上，与通常的映射算法有相似的生成效率，不同之处是模板法生成的网格可以更加复杂、灵活。

采用通常的网格划分方法获得的孔周围区域的网格质量通常较低，单元扭曲严重。采用模板法则可以得到较高的网格质量。图 6-15（a）是从孔周围切割出来的一个矩形区域，图 6-15（b）是事先做好的网格模板。在划分区域包含孔时，可以将孔周围区域切割出来，形成一个局部区域，然后将事先做好的模板映射上去，形成高质量的网格，其他区域由于几何和网格边界都比较规整，也容易获得较高的网格质量。

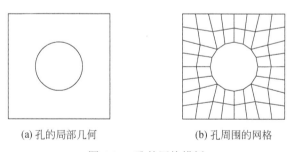

(a) 孔的局部几何　　　　　　(b) 孔周围的网格

图 6-15　孔的网格模板

模板法适用于几何特征比较固定的结构，可以快速得到高质量的网格。对于行业或者部门经常用到的复杂结构，如孔、螺栓、轴、齿轮等结构，可以事先做好网格模板，网格划分时采用相应的模板直接生成网格，可以有效提高建模效率。

6.2.6　单元转换法

单元转换法是生成四边形网格和六面体网格的一种重要方法。单元转换法有两种，一种是通过分割已有的三角形网格或者四面体网格，将其转化为四边形网格或者六面体网格，称为分割法；另一种是通过合并相邻的三角形或者四面体网格，将其转化为四边形网格或者六面体网格，称为合并法。

分割法是将三角形或者四面体分解，形成四边形或者六面体。图 6-16 显示了三角形和四面体分解的原理。图 6-16（a）中，通过三角形的形心与边的中心的连线将三角形分解成三个四边形；图 6-16（b）是通过四面体各条边的中心、面的形心以及体的中心连线形成的 6 个四边形将四面体分解成四个六面体；图 6-16（c）是分解获得的一个六面体的形状。

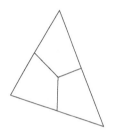 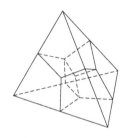

(a) 三角形的四边形分解　　(b) 四面体的六面体分解　　(c) 分解获得的六面体

图 6-16　三角形和四面体的分解

分割法可以快速在四面体基础上生成六面体，缺点是生成的六面体质量不高，如图 6-16（b）所示，理论上不能生成四个邻边夹角为 90°的六面体，图 6-16（a）所示的三角形分解也有类似的问题。如果作为基础网格的三角形或者四面体网格本身的质量不高，或者不满足某些几何拓扑条件，用这种几何分解方法获得的四边形或者六面体网格的质量通常会更恶劣。

合并法是目前在不适用映射法或者扫略法的区域生成四边形和六面体网格的主要方法。如图 6-17 所示的采用合并法在三角形网格的基础上生成四边形网格的过程，通过合并相邻单元的方法获得的四边形或者六面体网格，在经过形状优化后，往往可以得到更高的网格质量。合并法生成网格的速度不如分解法，并且不能保证生成全部的四边形或者六面体网格。

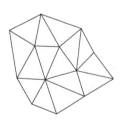 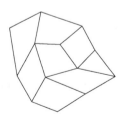 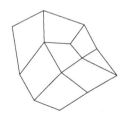

(a) 初始的三角形网格　　(b) 合并后的网格　　(c) 形状优化后的网格

图 6-17　合并法的网格生成过程

　　采用合并法获得的网格中一般会夹杂少量的三角形或者四面体，形成几何形状不协调、不相容或者精度较低的混合网格。合并法通常会先合并几何边界上的三角形或者四面体单元，然后逐渐向几何区域中心推进，这样在最终生成的网格中，三角形或者四面体单元大多位于区域中间部位。如果三角形或者四面体单元只出现在结构的芯部和不重要的部位，可以认为它们对分析结果没有影响，否则就需要调整网格划分方案，重新划分网格。

6.2.7　网格的质量、密度及其评价

　　高的网格质量、合理的网格密度，是保证计算过程稳定、计算结果准确性以及计算效率的基础。

　　网格质量的高低，主要是通过网格形状与最优单元形状之间的差异以及形状较差网格占整个网格的比例评价的，其次是考察网格质量对计算结果的影响以及对计算过程稳定性的影响，然而并没有一个明确的指标可以评价一个模型中网格质量是否合格，网格质量高低的评价指标，很大程度上是经验性的、模糊的。

　　单元的计算精度有很多影响因素，如单元构造的方法，采用的插值函数的阶数以及单元的几何形状等。对于三角形单元，精度最高的形状是正三角形，即等边三角形，单元的形状越接近正三角形，计算结果的精度越高。单元形状的畸变程度可以用邻边的夹角与正三角形的差异来表示，也可以用单元边长与单元平均边长的差异来表示。对于三角形单元，这两个指标实际上是一致的。早期的有限元程序，三角形单元的内角下限为 $10°$ 左右，现在一般为 $5°$，甚至 $1°\sim2°$。一般认为单元内角大于 $20°\sim30°$ 的三角形网格就是质量比较高的网格。

　　对于四边形单元，精度最高的形状是正方形，单元的形状越接近正方形，计算精度越高。四边形单元与正方形接近的程度可以通过两个指标考察：四个内角与直角的接近程度和四个边长的差异。与三角形单元不同，四边形单元的内角变化与边长的差异并没有必然联系，考察单元形状的好坏需要从角度和边长两个方面考虑。早期的有限元程序，最小的内角在 $20°\sim30°$，过小的内角可能导致计算结果不准确、计算过程不收敛。随着计算技术的进步，内角的下限已经可以达到 $5°$ 左右，但是仍然应尽量避免出现这类畸变严重的单元，或者保证这类单元所处的位置不至于显著影响结构的整体刚性，并且单元数量控制在总单元数的 10% 以下。与单元内角的限制不同，在保证计算精度的前提下，单元边长的限制要小很多。如果单元内角保持直角，单元边长的差异可以达到几十倍、几百倍而不至于显著影响计算结果。实际建模过程中，一般将单元的长短边比值控制在 5 以内，以保证在长短边方向有比较接近的数值精度。

　　六面体单元与四边形单元类似，单元形状为正方体时精度最高。评价单元质

量的指标也是相邻边的夹角和单元边长与正方体的差异。

　　四面体单元的形状为正四面体时有最高的计算精度，即四面体的所有边等长时精度最高。评价四面体单元的网格质量与三角形网格类似，可以从邻边夹角或者边长与正四面体的差异考察。

　　与网格质量的评价类似，没有一个明确的指标可以准确地评价一个模型中的网格密度是否合适。网格密度的合理性，需要从计算精度和计算效率两方面综合考虑。计算效率可以通过模型的规模或计算消耗的机时评价，规模越大的模型，单元数和结点数越多，计算消耗的存储空间和机时越多。一个合理的网格密度，需要在模型的规模和计算时间之间找到平衡。

　　现有的有限元分析方法基本都是基于位移法建立的，以结点位移作为求解变量，因此直接求得的是结点位移，机械结构强度校核中最为关心的应力则是通过应变方程求出的间接结果，精度较位移结果低一阶。同一个模型，应力结果的精度低于位移结果。因为这个原因，一个模型的网格密度是否合理，实际上还与所关心的计算结果的类型有密切关系。对于位移结果能够满足精度要求的网格密度，对应力结果可能并不一定能满足精度要求。

　　图6-18是一个中间有孔的薄板在受到垂直方向拉伸力作用下的变形和应力分析。图 6-18（b）和图 6-18（c）是基于图 6-18（a）所示的包含 122 个单元的网格计算的位移和米泽斯应力云图，图 6-18（e）和图 6-18（f）是基于图 6-18（d）所示的包含 171 个单元的网格计算的位移和米泽斯应力云图，图 6-18（h）和图 6-18（i）是基于图 6-18（g）所示的包含 8168 个单元的网格计算的位移和米泽斯应力云图，采用 30637 个单元的网格计算的位移和应力云图与图 6-18（h）和图 6-18（i）相同，只是应力数值略有差异。不同网格密度下模型的最大位移和最高应力列在表 6-1 中，位移、应力与网格密度的关系也以曲线的形式显示在图 6-18 中。

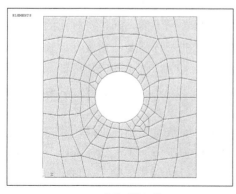

(a) 122个单元的网格

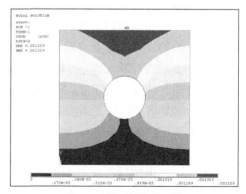

(b) 122个单元的位移云图

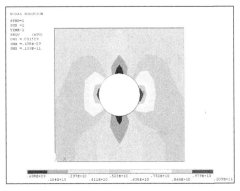

(c) 122个单元的米泽斯应力云图

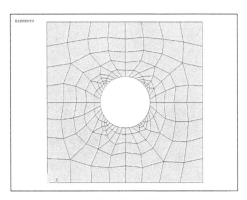

(d) 171个单元的网格

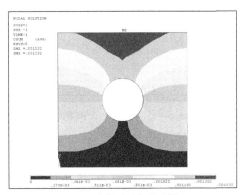

(e) 171个单元的位移云图

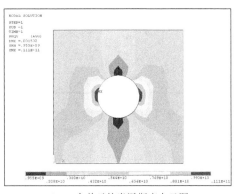

(f) 171个单元的米泽斯应力云图

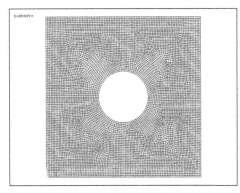

(g) 8168个单元的网格

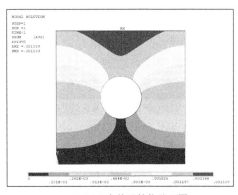

(h) 8168个单元的位移云图

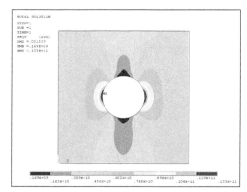

(i) 8168个单元的米泽斯应力云图

图 6-18　不同网格密度的位移和应力云图

表 6-1　不同网格密度的计算结果

模型序号	孔边单元数	单元总数	最大位移/m	最大应力/Pa
1	24	122	0.001529	1.09E+10
2	48	171	0.001532	1.11E+10
3	96	8168	0.001539	1.33E+10
4	192	30637	0.001539	1.38E+10

图 6-18 中的三个位移云图，除了数值有差异外，云图的光顺性也存在明显差异，网格密度低的模型，计算获得的云图能看到明显的折线，网格密度高的模型，云图看不到明显的折线，各个色带的边界比较光滑。应力云图也有同样的规律，但是光顺性明显比位移云图差。因此，云图的光顺性也经常用作粗略判断模型网格密度合理性的一个标志：计算结果的云图（或者等值线图）如果比较光滑，没有明显的折线，就可以认为网格密度大致是合适的，如果有明显的折线，不光滑，说明网格密度过低。

提高网格密度可以改善图 6-18 中云图的光顺性，提高计算精度，但同时也提高了模型的规模，增加了计算时间。因此不能单纯根据计算精度的需要提高网格密度，必须在提高网格密度的同时，考虑计算时间的可接受性，可能需要牺牲一定的计算精度以保证计算时间能够控制在任务规定的时间内。

如果将表 6-1 中单元总数为 30637 的模型的计算结果作为精确解，由表 6-1 和图 6-19 可以看出，随着单元密度的提高，位移结果比应力结果能更快地逼近精确解，即使在只有 122 个单元时，最大位移与精确解的相对误差也只有 0.65%，此时最大米泽斯应力的相对误差高达 21%，当采用 8168 个单元的网格时，应力的相对误差仍然有 3.6%，而此时最大位移的相对误差几乎为 0。这说明通过提高网格密度来提高应力结果的准确性比提高位移结果的准确性困难得多，如果分析的目标是结构的应力，应该采用更高的网格密度，这是基于位移法的有限元分析的特点。

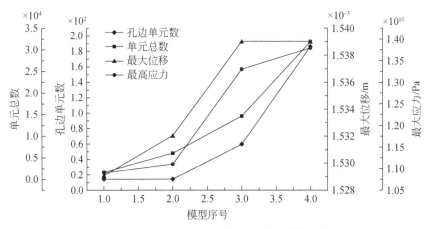

图 6-19 网格密度与计算结果的一致性比较

由图 6-18 中的例子可以看出，即使是看上去同样光滑的云图，数值上也可以有显著的差异。因此，通过等值线的光顺性判断网格密度的合理性并不十分准确，但是用来判断网格密度的不合理性（网格密度过低）通常是合适的。

通过两次数值计算的结果判断网格密度的合理性是经常采用的一种方法。这种方法首先是根据经验设定一个网格密度建立模型，然后网格加密 1～3 倍建立第二个模型，比较这两个模型计算结果的差异，如疏网格相对于密网格结果的相对误差，如果相对误差很小，以至于忽略这种误差也不至于影响问题的分析精度，这个时候就可以认为网格密度已经能够满足分析精度的要求。如果相对误差较大，需要继续加密网格，直到相邻两次的模型有比较接近的结果。

通过两次数值计算结果的接近程度判断网格密度的合理性，这种方法看上去比较客观、准确，但是由于没有确切的数值规定什么情况下算"相对误差很小"，网格密度的合理性在一定程度上还是需要根据经验和行业习惯判定，因此仍然是一种比较模糊的、经验性的判定方法。

6.3 尖 角 问 题

尖角是机械零件上常见的一种几何特征，包括内尖角和外尖角，如图 6-20（a）所示角钢的内、外尖角和图 6-20（b）所示箱体内部筋板与外壁之间的内尖角。在载荷作用下，内、外尖角处很容易出现高应力，并且应力水平与网格密度有密切关系，采用不同密度的网格，应力计算的结果往往有明显差异，给结构应力的评价，乃至结构强度的评价带来困难。了解和掌握尖角在不同类型的载荷作用下的应力分布规律，对于建立合理的有限元模型，优化零件设计，降低零件应力水平，有重要的实际意义。

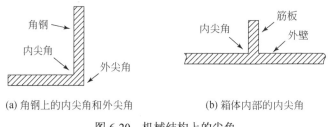

(a) 角钢上的内尖角和外尖角　　　　　　(b) 箱体内部的内尖角

图 6-20　机械结构上的尖角

6.3.1　内尖角的应力

　　如图 6-20 所示，机械零件上的内尖角，尤其是设计图上的内尖角，宏观上往往是理想的尖角。在这样的尖角处，零件的几何表面只有零阶的连续性，基于微分形式的弹性力学几何方程求该处的应变，其结果必然是奇异的，基于应变获得的应力也同样是奇异的。目前在理论上还不能给出尖角处应力的确切数值及其变化规律，但是根据有限元分析的经验，弹性模型中内尖角处的应力总是趋于无穷大。

　　图 6-21 是一个角接件的受力分析模型，左侧两个螺钉孔施加固定约束，下部两个螺钉孔分别承受 110N 向下的载荷。P2 内尖角处的网格在原始网格的基础上逐次局部加密。图 6-22 是基于图 6-21 的原始网格计算的米泽斯应力分布，在内尖角 P2 处已经出现明显的高应力区。图 6-23 显示了内尖角处采用不同网格密度时由 P1 到 P2 路径上的米泽斯应力。随着网格的加密，内尖角 P2 处的应力由 0.862MPa 逐渐上升到 1830MPa。最终的计算结果对大多数钢材来说，材料在内尖角处已经从弹性进入塑性，表明材料的应力状态与网格密度有密切关系。

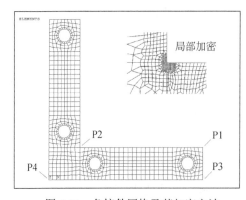

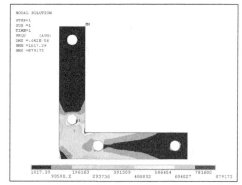

图 6-21　角接件网格及其加密方法　　　　图 6-22　原始网格的米泽斯应力分布

　　内尖角处的应力除了与网格密度有关以外，还与采用的材料模型有关。采用弹塑性材料模型的计算结果表明，材料屈服以后，由于材料的塑性流动，内尖角处几何形状不再尖锐，如果没有材料硬化，应力不再上升，如果有材料硬化，该

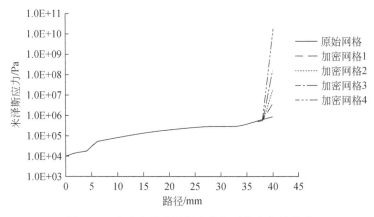

图 6-23 内尖角的米泽斯应力与网格密度的关系

处应力还会上升，但是上升的速度远低于弹性模型，弹塑性材料的计算结果也表现出材料的应力状态与网格密度有密切关系。

理想的有限元模型，其应力状态应该与网格密度无关。通常情况下，随着网格密度的升高，计算精度的提高，有限元模型的应力状态应逐渐趋于稳定，但是对于图 6-21 所示角接件内尖角处的应力，会随着网格密度的提高，计算获得的应力值总是不断升高。这种尖角处应力不断提高的原因，一方面与数值解的奇异性有关，另一方面也与机械零件在内尖角处的实际几何特征不符有关。

如图 6-21 所示的角接件模型，如果采用理想弹性塑性材料模型，当内尖角区域的应力超过屈服极限后应力水平不再上升，塑性流动也使得尖角区域的几何形状钝化，应力结果的奇异性自动消失。如果采用强化弹塑性材料模型，当内尖角区域的应力超过屈服极限后应力水平还会有一定程度上升，但是上升速度明显减慢，同时塑性流动也使得尖角区域的几何形状逐渐钝化，应力结果的奇异性虽然不能消失，但可以明显减弱应力上升的速度。

图 6-24 显示了车刀的磨损特征和切削刃的实际形态。车刀切削刃最初的棱角在进入切削状态后会迅速磨损，原有的棱角消失，加工出的零件上的内尖角尖锐程度降低，出现明显的圆角，其他类型的切削刀具，如铣刀、钻头等，切削刃的磨损特征和实际的几何形态都有类似的特点。图 6-25（a）是车削加工的台阶轴的 90°内尖角断面，图 6-25（b）是放大后的内尖角断面，可以看出内尖角在微观上大致是一个圆角，并不是理想的内尖角，圆角的半径与车刀刀尖处的半径相当。

事实上，刀具不存在具有理想尖角的切削刃，加工出的机械零件也不存在理想的内尖角，实际零件的内尖角都有一定圆角。有限元模型中理想的内尖角并不符合实际，图 6-22 和图 6-23 中内尖角处的应力计算结果不能正确反映零件内尖角处真实的应力状态。

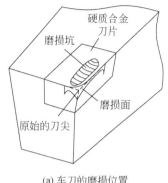 

(a) 车刀的磨损位置　　　　　　　　　　(b) 正常的切削刃

图 6-24　车刀的磨损特征和切削刃的实际形态

(a) 内尖角的宏观几何特征　　　　　　　(b) 内尖角的微观几何特征

图 6-25　内尖角的宏观和微观几何特征

6.3.2　外尖角的应力

　　6.3.1 小节中，有限元模型中的内尖角应力总是随网格密度增加而不断升高，但是外尖角的应力则相反，随着网格密度的升高逐渐降低。

　　图 6-21 所示的角接件中，外尖角 P4 附近的应力如图 6-22 所示总是处在一个比较低的水平，随着局部网格密度的提高，外尖角 P4 处的米泽斯应力如图 6-26 所示逐渐下降，最终接近零应力。在这种情况下，外尖角处的结构强度总是富裕的，在图 6-21 所示的角接件外尖角处适当倒角，并不会显著削弱结构强度。与内尖角处应力趋于无穷大类似，无法从理论上证明外尖角处应力趋于零的必然性，因此目前给出的这个规律也只能是经验上的，对不同的情况，需要通过对比计算确定这种规律的正确性和适用性。实际上，也存在相反的例子。如图 6-27 所示矩形截面梁在弯矩作用下的应力分布图，图 6-27（a）是梁沿截面对角弯曲，图 6-27（b）是梁沿截面上下对边弯曲。不考虑梁两端的应力集中，图 6-27（a）中梁的外尖角应力最高，图 6-27 中梁的外尖角虽然也处在高应力区，但是应力水平明显低于梁上下表面的中间区域。随着外尖角附近网格密度的提高，图 6-27 中

外尖角的应力都会逐渐上升，但是上升速度不快。从这个例子可以看出，外尖角的应力水平与具体的受力状态有关。

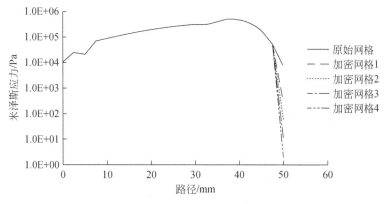

图 6-26　外尖角的米泽斯应力与网格密度的关系

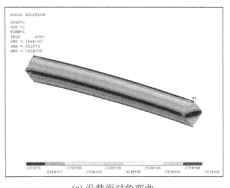

(a) 沿截面对角弯曲　　　　　　　　　　　(b) 沿截面对边弯曲

图 6-27　矩形截面梁的弯曲应力

与内尖角的情况类似，机械零件中并不存在理想的外尖角。如图 6-28（a）所示的宏观上的外尖角，在图 6-28（b）所示的微观下都不是理想的外尖角，两个外

(a) 外尖角的宏观几何特征

(b) 外尖角的微观几何特征

图 6-28　外尖角的宏观和微观几何特征

表面的交界处存在过渡的圆角。类似图 6-21 的有限元模型中的外尖角并不能反映实际零件中的外尖角，只有在外尖角处的应力趋于零时，才可以忽略有限元模型与实际在外尖角处的差异。在外尖角处的应力随网格密度升高而升高时，有限元模型的外尖角计算结果可能与实际情况不一致。

6.3.3　尖角的角度与应力的关系

尖角处的应力随着网格密度的提高而不断提高，在尖角处采用不同尺度的网格，可以得到明显不同的应力结果。此外，尖角处的应力水平与尖角的角度也有关系。在单元尺度相同的条件下，尖角角度的变化，也会影响尖角处的应力水平。

图 6-29 是用有限元法分析内尖角问题的平板几何模型，长度单位为 m。尖角的角度用图中的 θ 表示，有限元模型的边界约束条件和载荷如图 6-30 所示，在图中的两个位移边界上施加垂直于边界的位移约束，在右侧施加均布的拉伸力 p=10MPa。有限元模型的网格如图 6-31 所示，在内尖角不同的各个模型中，单元尺度都保持不变。图 6-32 是 θ=40°时的米泽斯应力分布。这个模型对应的完整结构如图 6-33 所示的中间带有 V 形坡口的平板，图中的夹角 ϕ 是图 6-29 中的内尖角 θ 的两倍。

图 6-34 是通过计算得到的内尖角处的米泽斯应力与角度的关系曲线。曲线在 0°～45°基本保持不变，在 45°～46°时发生突变，应力水平急剧升高到接近两倍的水平，然后缓慢下降，到 65°时降到突变前的应力水平，到 90°时，应力降到 20MPa。内尖角在 45°～65°的应力水平高于其他角度区间，并且在 45°附近应力水平有突变现象。这个特殊的高应力区间对应图 6-33 中夹角 ϕ 为 90°～130°，在机械设计中需要注意结构在这个角度区间应力突然升高的问题。

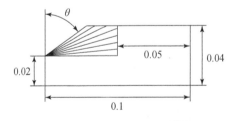

图 6-29　内尖角问题的几何模型

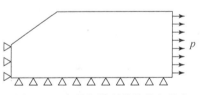

图 6-30　内尖角模型的载荷和约束

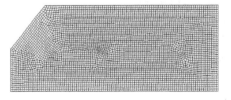

图 6-31　内尖角模型的网格

图 6-32　θ=40°时的米泽斯应力

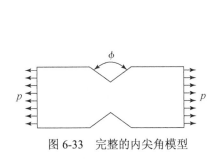

图 6-33　完整的内尖角模型

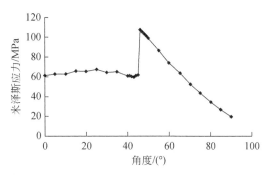

图 6-34　内尖角处的应力与角度的关系

当内尖角的夹角为 0°时，内尖角就是典型的裂纹。可以预期，裂纹尖端处的应力会随着网格密度的提高逐渐提高，有限元计算获得的尖端结点处的应力并不是精确值。

图 6-29 中的内尖角角度超过 90°时，内尖角问题就转化为外尖角问题。图 6-35 是用于分析外尖角问题的有限元模型的几何形状，尖角的角度用图中的 θ 表示，约束条件与图 6-30 的内尖角约束条件相同，施加的压力载荷 p=10MPa。图 6-36 是有限元模型的网格，单元尺度与内尖角模型相同。这个模型对应的完整结构与图 6-33 中的内尖角模型类似，只是尖角向外凸出，并且尖角高度在不同尖角角度时总是与右侧施加载荷的边高度保持一致。

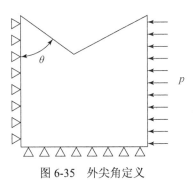

图 6-35　外尖角定义

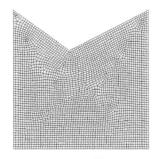

图 6-36　外尖角模型的网格

图 6-37 是尖角角度为 5°、55°和 85°时的米泽斯应力分布。图 6-38 是外尖角顶端的米泽斯应力与尖角角度的关系曲线，在尖角角度小于 65°时（对应的完整模型中的外尖角角度是 130°），尖角应力水平很低，随着尖角角度的增大，在尖角角度超过 65°时，应力很快升高到 10MPa 的极限。

根据图 6-38 的计算结果，外尖角的应力通常并不高，也不会像内尖角应力那样容易升高到远超过名义压力的水平，所以，通常情况下，外尖角并不影响或者降低结构强度。

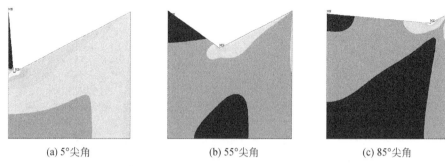

(a) 5°尖角　　　　　　　(b) 55°尖角　　　　　　　(c) 85°尖角

图 6-37　不同尖角角度的米泽斯应力分布

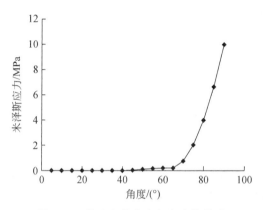

图 6-38　外尖角的应力与角度的关系

图 6-35 中的分析模型对应的完整模型如图 6-39 所示,取图中上部外尖角附近的区域作为分析对象,如图 6-40 所示,研究 A 点的应力。对于平面应力问题,结构上任意一点的应力只有三个分量:σ_x、σ_y 和 τ_{xy}。结构表面上的应力(边界应力)可以记为:σ_{sx}、σ_{sy} 和 τ_{sxy},表面上的面载荷(边界载荷)沿 x 轴和 y 轴的分量记为:$\bar{f}_x$ 和 $\bar{f}_y$。由于边界 AB 和 AC 上没有外载荷,$\bar{f}_x$ 和 $\bar{f}_y$ 均为 0。

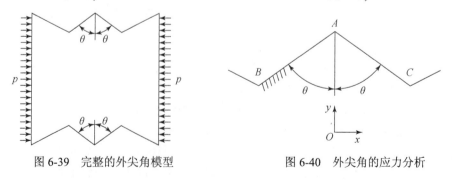

图 6-39　完整的外尖角模型　　　　　　图 6-40　外尖角的应力分析

在 AB 边界上,面载荷应与结构边界上的应力平衡,即

$$\begin{cases} -\sigma_{sx}\cos\theta + \tau_{sxy}\sin\theta = \overline{f}_x = 0 \\ \sigma_{sy}\sin\theta - \tau_{sxy}\cos\theta = \overline{f}_y = 0 \end{cases} \tag{6-1}$$

在 AC 边界上也有类似的关系：

$$\begin{cases} \sigma_{sx}\cos\theta + \tau_{sxy}\sin\theta = \overline{f}_x = 0 \\ \sigma_{sy}\sin\theta + \tau_{sxy}\cos\theta = \overline{f}_y = 0 \end{cases} \tag{6-2}$$

A 点在 AB 和 AC 的交点上，应力状态应同时满足式（6-1）和式（6-2），这样可以求得

$$\sigma_{sx} = \sigma_{sy} = \tau_{sxy} = 0 \tag{6-3}$$

这个结果与前述有限元计算的结果一致。

事实上，采用同样的方法分析图 6-40 中 B 点或者 C 点的应力，也可以得到同样的结果，即 B 点和 C 点的应力也为 0，但是这个结果与工程经验或者有限元计算的结果并不一致。原因在于式（6-1）和式（6-2）的分析并不适用于 A 点。在 A 点处，边界的外法线方向不确定，作为弹性力学中斜面边界应力分析结果的式（6-1）和式（6-2）并不能用来分析 A 点的应力。在表面法线方向不确定的 B 点和 C 点，同样不能用式（6-1）和式（6-2）分析应力状态。

6.3.4　尖角问题的处理方法

内尖角问题成为有限元分析中的一个难点，主要原因在于内尖角处的应力计算结果对网格密度过于敏感，采用不同的网格密度，计算结果会有明显差异，尤其是随着网格密度的增大会出现应力无限制升高的情况，给结构应力和结构强度的评价带来困难。另外，内尖角处的应力与尖角的角度、网格的密度、结构载荷的关系目前在理论上并没有明确，这是尖角问题成为有限元分析中的一个难点的深层次原因。

外尖角处的应力有随网格密度增加而逐渐趋于零的趋势。外尖角处的应力水平除了与网格密度有关外，也与具体的受力状态有关，在某些特殊的受力状态下，尖角应力与网格密度的关系可能更为复杂。基于二维模型的分析结果得到的一些结论，可能并不适用于三维问题，需要针对具体问题，分析具体载荷条件下的结构应力状态。

图 6-41 是一个左端固定，右端施加力偶的矩形截面的悬臂梁模型。梁的截面尺寸为 10mm×10mm，长度为 200mm。右端的力偶以两个方向相反的 1000N 的水平集中力方式施加在 A 点和 B 点，单元尺度为 1mm，弹性模量和泊松比分别为 2.0E+11Pa 和 0.3。图 6-41 和图 6-42 中的计算结果都排除了固定端和施加载荷的悬臂端，由图中可以看到，作为梁的外尖角的上下两个棱边出现了除了梁的两端以外的最高应力。由于梁的上棱边是拉应力，下棱边是压应力，通常结构破坏会

出现在上棱边。在这个问题中，外尖角也成为结构的危险部位。如果在外尖角处设置适当的倒角，该处的应力会相应下降。

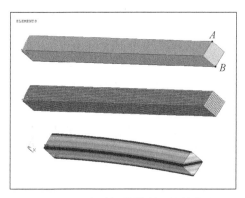

图 6-41　悬臂梁的模型和计算结果

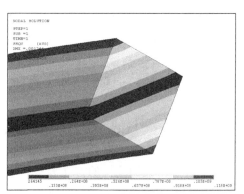

图 6-42　悬臂梁的局部应力分布

　　由于实际结构中不存在理想的尖角，基于理想化的尖角几何建立的有限元模型，在尖角处的计算结果往往与实际情况有较大的差异。基于应力计算的结果判断结构强度之前，首先要判断尖角应力计算结果的合理性和准确性。

　　有限元方法适合根据设计图分析具有一定圆角的尖角处的应力状态。如果关心圆角处的应力，圆角处的网格密度应该足够高，使得应力计算的结果足够稳定。如果尖角处的应力在数值上超过材料屈服极限，应该采用弹塑性材料模型。如果不关心圆角处的应力，在圆角处可以采用正常尺度的单元，或者直接采用尖角几何，用正常尺度的单元在尖角附近划分网格，通过增大单元尺度的方法均化尖角处的过高应力，从而避免在模型中的非关注区出现明显的高应力。

6.4　集中力问题

　　弹性力学的平衡方程中，为了避免集中力引起的奇异性，采用分布力表示结构的内力和外力。弹性力学的问题分析中，也大多采用分布力而不采用集中力。在有限元分析中，结构离散后形成的平衡方程是结点的平衡方程，即结点力和结点位移形式的平衡方程。在建模过程中施加的各种载荷，无论是分布载荷还是集中载荷，最终都将以集中力和力偶的形式进入方程的求解过程。如果在实际问题中给出的工作载荷是集中载荷，如集中力或者力偶，在离散后的有限元模型上直接施加相应的集中载荷就十分方便、直观。因此，在有限元建模过程中，集中载荷尤其是集中力的使用十分广泛。

　　集中力的使用在弹性力学问题分析中会引起分析结果的奇异性，在有限元分析中也存在同样的问题。

6.4.1　弹性力学的 Boussinesq 问题

1885 年，Boussinesq 首先求解了半无限大平面受法向集中力作用的问题，因此该问题称为 Boussinesq 问题。Boussinesq 问题的解给出了弹性半无限大平面受法向集中力和切向力时的位移和应力的解析表达式。这一问题的求解是弹性力学最有理论价值的结论之一，为地基应力、基础沉陷和接触力学等领域的理论研究奠定了基础。由于有限元分析中广泛使用结点力，Boussinesq 问题对有限元分析有着更为特殊的意义。

图 6-43 是半无限大平面受法向和切向集中力作用的示意图。在法向集中力 F_z 的作用下，弹性半无限大平面的下沉量为[1, 2]

$$w = \frac{(1 - \mu^2) F_z}{\pi E x} \tag{6-4}$$

式（6-4）表明，当 $x \to 0$ 时，表面下沉量 $w \to \infty$，即在法向集中力 F_z 作用点 O 处，表面的下沉量为无穷大，尤其在靠近作用点 O 处，下沉量急剧变大。相反，当 $x \to \infty$ 时，表面下沉量 $w \to 0$，即在距离法向集中力 F_z 作用点无穷远处，表面的下沉量为零。如图 6-46 所示，法向集中力 F_z 只在作用点 O 附近的区域产生显著的法向变形，距离作用点稍远的地方，法向集中力 F_z 的影响迅速减弱。

在图 6-44 所示的半无限大平面的原点 O 处施加沿 x 方向的切向力时，x 轴上沿 x 方向的位移为[1, 2]

$$u = \frac{3(1 + \mu) F_x}{2\pi E x} \tag{6-5}$$

式（6-5）与式（6-4）类似，当 $x \to 0$ 时，表面沿 x 方向的位移 $u \to \infty$，即在切向集中力 F_x 作用点 O 处，表面沿 x 方向的位移为无穷大，越靠近集中力作用点 O 处，位移量越大。相反，当 $x \to \infty$ 时，表面位移 $w \to 0$，即在距离切向集中力 F_z 作用点无穷远处，表面的位移量为零。切向集中力的作用范围与图 6-43 所示的法向集中力类似，只在作用点附近能够使表面产生显著的位移，距离稍远的地方，表面位移会迅速减小。

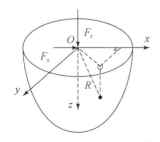　　　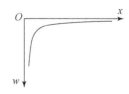

图 6-43　半无限大平面受法向、切向集中力　　图 6-44　半无穷大表面不同位置处的下沉量

上面分析了集中力作用下半无限大表面的位移与集中力作用点远近的关系，不论集中力是法向力还是切向力，在作用点附近，表面的位移都明显比周围区域大，并且在集中力作用点处的位移都趋向于无穷大。从这个结果不难想象，集中力在半无限大表面上产生的应力也有类似的规律，即在集中力作用点附近，表面应力明显高于周围区域，在集中力作用点上，表面应力趋于无穷大。

式（6-6）是在集中力作用下半无限大表面沿 x 轴方向的正应力分量表达式：

$$\sigma_x = \frac{(1-2\mu)F_z}{2\pi x^2} \tag{6-6}$$

式（6-6）表明，半无限表面上的正应力 σ_x 与集中力作用点的距离 x 平方成反比，随着距离集中力作用点越来越远，x 轴方向的正应力 σ_x 迅速降低，在集中力作用点处，正应力则迅速趋于无穷大。

式（6-7）是切向集中力作用下半无限大表面沿 x 轴方向正应力的表达式：

$$\sigma_x = -\frac{(1+\mu)F_x}{\pi x^3} \tag{6-7}$$

式（6-7）中正应力 σ_x 与集中力作用点的距离 x 的三次方成反比，在集中力作用点处，应力迅速趋于无穷大，在远离作用点处，应力迅速趋于零，较之法向集中力作用下的表面应力衰减更快。

式（6-6）和式（6-7）虽然都是应力分量与距离 x 的关系，实际上也反映了等效应力与距离 x 的关系，如米泽斯应力或特雷斯卡应力与距离 x 的关系。由此可以推断，在足够靠近集中力作用点的范围内，表面应力的等效应力，如米泽斯应力或特雷斯卡应力，在这个区域内会超过材料的屈服强度，塑性材料会塑性变形，脆性材料会破裂，式（6-6）和式（6-7）并不能正确反映真实结构的表面应力状态。同样，式（6-4）和式（6-5）也不能正确反映真实结构在足够靠近集中力作用点的区域内的表面变形规律。真实的工程材料既不能承受无穷大的变形，也不能承受无穷大的应力，弹性力学 Boussinesq 问题的解只有在远离集中力作用点处才是合理的。

6.4.2　机械结构中的集中力

弹性力学 Boussinesq 问题的解表明，在靠近集中力作用点处，表面的位移和应力都趋于无穷大，但是在实际的机械零件中，材料能够承受的变形和应力都是有限值，理论上并不会出现无穷大的变形和应力。

在零件表面施加集中力，还需要施加集中力的表面具有理想的外尖角，从而能将集中力施加在零件表面的一点上。一方面实际机械加工不能得到理想的外尖角，另一方面由于材料的弹性、塑性等因素的影响，外尖角在受力后形状会迅速改变，尖角变钝，接触面积增大，从微观的面接触变成宏观的面接触，直到接触面上材料的强度足够承受施加的载荷为止。图 6-45 就是圆锥与平面的实际接触情况。由图中可以看到，接触面积的增大除了与尖角变钝、几何形状改变有关外，还与受力的无限大平面的自身变形有关，即使是尖角硬度很高，尖角自身变形很小，由于无限大平面自身受力后的变形，也会对尖角形成一个包络面，理想的集中力只能发生在接触材料的硬度都无限高的情况下。

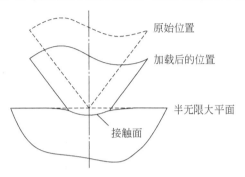

　　机械零件上不存在无限大表面和深度，弹性力学中 Boussinesq 问题的解只能是实际情况的一种近似。在图 6-45 中接触面的尺度与零件表面和深度的尺度相比足够小时，在远离接触区的区域，表面的变形和应力才

图 6-45　圆锥与平面接触示意图

与 Boussinesq 问题的解接近，在接触区以及附近区域，Boussinesq 问题的解并不反映实际情况。

　　机械零件的"集中力"作用点实际上都是图 6-45 所示的一个分布力作用区，在这个区域里，施力零件与受力零件有一个变形接触区，接触区中的应力和变形总是有限值，并不像 Boussinesq 问题的解那样有无穷大的应力和变形。接触区中的应力和变形除了与载荷有关外，还与施力零件和与受力零件的硬度有关，即与材料的弹性模量、泊松比、屈服强度和硬化规律等材料特性参数有关。

6.4.3　集中力的有限元结果

　　有限元分析中，集中力是广泛使用的一种结构载荷，可以直接施加在模型结点上，使用方便、灵活，但是在集中力作用点及附近区域，计算获得的应力和位移结果并不一定反映零件受力后的实际情况。

　　图 6-46（a）是一个底部受支撑、中心受垂直向下的集中力的圆柱体，图 6-46（b）是用有限元法分析该问题的轴对称模型，模型中矩形区域的左侧代表图 6-46（a）中圆柱体的轴心，其水平位移被约束，矩形区域的底部垂直位移被约束，在左上角施加向下的集中力 1000N，矩形区域的面积为 5mm×5mm，材料为碳钢，弹性模量为 200GPa，泊松比为 0.3。

　　图 6-47 和图 6-48 分别是单元尺度为 1mm 时圆柱体的位移结果和应力结果。随着网格逐渐加密，单元尺度逐渐减小，集中力作用点的位移和应力也如图 6-49 和图 6-50 所示逐渐升高。在单元尺度为 1μm 时，图 6-49 中集中力作用点的位移为 0.766mm，与圆柱体的几何尺度相比不能满足弹性力学微小变形的假设，有限元的计算结果并不准确，但是位移的趋势仍然是合理的。

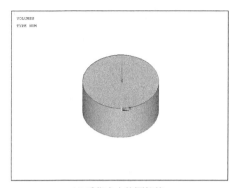
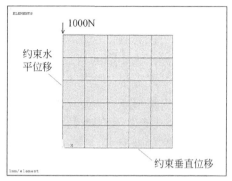

(a) 受集中力的圆柱体　　　　　　　　(b) 轴对称模型

图 6-46　Boussinesq 问题的有限元分析模型

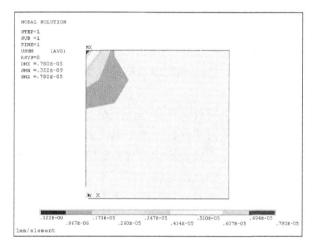

图 6-47　受集中力的圆柱体位移

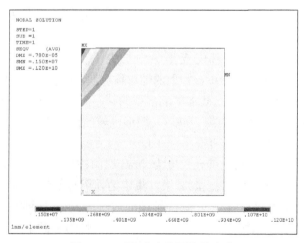

图 6-48　受集中力的圆柱体应力

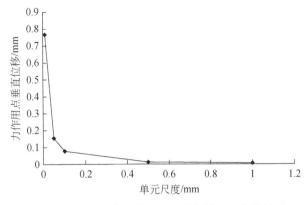

图 6-49　力作用点处的垂直位移与单元尺度的关系

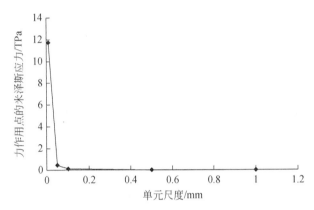

图 6-50　力作用点处的米泽斯应力与单元尺度的关系

图 6-51 和图 6-52 分别是单元尺度为 1μm 时计算得到的上表面的下沉量（取正值）以及不同半径处的米泽斯应力，这两个图反映的规律在趋势上与式（6-4）和式（6-6）的理论结果是一致的。图 6-53 是上表面下沉量取正值时的理论解和有限元解的对比，数据中排除了数值过大的集中力作用点的位移。从图 6-53 中可见，有限元的位移结果在数值上总是小于理论结果，越靠近集中力作用点，有限元的结果与理论结果相对偏差越小，越远离集中力作用点，二者的相对偏差越大，这可能与模型中的圆柱体不符合无限大平面的要求有关。

在有限元模型中，集中力作用点及附近区域的应力和位移计算结果与 Boussinesq 问题的理论解有相同的变化规律，但是应力和位移在数值上低于理论解，并且随着网格密度的提高，有限元的数值解逐渐逼近理论解，越靠近集中力作用点，相对偏差越小。由于机械零件实际的受力状态与 Boussinesq 问题的假定以及有限元模型都存在一定差异，在集中力作用点及其附近区域的有限元结果与理论结果的一致性并不代表他们能够准确反映机械零件表面的实际变形和应力。相反，在远

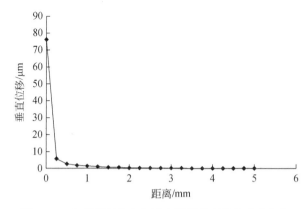

图 6-51 上表面距离力作用点不同距离处的垂直位移

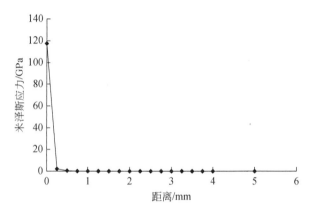

图 6-52 上表面距离力作用点不同距离处的米泽斯应力

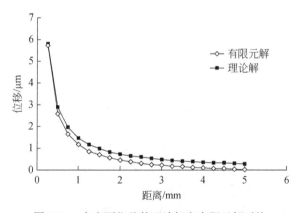

图 6-53 上表面位移的理论解和有限元解对比

离集中力作用点的区域，有限元解与理论解虽然存在明显差异，但是有限元的结果与实际零件的变形和应力应该更接近。

有限元分析中，集中力作用点的位移和应力与网格密度密切相关。网格密度高，位移和应力增大；网格密度低，位移和应力减小。过高的网格密度会得到过高的位移和应力，过低的网格密度，则会得到接近于零的位移和应力，有限元结果存在"任意性"，结构上集中力作用点的位移和应力并不适合用于评价结构强度和刚性。

6.4.4　分布力的有限元结果

在有限元模型的建立过程中，多数前处理系统允许施加分布力，包括面分布力和体分布力，如零件表面水压力、油压力和分布于零件体积上的重力、加速运动过程中的惯性力等。这类分布力在前处理中施加到模型上以后，最终由前处理系统或者求解器的预处理模块将其转换成结点力进入计算过程，即分布力最终会转变成集中力施加在模型上，与前述集中力不同之处在于，分布力最终施加在相邻的一些结点上，集中力通常是施加在单个、孤立的结点上，并没有本质上的区别。

采用图 6-46 中的模型，将集中力换成等效的均布力施加在圆柱轴心附近、半径为 1mm 的圆形区域上，可以得到与图 6-47 和图 6-48 相似的应力和位移分布。图 6-54 是计算获得的上表面圆柱轴心处的米泽斯应力与单元尺度的关系，图 6-55 是轴心处的位移与单元尺度的关系，这两个图的趋势与图 6-49 和图 6-50 一致，数值也几乎相同。

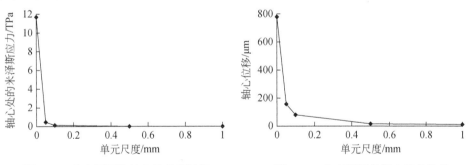

图 6-54　上表面圆柱轴心处的米泽斯　　　　　　图 6-55　上表面圆柱轴心处的位移
　　　　　　应力与单元尺度的关系　　　　　　　　　　　　　　与单元尺度的关系

图 6-56 是上表面距离圆柱轴心不同距离处的米泽斯应力，图 6-57 是上表面距离轴心不同距离处的变形量，两图都排除了轴心处过大的数据。对照图 6-57 和图 6-53 中的有限元结果可以看到，分布力作用下的上表面变形与集中力作用下的上表面变形规律相同，数值上也十分接近。不难推断，这种数值上接近的程度与分布力作用的面积相对于圆柱上表面面积的比值有关，比值越小，分布力越接近集中力，两条曲线就应当越接近。

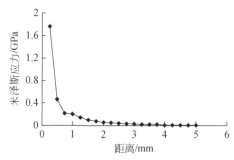

图 6-56　上表面距离轴心不同
距离处的米泽斯应力

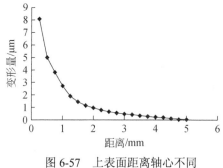

图 6-57　上表面距离轴心不同
距离处的变形量

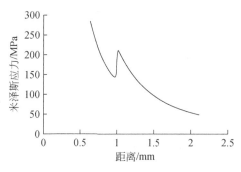

图 6-58　分布力边缘的应力突变

图 6-56 在距离为 1mm 的位置应力出现波动，将该位置曲线放大后如图 6-58 所示，应力曲线在分布力的边缘出现明显的突变，网格密度越大，突变现象越明显。由于位移与应变、应力之间的微分关系，应力在分布力边缘的突变性，在位移曲线上也有，但是表现并不明显。

在小面积上施加分布力，理论上更接近于机械零件所受的"集中力"，这种分布力在作用区域及邻近区域产生的变形和应力与集中力产生的变形和应力分布规律相似，数值上也可以比较接近。当分布力作用区域与零件表面和厚度在尺度上相比很小时，集中力和分布力的效果是相当的，当然这种相当也与网格密度密切相关，只要网格密度足够大，集中力和分布力的差别总是能够充分显示出来。

在有限元分析中，对于小面积上作用着分布力的情况，与集中力作用一样，该区域及邻近区域的应力和变形结果与网格密度密切相关，计算结果同样存在"任意性"，一般也不适合作为评价结构强度和刚性的指标。

集中力问题在机械零件和装配结构的建模和分析中广泛存在。机械零件中的集中问题不仅涉及材料的弹性，还与材料的塑性和表面之间的摩擦有关，需要考虑材料和接触的非线性。同时，在集中力作用区域，零件表面几何形状有明显变化，还需要考虑大变形非线性带来的影响。基于线弹性力学的集中力问题的分析结果，无论是理论结果还是有限元分析结果，都可能与实际情况有较大出入。

6.4.5　赫兹接触

1882 年，赫兹提出一个假定，如图 6-59 所示，两个弹性球在接触时，如果接触面上只有法向接触应力，没有切向接触应力，球体只有弹性变形，没有塑性变形，接触区尺度远小于球半径，图 6-60 所示的圆形接触区内沿径向的压力分布可以用式（6-8）描述[1]：

$$p = p_0[1-(r/a)^2]^{1/2} \qquad (6\text{-}8)$$

式中，p_0 是接触区上最大的接触压力。

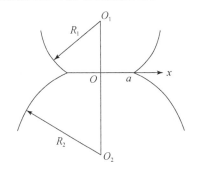 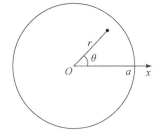

图 6-59　两个球体的接触　　　图 6-60　球体接触区的几何形状

将赫兹提出的式（6-8）在接触区积分，可以求得接触合力

$$p = \frac{2}{3} p_0 \pi a^2 \qquad (6\text{-}9)$$

和接触区的法向平均接触压力

$$\overline{p} = \frac{2}{3} p_0 \qquad (6\text{-}10)$$

结合前述法向集中力作用下的载荷与变形关系可以求得

$$p_0 = 2\delta /(\pi E^* a) \qquad (6\text{-}11)$$

和

$$\delta = a^2 / R^* \qquad (6\text{-}12)$$

式（6-11）中，E^* 是两个球体的等效半径和等效弹性模量：

$$\frac{1}{E^*} = \frac{1-\mu_1^2}{E_1} + \frac{1-\mu_2^2}{E_2} \qquad (6\text{-}13)$$

其中，E_1 和 E_2 分别是球体 O_1 和 O_2 的弹性模量；μ_1 和 μ_2 分别是球体 O_1 和 O_2 的泊松比。

式（6-12）中，R^* 是两个球体的等效半径：

$$\frac{1}{R^*} = \frac{1}{R_1} + \frac{1}{R_2} \qquad (6\text{-}14)$$

其中，R_1 和 R_2 分别是两个球体的半径。

结合式（6-10）～式（6-12），可以求得接触区平均单位面积上的法向接触刚度：

$$k_\mathrm{n} = \frac{\partial \overline{p}}{\partial \delta} = \frac{8E^{*2}}{9\pi^2 R^* \overline{p}} \qquad (6\text{-}15)$$

单位面积上的接触刚度称为面刚度，相应地，根据接触面上的合力与接触变形的关系求得的接触刚度称为集中刚度。由式（6-15）可以看到，面刚度与等效的球半径和平均接触压力成反比，等效球半径越大，平均接触压力越高，面刚度越低，这与集中刚度的变化规律明显不同。

基于半无限大平面受切向集中力时的载荷-变形关系，可以求得两个弹性球体无微观滑动接触时的切向面刚度[3]：

$$k_\tau = \frac{8}{\pi a\left(\dfrac{2-\mu_1}{G_1}+\dfrac{2-\mu_2}{G_2}\right)} \tag{6-16}$$

式中，G_1 和 G_2 分别为两个球体材料的剪切模量。

如果

$$a = \frac{3\pi\overline{p}R^*}{4E^*} \tag{6-17}$$

那么

$$k_\tau = \frac{32E^*}{3\pi^2 R^*\left(\dfrac{2-\mu_1}{G_1}+\dfrac{2-\mu_2}{G_2}\right)\overline{p}} \tag{6-18}$$

式（6-18）中，切向面刚度与两个球体的等效半径 R^* 以及法向平均接触压力 $\overline{p}$ 之间都是反比关系，与式（6-15）的法向刚度相同。此外，式（6-18）还表明，球体接触的切向面刚度与切向载荷无关，这与接触表面的切向刚度试验结果一致。

上述的分析过程不仅适用于两个球体的接触，也可以推广到非球体，如椭球体、圆柱体的接触问题中。例如，一个球的半径趋于无穷大时，问题就变成了图 6-61 所示的球体与平面的接触；当一个球体的半径为负时，也可以用于分析图 6-62 所示的球体与内球面（凹面）的接触；当一个球体的半径和弹性模量均为无穷大时，问题就演变成弹性球体与刚性平面的接触[1,2,4]。

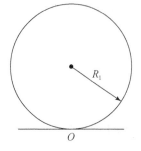

图 6-61　球体与刚性平面的接触

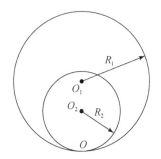

图 6-62　球体接触区的几何形状

赫兹接触理论在机械工程中有广泛的应用。如果接触的球体采用相同的材料并且假定泊松比为 0.3 时，基于赫兹理论可以获得很多简单、直观而且有价值的结论。例如，最大压应力 p_0 发生在接触面的中心，它是接触面平均接触压力 $\bar{p}$ 的 1.5 倍；最大剪应力发生在公共法线上距离接触中心 $0.47a$ 处，其值为 $0.31\,p_0$，如果载荷继续增大，该处会最先出现塑性或者裂纹；最大拉应力发生在接触面的边缘，为 $0.133\,p_0$，接触区的边缘也是容易开裂的位置。

赫兹接触理论只反映弹性体的接触规律，不能说明出现塑性后的接触规律，包含材料塑性的接触分析需要通过有限元的弹塑性接触分析实现。

赫兹接触理论的核心是式（6-8）所述的两个球体接触区上的压力分布的假定。这个假定要求接触区内的接触压力 p 与半径 r 保持式（6-19）的椭圆关系：

$$\left(\frac{p}{p_0}\right)^2 + \left(\frac{r}{a}\right)^2 = 1 \tag{6-19}$$

由于这个假定只在接触变形很小的范围内成立，赫兹接触理论在工程应用中受到很大限制。在粗糙表面的接触研究中，经常采用图 6-63 所示的弹性半球与刚性面的平面轴对称接触模型作为粗糙表面接触研究的基础，弹性半球通常称为微凸体。图 6-64 和图 6-65 是基于图 6-63 建立的有限元接触模型获得的米泽斯应力分布，随着接触变形的增大，接触面积增大，发生塑性变形的区域也在变大。分析中使用的弹性模量为 200GPa，泊松比为 0.3。如果不考虑材料塑性，即使在法向接触变形 δ 比较大时，接触区的压力分布仍然能够比较接近椭圆，如果考虑塑性，在接触变形 δ 逐渐增大时，如图 6-66 所示接触压力会逐渐偏离椭圆分布。有限元分析的结果表明，随着接触变形的增大，微凸体内部开始出现塑性区，微凸体与刚性面之间的法向载荷与法向变形之间的关系会逐渐偏离赫兹理论的关系：

$$P = 4RE^*\delta^{3/2}/3 \tag{6-20}$$

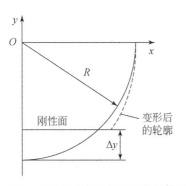
图 6-63　弹性半球与刚性面的接触模型

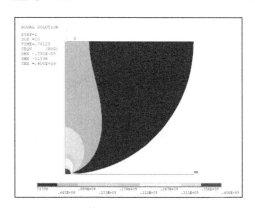
图 6-64　小接触变形时的米泽斯应力分布

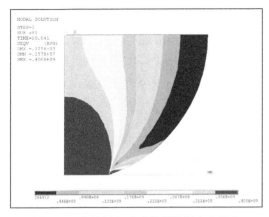

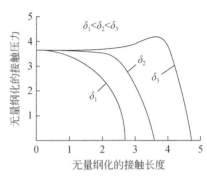

图 6-65　大接触变形时的米泽斯应力分布　　　图 6-66　圣维南原理与应用

微凸体在出现塑性区后的载荷-变形规律与材料屈服后的应力-应变关系有关，要想在非弹性阶段建立像赫兹接触那样的解析表达式，需要在解析表达式中准确体现材料的硬化特性。目前的接触理论把微凸体与刚性面的接触过程分为三个阶段：弹性阶段、弹塑性阶段、塑性阶段[5]。在弹性阶段，认为接触是完全弹性的，用赫兹理论建立载荷与变形、接触面积之间的关系；在塑性阶段，用塑性理论建立微凸体的载荷-变形关系和载荷-接触面积关系；在弹塑性阶段，则采用不同的拟合函数和连续性条件将弹性区和塑性区的载荷-变形关系以及载荷-接触面积关系连接起来，形成弹塑性阶段的载荷-变形关系和载荷-接触面积关系。弹性阶段结束的临界点 ω_1 一般采用式（6-21）定义[6]：

$$\omega_1 = \left(\frac{3\pi kH}{4E}\right)^2 R \qquad (6\text{-}21)$$

式中，k 为平均接触压力系数[7]，一般取 $k=0.4$；H 为材料的硬度。当微凸体的接触变形 $\delta < \omega_1$ 时，认为微凸体的接触是弹性接触；在 $\delta > 110\omega_1$ 时，是塑性接触[8,9]；在 $\omega_1 \leqslant \delta \leqslant 110\omega_1$ 时，是同时包含塑性接触和弹性接触的混合变形阶段，即弹塑性接触阶段。

精细的有限元分析表明，微凸体的载荷-变形关系是逐渐偏离赫兹接触的，并不存在式（6-21）那样的临界点，基于临界点处载荷-变形关系的连续性建立的弹塑性阶段的载荷-变形关系并不准确。

另外，钢铁材料在塑性阶段都有一定的强化，基于理想塑性建立微凸体载荷-变形关系也不能准确反映硬化材料的接触特性。

图 6-64 和图 6-65 所示的有限元接触模型虽然能够反映微凸体材料的硬化特性，但是现阶段材料的应力-应变关系在超过抗拉强度后的真应力-应变关系数据还很少，设计手册提供的还是工程应力-应变数据，不能用于包含塑性的微凸体接触变形关系的分析和研究[10]。

6.5 圣维南原理与应用

圣维南原理是弹性力学的基础性原理之一，由法国力学家圣维南于 1855 年提出，也称为局部影响原理。圣维南原理在结构力学分析中应用广泛，在有限元建模中主要用作载荷、约束条件等效和简化的依据。

如果作用在弹性体一小块表面上的力被作用于同一块表面上的静力等效力系替代，这种替换仅使局部表面产生显著的应力变化，而在距离比较远的地方，其影响可忽略不计，这就是圣维南原理。

圣维南原理采用的力系等效方法是静力等效，即等效前后的两个力系，合力相等，合力偶也要相等。

圣维南原理在不同的应用场合可以有多种不同的表述方法。常用的一种表述为：分布于弹性体上一小块面积（或体积）内的载荷所引起的物体中的应力，在离载荷作用区稍远的地方，基本上只同载荷的合力和合力矩有关，载荷的具体分布只影响载荷作用区附近的应力分布。

此外，圣维南原理还有一种常用的等价的提法：如果作用在弹性体某一小块面积（或体积）上的载荷的合力和合力矩都等于零，则在远离载荷作用区的地方，应力就小得几乎等于零。

圣维南原理也可以理解为，只要载荷的合力正确，那么在远离载荷作用区的地方，载荷的精确分布就不重要。圣维南原理与其说是一个严谨的数学命题，不如说是一个观察发现。虽然这个发现符合工程经验，但是其正确性 100 多年来都没有在理论上得到完整、严格的证明。

图 6-67 是一个悬臂梁的几何模型，长 500mm，高 50mm，厚 10mm，左端固定，右端施加拉伸载荷 5kN。如果材料弹性模量为 2.0E11，泊松比为 0.3，图 6-68 是采用壳单元划分的网格。悬臂梁右端施加的载荷除了均布载荷外，还有图 6-69 所示的四种形式，各种载荷的合力都是 5kN。图 6-70 是包括均布载荷的五种载荷形式下的悬臂梁应力分布，图中除了均布载荷外，其他四种形式的载荷都有应力集中。图 6-71 是除了均布载荷外的四种载荷形式下梁固定端的应力分布，图中的应力分布基本相同，可以预期，均布载荷下的应力分布也与之基本相同。

图 6-72 是悬臂梁上表面沿图 6-67 中 AB 连线上的应力分布，$P_1 \sim P_4$ 分别对应图 6-69 中的四种载荷形式，P_5 是均布载荷下的结果。在右端 B 点附近，不同载荷下的应力差异很大，除了均布载荷的应力保持不变外，其他载荷下的应力都有突变。图 6-73 是悬臂梁左侧上表面路径上的应力分布，图 6-74 是悬臂梁右侧上表面的应力分布。图 6-73 中左侧上表面路径上的应力分布在不同载荷形式下保持不变，图 6-74 中右侧上表面的应力分布除了均布载荷下的应力保持不变外，其他载

荷下的应力变化都有明显变化，变化趋势也不尽相同。说明在右端不同形式的载荷作用下，虽然右端的应力幅值和分布规律不尽相同，但是对左端的应力幅值和分布规律没有明显的影响，这与圣维南原理是一致的。

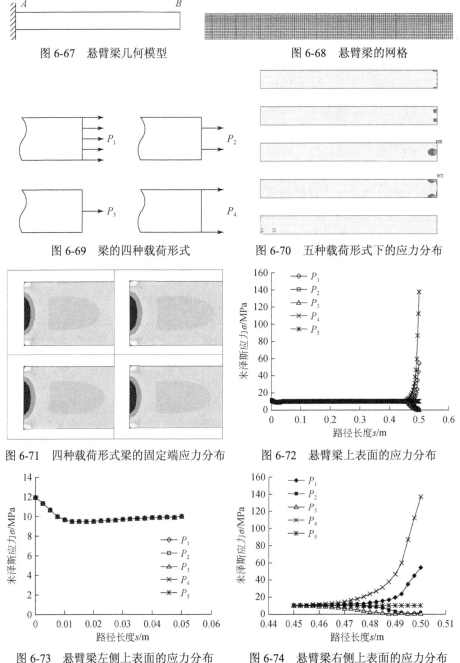

图 6-67　悬臂梁几何模型　　　　　　图 6-68　悬臂梁的网格

图 6-69　梁的四种载荷形式　　　　　图 6-70　五种载荷形式下的应力分布

图 6-71　四种载荷形式梁的固定端应力分布　　　图 6-72　悬臂梁上表面的应力分布

图 6-73　悬臂梁左侧上表面的应力分布　　　图 6-74　悬臂梁右侧上表面的应力分布

　　如果图 6-67 中的梁用工字钢，左端固定，右端施加双力偶，则可能出现不符合圣维南原理的现象[11]。

　　如果工字钢板厚 25mm，腹板厚 5mm，长 500mm，高和宽均为 50mm，左端固定，右端施加两个大小均为 50Nm 但是方向相反的与梁长度方向平行的力偶 M_{x1} 和 M_{x2}。图 6-75 中的两个力偶距离近，都施加在腹板上，图 6-76 中的两个力偶距离远，都施加在工字钢的上下两端。工字钢梁的材料参数与图 6-68 中的梁相同。工字钢梁的有限元模型如图 6-77 所示，计算获得的梁的整体应力分布如图 6-78 所示。图 6-79 是工字钢梁左侧的应力分布。

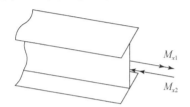
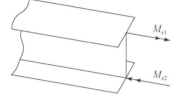

图 6-75　工字钢梁端的近力偶载荷　　　　图 6-76　工字钢梁端的远力偶载荷

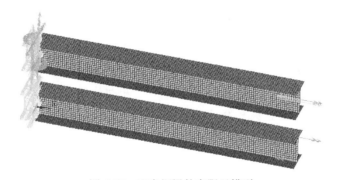

图 6-77　工字钢梁的有限元模型

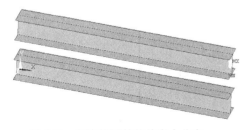

图 6-78　工字钢梁的整体应力分布　　　　图 6-79　工字钢梁左侧的应力分布

　　图 6-78 所示的工字钢梁整体应力分布中，在腹板上施加载荷的工况出现明显的应力集中，图 6-79 的左侧应力分布中，在工字钢上下两端施加载荷的工况出现了大面积的应力变化，应力的影响已经波及固定端，右端的应力呈现非局部化现象，与圣维南原理不一致。这种现象的解释是，由于腹板厚度过小，图 6-76

中的载荷会引起结构大范围的变形，不能认为是圣维南原理中的作用范围很小、影响范围也很小的载荷，图 6-75 中的载荷工况才符合圣维南原理中的只产生局部影响的载荷。

圣维南原理的合理使用可以有效地简化模型，方便计算，这是圣维南原理在工程中得到广泛应用的原因。但是应用圣维南原理时需要注意一些限制条件，需要分析结构载荷影响区域的大小，尤其是薄壁构件，要确保在静力等效后，载荷影响的区域足够小。

6.6　常见机械结构的建模方法

机械结构中大量使用标准件，如螺栓、皮带、滚动轴承等，这些零件在几何形状、机械性能、应用场合都遵守明确的标准和规范。此外还有大量的零件在局部结构上也符合一定规范或相关标准，如齿轮和链轮的齿形。这些零件在规格上具有一定相似性和规范性，在长期的有限元分析中，逐渐形成了一些比较常用的建模方案。

6.6.1　螺栓联接

螺栓联接是机械结构中使用最广泛的一种联接形式。螺栓联接包括螺栓、螺母、垫圈以及被联接件，如图 6-80（a）所示，也包括如图 6-80（b）所示的螺栓与被联接件直联的形式。螺栓联接中，螺栓和螺母的几何形状、各部分之间的接触状态和载荷工况都比较复杂，准确地建模和预测联接性质一直比较困难。

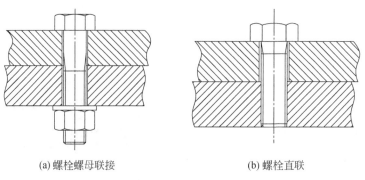

(a) 螺栓螺母联接　　　　　　　　　　　　(b) 螺栓直联

图 6-80　螺栓联接的两种形式

螺栓联接在有限元建模中的复杂性包括螺纹几何形状的复杂性、联接性质的复杂性以及载荷工况的复杂性等几个方面。

螺纹几何形状的复杂性主要体现在牙型和螺旋面上。螺纹牙型有三角形、梯形、矩形等不同形状，有公制、英制的区别，还有圆柱螺纹和锥螺纹等。常用的螺栓牙型是三角形，牙型顶部和根部有圆弧。与大多数机械零件表面的几何形状不同，螺纹表面是螺旋曲面，三维的螺栓和螺母在网格划分时不能得到完全的六面体单元网格，只能使用四面体网格或者四面体和六面体的混合网格。在螺纹的末端进行网格划分时，受到尖锐的螺纹末端牙型几何形状的限制，网格形状畸变严重，往往需要专门处理。

螺栓联接在联接性质上的复杂性主要体现在螺栓与螺栓孔配合性质、被联接件在工作条件下的接触状态等方面。螺栓联接中螺栓与螺栓孔之间确切的配合性质、接触状态都无法预先知道，建模时通常选择最恶劣的工况条件分析，这使得计算结果偏于安全且与实际情况往往不符。如果螺栓预紧力不足，两个被联接件之间还会出现宏观滑移或者局部分离，不能保持固定联接的性质。

在轴向载荷和横向载荷作用下，螺栓大多处在弯曲状态，螺栓长度方向上不同位置处的螺纹受力不均匀，螺栓和螺母作用在被联接件上的力也不均匀。随着载荷的变化，螺栓的弯曲程度也在不断变化，螺栓、螺母、两个被联接件之间的接触状态也在不断变化。相同的螺栓联接，在不同的载荷条件下，联接的性质可以有明显差异。

在有限元分析中，螺栓联接的模型可以根据问题规模分为整机级模型和零件级模型。在整机结构分析中，采用比较简单的螺栓联接模型，螺纹的几何形状不直接体现出来，单元数很少，称为整机级螺栓分析模型。图 6-81（a）所示的由多个梁单元构成的螺栓联接模型就是一种整机分析中常用的模型，图 6-81（b）所示的螺栓模型与实体单元在螺栓孔边的结点耦合，形成一个与螺栓头外形相当的六边形，力学性质比较接近螺栓头的力学性质。在这个模型的基础上，也可以将模拟螺栓头和螺母的放射状梁单元省略，形成图 6-81（c）所示的单一梁单元模型。采用这样的螺栓模型，实体模型中不需要开孔，用梁单元直接将上下表面的结点联接，这种极端简化的螺栓模型不能模拟螺杆的横向剪切，也不能直接用在被联接件之间有滑移的结构中，即需要确保两个被联接件之间没有滑移。

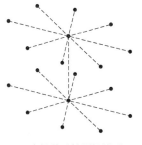 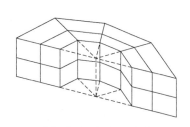

(a) 多梁单元的螺栓模型　　　　　　　　(b) 螺栓模型与实体单元的耦合

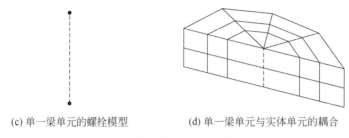

(c) 单一梁单元的螺栓模型   (d) 单一梁单元与实体单元的耦合

图 6-81 螺栓联接在整机中的建模方法

在螺栓应力和变形分析中，需要建立包含较多细节的模型，这样的螺栓联接模型称为零件级螺栓分析模型。图 6-82 就是常用的一种螺栓分析模型。这种模型将螺纹简化成环形纹，将三维问题简化成二维轴对称问题，采用平面应力单元分析螺纹附近的应力和变形。这种模型的缺点是不能考虑螺栓的弯曲和扭转载荷，如果要考虑弯曲和扭转，需要建立三维的螺栓联接模型，单元数量可以增加 1~2 个数量级。如果没有明显的弯曲载荷，通常采用图 6-82 所示的平面轴对称模型分析螺栓联接的螺纹应力和变形。

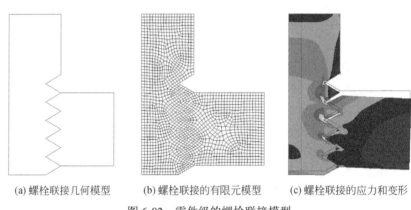

(a) 螺栓联接几何模型   (b) 螺栓联接的有限元模型   (c) 螺栓联接的应力和变形

图 6-82 零件级的螺栓联接模型

在整机分析模型中，比单一梁单元更为简洁的一种螺栓联接模型是通过自由度耦合方式将螺栓联接的两个表面结点直接耦合起来，形成一种刚性联接。如果两个被联接件用壳单元建模，甚至可以用合并两个壳单元相同位置上的结点的方式将两个表面联接起来。这种刚性的联接方式中，螺栓的强度无限大，联接破坏只会通过被联接件的破坏表现出来，适合用来建立薄壁件的螺栓联接，如薄板之间的螺栓联接，蒙皮与骨架之间的联接等，这种结构中，螺栓的刚性和强度远大于被联接件的刚性和强度，联接破坏的形式也主要是联接附近蒙皮的撕裂和剥离，忽略螺栓的变形和强度有其合理性。

机械结构中除了螺栓联接以外，还有铆接、焊接、铰接等常用的机械联接形式，它们都可以看成是螺栓联接的特殊形式，建模方法与螺栓联接类似。

1. 螺栓的几何模型

螺栓的种类比较多，螺纹几何形状也比较复杂。螺栓的几何建模主要是螺纹的处理，此外还涉及螺栓头和螺母外形的处理。螺纹的处理包括螺纹牙型的处理，螺旋升角的处理和螺纹两端的处理。

对于图 6-80 和图 6-83（a）所示的六角头螺栓，几何建模中一般会忽略螺栓头的倒角，简化成图 6-83（b）所示的几何模型，认为倒角对螺栓强度没有影响，以避免细小的几何特征在后续的网格划分中产生过多的单元或者形状过度畸变的单元。类似地，对螺母也做同样的处理。有时候为了后续网格划分的方便，也把螺栓头的几何形状简化成圆柱，圆柱的直径取六棱柱的外切圆和内切圆平均值，相应地，螺母也可以做类似的处理。对于沉头螺栓，可以忽略头部几何的圆角，将螺栓头部的内六方孔直接简化成圆孔。

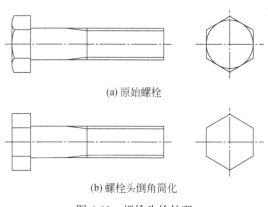

(a) 原始螺栓

(b) 螺栓头倒角简化

图 6-83 螺栓头的处理

如图 6-84（a）所示，螺旋形的螺纹在几何上不是轴对称的回转体，不能将其简化成平面轴对称问题。在由二维网格旋转扫略生成三维网格时，由于轴心处的网格不协调，需要事先如图 6-84（b）所示将二维几何分割，在螺纹部分采用旋转扫略方式生成网格，在芯部生成自由网格。这样的网格划分方案，可以在螺纹部分生成质量较好的六面体网格，但是芯部的网格质量较差且单元数量较多，同时在芯部靠近螺纹部分的几何交界面内生成的是五面体网格，在一些不支持五面体单元的有限元软件中，无法采用这种网格划分方案。螺栓受力以后，螺纹的高应力出现在螺纹部分，芯部不属于高应力区，这种方案可以得到较为可靠的分析结果，与完全自由的网格划分方案相比，是一种比较好的网格划分方案。

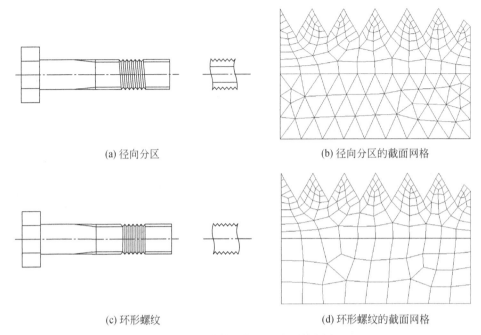

(a) 径向分区　　　　　　　　　　　　　(b) 径向分区的截面网格

(c) 环形螺纹　　　　　　　　　　　　　(d) 环形螺纹的截面网格

图 6-84　螺纹的几何处理和网格划分

　　为了保证自锁，普通螺纹的升角都不大，大一点的升角一般在 3°多一点，小的在 1°以下。因为这个缘故，有限元建模中，螺纹部分更多的是简化成图 6-84（c）的环形，忽略螺旋升角对结构的影响。这种简化方案给螺纹的几何建模和网格划分可以带来极大方便。首先，由于是回转体，如果载荷和约束条件也具有回转特性，螺纹部分可以简化成平面轴对称问题，单元数量可以大幅减少。其次，由于是回转体，网格划分时可以采用图 6-84（d）所示的旋转扫略平面网格的方法获得三维网格，这种方法除了芯部的网格是三棱柱形外，其他部分的网格都可以是六面体。如果螺纹部分的几何也如图 6-84（a）所示分成内外两部分，在外部的螺纹部分采用旋转扫略方法获得全六面体网格后，芯部采用从端面拉伸的方法也可以获得全六面体网格。因此，这种将螺纹简化为回转体的几何建模方法，在螺栓建模中有广泛的应用。

　　在螺纹的两端，螺纹的几何特征与中间部分明显不同。螺栓端部的螺纹形状如图 6-85 所示，螺纹牙型在两端逐渐消失。由于螺纹的升角只有几度，在螺纹消

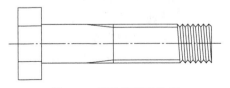

图 6-85　螺纹端部的处理

失部分的牙型几何形状逐渐变小直至消失，细小的几何特征在网格划分时会产生形状恶劣的单元。为了避免给计算过程带来影响，需要事先将螺纹两端的几何进行修整，消除尖锐部分，也可以在网格生成

后将形状极度畸变的单元删除，保证进入计算过程的单元都有较好的形状。如果将螺纹简化成环形，则不会出现螺纹牙型宽度逐渐变薄的情况，无论是二维模型还是三维模型，网格质量都比较容易保证。需要注意的是，在螺纹两端的几何修整，都会显著改变螺纹的几何形状。由于螺纹两端在承载时的应力差别很大，在图 6-85 中螺纹左端的修整，通常会提高该区域的应力水平，在螺纹右端、螺栓末端的修整，由于螺栓末端不受力，对螺栓应力不会有明显影响。

如图 6-86 所示，在三角形螺纹的尖部和根部并不尖锐，都有一定的圆弧。螺纹的根部和尖部在螺栓受力后都可能出现高应力。尖部的高应力多数情况下不影响螺栓的强度，螺栓断裂一般出现在根部。精细的螺栓建模需要考虑尖部和根部的应力，尤其是根部的应力。这个时候，几何建模中需要考虑牙型尖部和根部的圆弧。对螺栓分析结果要求不高的场合，可以忽略牙型的圆弧，甚至忽略牙型，直接用圆柱形几何。

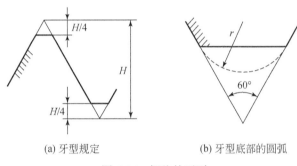

(a) 牙型规定 (b) 牙型底部的圆弧

图 6-86 螺纹的牙型

螺纹几何精确建模存在的一个主要问题是标准和规范的不完备。如上所述，实际的螺纹在牙型的底部都有圆弧，并不是理想的内尖角。这一方面是因为过尖的尖角加工困难，另一方面是为了减小螺纹的应力集中，加工过程中有意保持一定圆弧，但是在国家标准和相关的行业规范中没有明确规定圆弧的大小和位置，如图 6-86（a）所示的国标 GB/T 192-2003 规定的普通三角螺纹的牙型几何尺寸，并不要求底部是圆弧，但是在图 6-86（b）所示的实际结构中都有一个圆角 r，一般不会将螺纹加工成图 6-86（a）所示平底螺纹，标准、规范在这部分与实际情况存在明显差异。这种差异给螺纹牙型的精确建模带来困难，即牙型底部的圆角半径和位置无法确定，如果直接按照标准规定建立牙型的几何模型，牙型底部存在两个内尖角，有限元分析结果在这两个位置必然出现应力集中。除了三角形螺纹外，其他牙型的螺纹在几何建模时也存在同样的问题。这类问题，在建模前需要根据螺栓的实际几何尺寸确定牙型底部的圆弧半径，或者有确切的事先约定，否则在牙型附近难以得到准确可靠的计算结果。

2. 螺栓的有限元模型

螺栓的几何模型中比较复杂的部位是螺纹部分。螺纹牙型的根部受力后会出现应力集中现象，也是螺纹断裂的主要位置。如果几何模型中不考虑根部的圆弧，根部的几何形状是一个内尖角，应力集中总是存在，应力水平总是随网格密度的增加而升高，得不到确切的应力值。考虑根部的圆弧后，如果采用曲边单元，并且网格密度足够，则可以避免这个问题，得到比较合理的计算结果。

经验上，螺纹的应力分析结果容易出现塑性，螺纹分析时，材料模型需要考虑塑性，一般采用弹塑性材料模型进行非线性分析。为了减少计算时间，也可以采用线性弹性模型作线性分析。采用线性弹性模型时，如果计算结果中的米泽斯应力或者特雷斯卡应力不超过材料的屈服极限，计算结果是可用的，否则就需要采用弹塑性材料模型。因此在螺栓的应力分析中，可以先采用弹性模型分析，根据应力结果考察分析结果的可用性，如果有超过屈服极限的等效应力，则需改用弹塑性模型作非线性分析确定应力和变形。

螺栓受到的载荷往往比较复杂，有轴向载荷，也有切向载荷以及弯曲和扭转载荷。只有载荷、约束条件以及几何形状满足轴对称条件时，螺栓才可以简化成平面轴对称问题，否则只能采用三维模型。三维的螺栓联接模型中，如果忽略螺纹的扭转，可以进一步将螺纹简化成环形，形成图 6-87 所示的三维螺栓联接模型。三维模型与二维模型一样，由于事先无法知道螺纹上的载荷分布情况，通常需要螺栓与螺母一起建模，并且在螺纹接触面上建立接触单元，做螺栓-螺母接触分析，用以获得类似图 6-82（c）所示的螺纹部分的应力、变形。

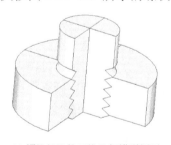 

(a) 螺纹部分的三维几何模型剖面　　　　(b) 螺纹部分的三维网格剖面

图 6-87　三维螺栓联接模型示意图

螺母的建模方法与螺栓类似，难点也是螺纹的建模，相应的处理方法与螺栓类似。

螺栓联接建模时的一个难点是预紧力的施加。在工程结构中，螺栓联接通常是有预紧力的。在有限元建模过程中，也需要施加同样的预紧力。图 6-88 是一种常用的螺栓联接预紧力施加方式的示意图。这种方法是将螺栓截断，在断面上沿螺栓长度方向施加数值相等，方向相反的预紧力，也可以将断面上的单元软化或者删除后施加预紧力。这种方法的缺点是螺栓被切断或者断面单元被软化、删除后，螺杆的联接刚度消失，在需要考虑联接刚度的分析中不适用，如模态分析、动力响应分析。

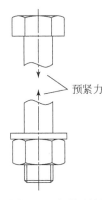

图 6-88　螺栓预紧力的施加

　　还有一种常用的施加预紧力的方法是冷缩法。这种方法是通过降低螺栓温度，缩短螺栓长度来产生螺栓联接的预紧力。这种方法的优点是能够保持螺栓的联接刚度，缺点是螺栓的收缩不只是长度方向的，其他方向也收缩，降低的温度与预紧力之间的关系需要事先计算，无法直接给出准确温度数值。如果软件在模态计算时不能计入温度的影响，这种方法也不适用。

　　上述两种常用的施加预紧力的方法都存在一些明显的缺点，螺栓联接模型中如果要准确地考虑预紧力的影响，还需要采取一些特殊的方法和措施。

6.6.2　轴

　　如图 6-89 所示，多数轴因为有键槽，几何上不是一个严格的回转体，轴的载荷一般也不具有回转特性，无论是几何模型还是有限元模型都很少能简化为二维的平面轴对称模型。图 6-90 是一种常用的四面体网格划分方案。为了改善分析精度，需要采用带有边中结点的高阶四面体单元。从图中可以看到，在键槽附近，由于受小的几何特征的影响，生成了密度较高的网格。这种网格划分方案的优点是划分效率高，能够保持较高的分析精度，缺点是计算量大。

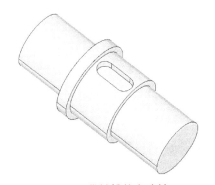

图 6-89　带键槽的台阶轴

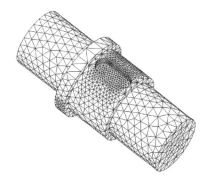

图 6-90　轴的四面体网格

　　键槽的存在，除了破坏轴的对称性以外，也给轴的网格划分带来一定困难。只有在忽略键槽的影响时，轴的建模才比较方便。这个时候，可以先建立轴的截面几何，然后通过旋转拉伸操作生成三维的轴几何。网格划分也可以采用类似的方法，即先在轴向截面上生成二维四边形网格，然后旋转拉伸二维网格，最终生成三维网格。这样生成的网格在轴芯部是三棱柱网格，还不是理想的六面体网格。由于轴的应力一般出现在轴的表面，芯部的三棱柱网格通常并不会显著影响分析结果。

由于键槽的存在，在轴的网格划分中，要获得完全的六面体网格比较困难。多数情况下是将键槽附近的区域分割出来，采用四面体划分网格，其余比较规则的区域采用六面体划分，在六面体与四面体的界面上用五面体单元过渡。如果软件不支持五面体单元，六面体与四面体的界面上位移不能保持协调。提高界面上的单元密度，可以减弱界面位移不协调造成的影响。此外，也可以将键槽区域继续分割，形成更小、更规则的多个子区域，将各个子区域用六面体网格划分。这种方案可以生成完全的六面体网格，也不要求软件支持五面体单元，缺点是前处理过程烦琐，分割成的各个子区域在网格划分时必须保证边界网格数量的协调一致。

轴的受力是齿轮、轴承给的分布力。不清楚力的分布状态，就无法准确施加载荷，约束条件的施加也是一样的情况。施加不合理的载荷和约束，会使得计算结果在载荷和约束位置产生不正常的高应力和变形。这是轴类零件在有限元建模时遇到的另一个困难。在建立轴的有限元模型时，可以将与轴相联的齿轮和轴承都包括在模型中，模型的载荷和约束不直接施加在轴上，而是施加在齿轮和轴承上，轴只受到齿轮和轴承的作用力和约束，这样的建模方案通常比在轴上直接施加载荷和约束能够获得更准确、合理的分析结果，不足之处是模型比较复杂，模型规模也比单一的轴大。

轴的危险截面一般出现在台阶位置。如图 6-91 所示，为了降低台阶处的应力集中，在轴的台阶处会设计有圆角或者为了机械加工的需要而设计的退刀槽、越程槽。这类过渡槽的几何尺度很小，几何形状也往往比较复杂。精细的有限元分析需要将这部分的几何形状准确给出，网格划分时需要采用比较高的网格密度。

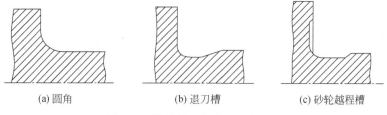

　　(a) 圆角　　　　　　　　　(b) 退刀槽　　　　　　　(c) 砂轮越程槽

图 6-91　轴的常见台阶内尖角形式

为了减少网格数量，降低模型规模，轴类零件的网格划分经常采用分段划分的方式，将轴在台阶处切断，分割成多个轴段，先划分无键槽的轴段，再划分有键槽的轴段。无键槽的轴段可以采用低密度的六面体网格，有键槽部分采用高密度的四面体网格。无键槽部分可以采用拉伸、映射方法生成六面体网格，有键槽部分则采用三角化方法生成四面体网格，在四面体-六面体交界处采用五面体过渡。这种方法与直接用曲边的四面体网格划分相比，可以大幅减少单元数量，但是需要将几何模型分段，并且需要软件支持五面体单元的划分和计算。

与轴的有限元建模相关的一个问题是轴和孔的界面网格的配合问题。单一的轴类零件的分析不涉及轴孔配合问题，但是在轴的有限元模型中包含有配合的齿轮、轴承等零件时，需要避免轴孔配合界面上因为单元离散带来的附加应力和转动阻力。

6.6.3　轴承

常用的轴承主要有两类：滑动轴承和滚动轴承。如图 6-92 所示，滑动轴承一般有轴承座、轴承盖和轴瓦三部分。轴颈与轴瓦，轴瓦与轴承座和轴承盖之间都有大面积的接触，有限元建模时省略掉轴瓦表面的油槽后，可以按照实际结构建模，在零件的接触界面上建立接触对即可。

滑动轴承的有限元模型中，接触界面两侧的实体单元选择与轴的建模类似，也需要考虑网格离散带来的附加应力和对轴转动的影响，为此需要选择带边中点的高阶单元，这样的单元是曲边单元，能够无误差地模拟圆柱表面的几何形状，不会带来附加的离散应力和阻碍轴的转动。

在整机结构模型中，滑动轴承通常等效成位移约束。如图 6-93 所示，如果轴等效成梁单元，轴承则可以等效成轴端的位移约束，包括平移约束和转动约束。如果不约束轴向的转动自由度，则轴是可以转动的；如果不约束轴端的弯曲自由度，则轴承是铰支的。

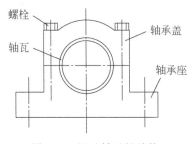

图 6-92　滑动轴承的结构

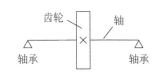

图 6-93　整机模型中轴承的简化

如图 6-94 所示，滚动轴承的结构比滑动轴承复杂，滚动体的形状有球形、圆柱形、鼓形等，相应的滚道形状也各不相同，建模时需要将内外圈和滚动体都划分网格，接触表面之间都需要建立接触对，滚动轴承的实体建模比滑动轴承复杂得多，单元数量也远多于滑动轴承。

根据滚动轴承的几何形状直接建立基于三维实体单元的轴承模型，主要会面临两方面的问题。一方面轴承

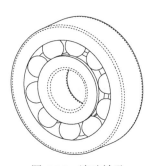

图 6-94　滚动轴承

结构复杂，需要的单元数量多，导致计算量大；另一方面是滚动体和滚道的形状误差直接影响接触应力和接触变形，建模时无法确切掌握每个滚动体的形状误差和滚道的形状误差，建立的模型跟实际结构不会完全一致，计算结果通常只能定性反映轴承的性质。轴承的制造误差越小，有限元模型的计算结果与轴承的试验结果吻合得越好，即轴承的精度等级越高，计算结果越准确。

滚动轴承建模时，实体单元的选择与滑动轴承一样，也需要选择带有边中结点的曲边高阶单元。由于滚动体与滚道之间的接触是点接触或者线接触，接触面积远小于滑动轴承，接触应力远高于滑动轴承，为了保证接触应力的准确性，在接触点和接触线附近需要采用比滑动轴承更高的网格密度，这也使得滚动轴承的实体模型计算量远大于滑动轴承。

由于上述原因，在整机建模中，轴承经常会被等效成图 6-95 和图 6-96 所示的径向和轴向弹簧，其中弹簧的刚度通过轴承的径向刚度和轴向刚度换算得到。对于精密轴承，轴承生产厂家一般会在产品手册里给出不同规格轴承在不同预紧量下的轴向刚度和径向刚度数据。对于没有刚度数据的轴承，可以通过试验获得需要的数据。此外，由于滚动轴承在工作过程中的主要变形来自于滚动体与滚道的弹性接触变形，因此也可以基于赫兹接触理论，通过解析计算的方法获得滚动轴承近似的刚度数据。与滚动轴承的有限元分析结果类似，轴承精度越高，解析计算的结果越准确。

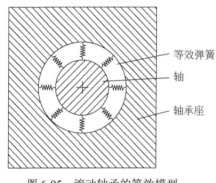

图 6-95　滚动轴承的等效模型

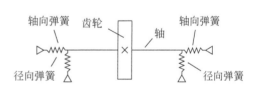

图 6-96　滚动轴承在整机中的建模

需要说明的是，图 6-95 中的等效弹簧如果采用弹簧单元或者杆单元建模，轴的周向位置处于不稳定状态，模型中需要对轴的周向转动自由度进行约束。

如果整机模型中不考虑滚动轴承刚度的影响，可以采用图 6-93 所示的滑动轴承的建模方法，将滑动轴承对轴的影响等效成位移约束，以位移约束的形式计入轴承对轴的影响。

6.6.4　齿轮

齿轮的齿形除了直齿以外，还有斜齿、伞齿、涡轮蜗杆等多种。传统的齿轮强度校核主要是基于经验公式，有限元方法则可以通过三维模型直接校核强度。

有限元法校核齿轮强度，需要有齿形的三维几何数据，这些数据不能直接从齿轮设计图中获得，需要根据齿轮的设计参数，如齿数、模数、压力角等计算出齿形数据。对于如图 6-97 所示的直齿轮，齿形数据的获得已经比较烦琐，对于弧齿锥齿轮等带有复杂曲面的齿形，齿形曲面的计算过程十分复杂。

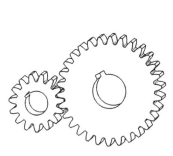

图 6-97　直齿圆柱齿轮

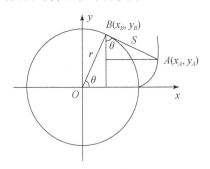

图 6-98　渐开线生成原理

图 6-97 中直齿渐开线齿形的生成原理如图 6-98 所示。图中半径为 r 的圆是基圆，θ 为 0 时，A 和 B 重合。当 θ 从 0 开始增大时，B 点在基圆上走过的长度为 S，线段 AB 垂直于 OB，并且 AB 的长度也等于 S，这样 A 点在平面上走过的轨迹就是基圆的一条渐开线。

对于标准直齿轮，基圆直径

$$r=d/2*\cos\alpha$$

式中，d 是分度圆直径；压力角 $\alpha=20°$。分度圆直径

$$d=m*z$$

式中，m 是齿轮模数；z 是齿数。

如果设置一个变量 t，其变化范围是 0～1，可以通过下述过程求得（x_A，y_A）的坐标，即标准齿轮的齿形渐开线：

$$\theta=t*90$$
$$s=(\pi*r*t)/2$$
$$x_B=r*\cos\theta$$
$$y_B=r*\sin\theta$$
$$x_A=x_B+(s*\sin\theta)$$
$$y_A=y_B-(s*\cos\theta)$$

为了得到一个完整的齿形，还需要画出齿形另一侧的渐开线。为此可以在图 6-98 中以 O 为原点画出分度圆，在分度圆上，齿厚等于齿槽宽，并且齿厚（分度圆上的弧长）等于 $\pi*m/2$，据此可以通过镜像画出齿形另一侧的渐开线。

在获得齿形的两侧渐开线后，根据齿顶高 $h_{fp}=1*m$，齿根高 $h_{fp}=1.25*m$ 画出

齿顶圆和齿根圆，再根据齿根圆角半径 $r_{fp}=0.38*m$ 可以得到一个完整的渐开线齿形。将齿形沿圆周复制，即可得到一个完成的齿轮齿形。

其他类型的齿轮，如斜齿轮、伞齿轮以及蜗轮蜗杆都可以采用类似的方法生成齿形的几何模型。

齿轮的强度校核通常采用图 6-99 所示的单齿几何模型，约束切割面的法向位移，载荷应该施加在齿面的法线方向，图 6-99 将齿顶受力沿水平方向施加，省略了径向力。图 6-100 是采用平面应力单元划分的二维网格。图 6-101 是计算获得的齿轮应力和变形。由于齿顶施加有集中力，最高应力出现在载荷作用点附近。图 6-102 是消隐掉齿顶部分后的应力和变形图，能够清楚地反映出齿根部的应力分布。

图 6-99　单齿几何模型

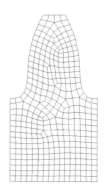
图 6-100　单齿的网格

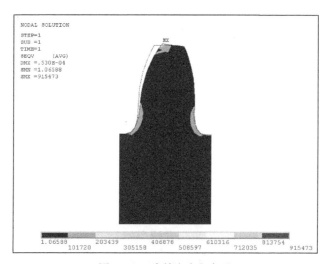
图 6-101　齿轮应力和变形

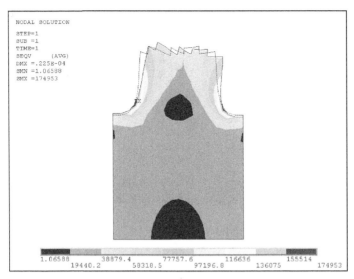

图 6-102 齿根应力分布

除了采用平面模型外，也可以采用三维模型，即用三维实体单元划分网格，建立三维的单齿有限元模型。二维模型和三维模型的主要差别是二维模型的计算结果十分接近三维模型齿宽中部的结果，三维模型的端面附近应力水平较低，存在边缘效应。

图 6-99 中的齿顶施加的载荷是集中力，在光滑的齿面相互接触时，齿面的啮合使得齿面受力，啮合位置是一个很小的区域，作用在上面的接触力是分布力，不是集中力。如果建模时采用点或者线型的集中力作为齿面载荷，齿面会在集中力作用的位置会产生应力集中，得不到合理的接触应力数值以及齿面的接触变形。如果分析的目的是校核齿根部位的强度，只关心齿根部位的应力，可以将齿面的接触力等效成线或者点型的集中载荷，在需要考察齿面接触应力的问题中，则需要在齿面的接触区施加准确的面载荷，或者通过两个齿轮的齿面接触计算获得准确的接触面载荷。

6.6.5　箱体

箱体也称为壳体。箱体的分析，主要目的是确定箱体的壁厚，如减速机箱体、机床床身的壁厚，以及联接部位的强度。如图 6-103 所示的减速机箱体的壁厚设计，传统上是基于经验和铸造条件的限制来确定，如参考同类产品的壁厚和铸造许可的最小厚度确定合理的壁厚，很难通过准确的计算确定壁厚。在有限元法出现以后，可以通过计算获得准确的壁厚。

箱体的壁厚分析中，可以采用实体单元，也可以采用壳单元建立有限元模型，实体单元和壳单元混合建模也是经常采用的方案。

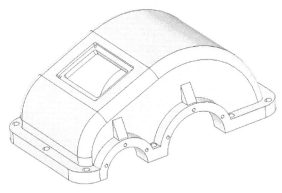

图 6-103　减速机的箱体

用壳单元建立箱体模型，结构几何简单，单元数量少，计算量少，早期车床床身采用壳单元建模，只需几百个单元即可获得比较准确的模态计算结果。

图 6-104　不同壁厚的中面间断

采用壳单元建立箱体模型的缺点是壁面交界处的局部应力分析结果不准确，在壁厚不同的壁面交界处的建模误差也会导致局部计算结果不合理。图 6-104 是箱体不同壁厚处采用壳单元建模时出现的问题，不同壁厚的交界处中面位置不同，联接起来以后形成的中面几何与实际结构在联接位置存在差异，计算结果在这个位置与实际情况也有明显差异。采用三维实体单元建模则不会出现这种问题。

图 6-105 是实体单元与壳单元混合建模遇到的问题。在图 6-105（a）所示的壁厚不同的区域，厚壁区采用三维实体单元建模，如轴承座孔附近，厚的加强筋以及底座，薄壁部分在中面位置采用壳单元划分，形成图 6-105（b）所示的局部模型。这个局部模型中，实体单元与壳单元的联接处，壳单元的转动自由度没有受到约束，实际是一个铰连接，不是固结的联接，与实际结构的联接状态有明显差异，需要设法将壳单元与实体单元联接处的转动自由度与实体单元区域的变形耦合起来，如在实体单元与壳单元联接处覆盖一层壳单元，覆盖的壳单元一方面与实体单元联接，另一方面也与壳单元联接，并能将与实体单元联接处壳单元的转动自由度与实体单元的变形耦合起来。这个方法比较简便，缺点是覆盖的壳单

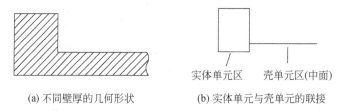

（a）不同壁厚的几何形状　　　　　（b）实体单元与壳单元的联接

图 6-105　不同壁厚的建模

元强化了实体区域，减小了实体区域的变形。通过自由度耦合方程也可以将壳单元的转动自由度与实体区域的变形耦合，但是每个自由度的耦合都需要一个耦合方程，耦合过程十分烦琐。

对比上述几种箱体建模方案，采用三维实体单元建模仍然不失为一个比较好的方案。采用六面体建模时，单元数量只是略多于混合建模方法，采用四面体单元时单元数量最多，但是建模效率最高。图 6-106 是采用四面体网格划分的减速机箱体，如果四面体单元包含边中结点，图中的网格密度已经能够满足大多数结构静力分析和动力分析的需要。

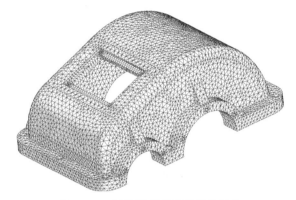

图 6-106　减速机箱体的四面体网格

图 6-103 和图 6-106 所示的箱体在有限元分析时需要考虑的载荷主要有两部分：吊装时自重的影响以及工作时轴承对轴承座的作用力。

工作时，齿轮啮合产生的相互作用力会通过齿轮、轴、轴承传递给箱体。过薄的箱体壁厚也许可以承受工作过程中的轴承作用力，但是有可能无法承受吊装时的自重。减速箱在吊装时，主要的受力点在上箱体的吊钩和上下箱体的联接螺栓处。箱体零件的强度分析除了要分析工作过程中的受力以外，还需要考核吊装过程中吊钩、与下箱体联接的螺栓对箱体的作用力。

箱体工作时的受力是轴承施加在箱体轴承座上的分布力，力的大小可以通过减速机的功率、转速、齿轮尺寸等参数求出，分布规律可以按轴孔之间的作用力分布规律假定，或者通过轴孔的接触计算获得。在箱体联接孔上施加固定的位移约束就可以确保有限元模型有确切的空间位置，如果分析精度要求高，还需要考虑下箱体在联接面上对上箱体的影响，此时可以在上箱体联接面上施加法向位移约束，或者上下箱体同时建模，在联接面上通过接触单元计入下箱体的影响。

对大型、高速的减速机箱体，壁厚的确定除了需要进行强度分析外，还经常需要进行模态分析，求得箱体的低阶固有频率和振型，评估其振动性能，防止工作过程中发生共振。如果振动频率接近轴的转速，振型对轴的转动平稳性有影响，就需要通过修改壁厚等几何尺寸调整频率和振型。

箱体的模态分析不需要施加载荷，但是不同的约束条件会导致不同的模态分析结果。不施加位移约束的自由模态分析，模态频率比施加约束条件的相应模态频率低，实验结果一般介于两者之间。最终的模态分析结果，需要综合两种不同工况下的模态分析结果给出合理的估计。这种方法的优点是比较容易给出频率的估计值，如取不同工况同阶模态频率的平均值，缺点是如果同阶模态的振型不同，则很难给出合理的估计振型。

更为准确的模态分析结果，需要建立上下箱体的整机模型，并考虑轴和齿轮的影响，还要给出箱体联接面、轴承联接面的联接刚度，建模过程十分复杂，这种方法主要应用在结构研究中，企业的产品设计中很少使用。

6.6.6　丝杠和导轨

丝杠和导轨是机械结构中经常配合使用的传动和导向部件，主要用在机床结构中，分为滑动型（图 6-107 和图 6-108）和滚动型（图 6-109 和图 6-110）两类。图 6-107 和图 6-108 所示的滑动型丝杠和导轨摩擦阻力大，但是刚性好，不容易振动，承载能力也大，滑动型刚好相反。在轻载条件下，多用图 6-109 和图 6-110 所示的滚动型的丝杠和导轨，重载条件下一般用滑动型丝杠和导轨。

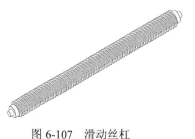

图 6-107　滑动丝杠

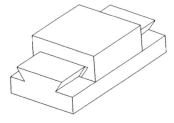

图 6-108　燕尾型滑动导轨

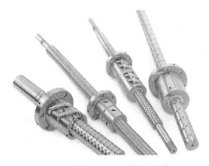

图 6-109　滚动丝杠

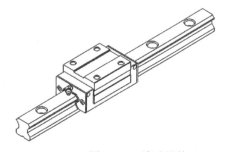

图 6-110　滚动导轨

丝杠和导轨是机床结构中的一种重要的联接部件，其结构刚性通常远低于机床的箱体结构，对机床整机的刚度有重要影响。滚动丝杠和导轨的刚度较低，很容易引起整机振动，因此在机床设计中非常关注滚动丝杠和导轨的刚度，并且丝杠和导轨在整机分析中一般不以强度校核为目的。

零件级的滑动丝杠分析与螺栓的分析方法类似，一般不单独建模，而是与螺母配合建模，在接触面之间建立接触对。滑动导轨的建模与普通机械结构的建模相同，在导轨的接触面上建立接触对即可。

滚动丝杠和滚动导轨的结构比较复杂，建模过程类似于滚动轴承。

滚动丝杠和滚动导轨在不同方向的刚度数据可以通过试验获得，也可以通过有限元法或者基于赫兹接触的解析计算获得。与轴承刚度的计算类似，通过计算获得的刚度数据，由于无法计入滚道和滚动体的形状误差，计算结果只是一个理想值，并且总是高于实际的刚度。

整机分析中，无论是滑动丝杠还是滚动丝杠，一般用梁单元模拟丝杠并且在几何上忽略螺母，螺母与丝杠之间的联接刚度用等效的弹簧或者杆单元模拟。图 6-111 是一种丝杠-螺母副在整机中的建模方案，粗线部分是丝杠，用梁单元模拟，梁单元与螺母和两端的丝杠支撑区域的单元共线，螺母与丝杠，丝杠与丝杠支撑之间均为刚性联接。

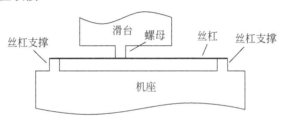

图 6-111　丝杠-螺母副在整机分析中的建模方案

图 6-110 所示的滚动导轨内部结构比图 6-108 所示的滑动导轨复杂得多，在整机分析中与滚动丝杠一样不采用实际结构建模。图 6-112 是一种滚动导轨副在整机中的建模方案，这种方案中把导轨截面简化成矩形，导轨块则简化成带凹槽的六面体块，导轨与导轨块之间用弹簧单元联接，弹簧的刚度需要根据导轨块与导轨之间的联接刚度数据折算。

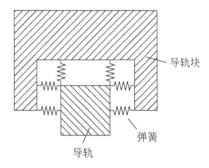

图 6-112　滚动导轨副在整机分析中的建模方案

6.6.7　皮带

皮带是一种常用的机械传动件，基本的几何形状是细长或者扁平形。数控设备或者要求精确传动的场合,经常使用带齿的同步带。如图 6-113 所示的三角带内部结构示意图,皮带内部除了橡胶以外,还有加强用的棉布和棉线。零件级的皮带分析可以基于皮带内部的结构建立皮带的有限元模型。整机分析中,可以通过计算或者试验获得皮带不同方向上的拉伸、弯曲和扭转刚度数据,将其等效成刚度相当的梁单元,然后通过梁单元建立皮带的有限元模型。

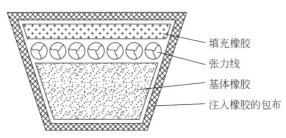

填充橡胶
张力线
基体橡胶
注入橡胶的包布

图 6-113　三角带内部结构示意图

皮带有一定的弯曲刚度,如果不能忽略皮带的弯曲刚度,建模时对细长的三角带可以采用梁单元,对扁平带可以采用壳单元,如果忽略弯曲刚度,则可以采用没有弯曲自由度的杆单元或者板单元。对于齿形带,由于齿形部分弯曲刚度比齿底的带基大很多,可以将齿形部分用板单元模拟,相邻的板单元在齿根部相连,形成铰链形式的联接。这样的齿形带模型,在齿与齿相联的齿根部位的相对弯曲是自由的,没有弯曲刚度。

6.6.8　链条和链轮

与带传动一样,链传动也是机械结构中长距离传动经常使用的一种方案。图 6-114 所示的链条由内链节和外链节组成,包括图 6-115 所示的内链板、外链板、销轴、套筒、滚子 5 个主要的零件。

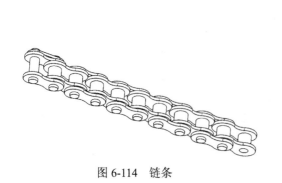

图 6-114　链条

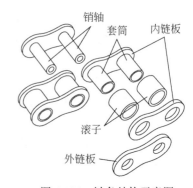

销轴
套筒
内链板
滚子
外链板

图 6-115　链条结构示意图

链条的每一个链节都是由多个零件组成,链条强度的分析涉及多个零件的强度分析。一个链节的强度分析类似于结构的整机分析,需要建立整个链节的结构模型,链节中相互接触的表面之间要建立接触关系。为了降低问题的规模,也可以针对链条经常或者可能损坏的零件,建立单独的零件模型,分析零件的应力和变形。这种方法的优点是分析问题的规模小,模型简单,分析效率高,不足之处是零件的受力和约束条件需要合理简化和等效。不准确的受力条件和约束条件,会给计算结果带来较大误差。

由于链板的几何形状和受力具有对称性,外链板的几何模型可以采用图 6-116 所示的二分之一模型,图 6-117 是用四边形平面应力单元划分的网格。模型左侧切断面上施加垂直于切断面的位移约束,并约束左下角结点的垂直位移。载荷施加在孔壁的右半边。销轴作用在孔壁上的压力不是均匀分布,需要非均匀分布的压力。图 6-118 是采用均布压力得到的应力计算结果。由计算结果可以发现,应力分布和变形上下对称,说明这个模型还可以继续简化,形成四分之一模型。

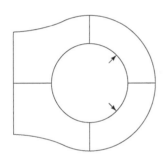

图 6-116   外链板的几何模型

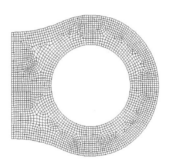

图 6-117   外链板的网格

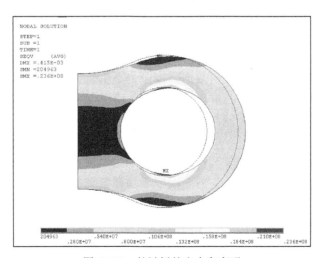

图 6-118   外链板的应力和变形

图 6-119 链轮

链条的结构特点是每个链节都可以绕销轴自由转动，但是在其他方向都有一定的刚性，这种结构特点类似于前述的同步齿形带，可以将每一个链节等效成一个没有转动自由度的板单元。在某些软件中，将梁单元的指定的转动自由度释放，这样就可以用释放了销轴方向转动自由度的梁单元模拟链条的力学性质。

图 6-119 是与链条配合使用的链轮。链轮的几何形状与直齿轮类似，有限元建模的方法与直齿轮也相似。由图中可以看到，链轮的齿与直齿轮略有不同，沿齿顶方向齿宽逐渐变小，齿顶的几何形状比较尖锐，而齿轮的齿宽则是不变的。因为这个原因，链轮的建模，尤其是齿形部分，一般用三维实体单元建模，不像齿轮那样可以简化成平面应力问题。

6.6.9 型材

机械工程中使用的型材，截面形状主要有圆形、工字形（图 6-120）、L 形（图 6-121 所示角钢型材）和矩形等，形状比较简单，建筑行业中使用的型材，截面形状往往比较复杂，种类繁多。

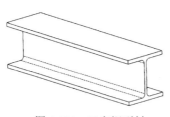

图 6-120 工字钢型材

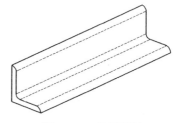

图 6-121 角钢型材

几何形状细长的型材，在有限元分析中一般采用梁单元，建模时只需给出截面的惯性矩、高度和宽度等几何数据，模型中不用给出具体的截面几何形状，几何模型的建立过程比较简单，单元数量比实体模型少很多。

梁单元建模的缺点是不能得到完整、准确的局部应力数据，尤其是型材联接处的局部应力。

如图 6-122 所示，对于非圆形截面的梁单元，在不同的方向上，梁截面的惯性矩不同，弯曲刚度不一样，有限元模型中需要定义截面的方向，确保模型中的截面方向与设计方案一致，不能根据线形的几何模型直接生成。图 6-122 中，如果用梁单元 $i\text{-}j$ 模拟图中的一段角钢型材，需要通过第三个结点 k，以右手系的方式确定一个坐标系，在这个坐标系中定义角钢截面的开口方向。结点 k 不在梁单元轴线上，建模时通过改变结点 k 在空间相对于 i、j 结点的位置来调整角钢的开口方向，根据设计图确定 k 结点的空间位置是梁单元建模中一件很烦琐的工作。

如果关注局部的应力数据，需要用壳单元或者三维实体单元建立型材的模型。例如，图 6-123 所示的不同轴的梁情形，在拐角处，梁的几何形状和应力状态十分复杂，简单的梁单元无法准确地反映出这种几何形状复杂区域的应力状态。

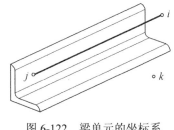

图 6-122　梁单元的坐标系　　　　　　　图 6-123　不同轴的梁

采用壳单元的型材模型相比三维实体单元的型材模型几何形状简单，单元数量少。在短粗的型材结构中，采用三维实体单元，如六面体单元或者四面体单元，如果单元数量足够多，可以获得比较准确的应力分析结果，但是单元数量比壳单元多很多。

6.6.10　管道和压力容器

管道和压力容器大多是薄壁结构，结构设计和强度分析具有相似性。锅炉在原理上也属于一种压力容器，但是由于其工作条件的特殊性，行业上一般将其单独作为一类，但是在结构设计和强度分析上与管道和压力容器基本相同。对于承压的管道、压力容器和锅炉，与普通的机械设备相比，工作过程中一旦发生破坏，容易产生更大的危害和损失，各国都将其视为一类特殊的机械产品，采用特殊的行业规范和专门的法律、法规，对产品的设计、制造、使用过程加以规范和监督，以确保使用的安全性。在强度校核过程中，强制性的设计规范都要求采用第三强度理论的等效应力，也称为特雷斯卡应力或者应力强度，以期有更多的强度富裕量和安全裕度。这与普通的机械零件进行强度校核时经常采用的、更为精确的第四强度理论的等效应力（即米泽斯应力）不同。

压力容器按设计压力分为低压、中压、高压和超高压四个等级，如表 6-2 所示。

表 6-2　压力容器的压力等级

类别	代号	压力范围/MPa
低压容器	L	$0.1 \leqslant P < 1.6$
中压容器	M	$1.6 \leqslant P < 10$
高压容器	H	$10 \leqslant P < 100$
超高压容器	U	$100 \leqslant P$

为了便于安全检查和管理，按容器的压力等级、容积、介质的危害程度及生产过程中的作用和用途，把压力容器分为第一类压力容器、第二类压力容器和第三类压力容器。第三类压力容器承压最高，容积最大，介质的危害程度最高，第二类压力容器次之，低压容器为第一类压力容器。设计、生产、使用压力容器，都必须满足一定的条件和要求，并获得特种设备安全监督管理部门许可。

1. 管道

管道的强度校核涉及两个部分，一个是直管壁厚的选择和校核，一个是接头部分的强度校核（包括弯头、三通、四通等）。由于接头部分几何形状复杂，应力水平通常比直管部分高，各种管接头的强度校核成为管道强度校核的主要内容。

直管部分的壁厚计算比较简单，可以用有限元中的平面应变单元分析管道横截面上的应力，也可以直接用解析公式校核。接头部分的校核一般采用三维的有限元模型分析其应力和变形。早期的管道接头分析，受软件和硬件条件的限制，一般采用壳单元建模，当前主要采用实体单元，尤其是六面体单元建模。一个合理的接头模型，应力和变形的分析结果可以与试验结果相差无几。

图 6-124 是直管部分的横截面，建模时大多采用图 6-125 所示的四分之一几何模型建模。图 6-126 是采用四边形平面应变单元建立的有限元模型，在扇形区域的左端施加水平方向的位移约束，在扇形区域的下端施加垂直方向的位移约束，在管道内壁施加内压。图 6-127 是计算获得的应力云图，管壁内的应力沿径向逐渐降低，同一半径上的应力相同。由于计算结果具有轴对称特性，这类问题的模型也可以沿轴线剖面建立，轴线方向只取一段，用轴对称单元建立二维实体模型。

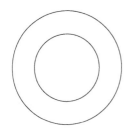

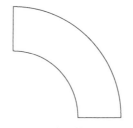
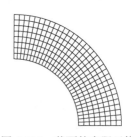

图 6-124　管道横截面　　　图 6-125　截面的几何模型　　　图 6-126　截面的有限元模型

图 6-128 是联接两个直管的焊接弯头，如果是螺栓联接，弯头的两端有法兰。如果载荷和约束条件有对称性，弯头的建模一般采用图 6-129 的几何模型。图 6-130 是用六面体单元划分的网格，在三个切断面上施加垂直的位移约束，可以保证弯头在空间位置的唯一性，避免刚体位移。如果是壁厚远小于截面直径的薄壁弯头，可以采用壳单元建模，但是在切断面上对壳单元的转动自由度需要有合理约束。

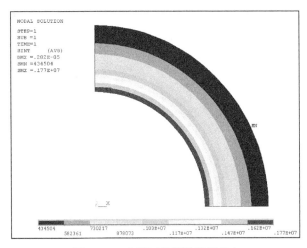

图 6-127　内压下的管道截面应力

图 6-128　弯头的几何形状

图 6-129　弯头的几何模型

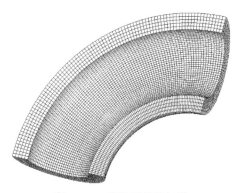

图 6-130　弯头网格的加密

　　图 6-131 是焊接用的厚壁三通，建模时采用图 6-132 所示的四分之一几何模型，图 6-133 是用六面体单元划分的网格，位移约束施加在沿主管和支管轴线的切断面上，限制切断面的法向位移。为了限制模型在垂直方向的刚体位移，还需

要约束主管底部外表面与两个切断面交界点的垂直位移。如果主管和支管轴向变形受到限制，在模型中的主管和支管管口截面上也需要施加相应的位移约束。

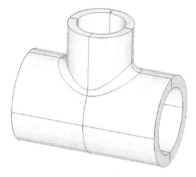
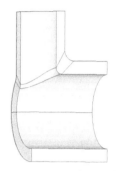

图 6-131　三通的几何形状　　　　　　图 6-132　三通的几何模型

图 6-134 是在内压作用下的三通应力分布。为了减小管口约束条件对三通应力的影响，使三通的受力条件更接近实际情况，图 6-134 中有意将主管长度增加了一倍。

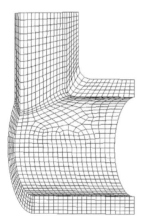
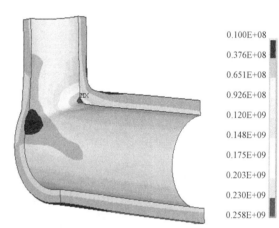

0.100E+08
0.376E+08
0.651E+08
0.926E+08
0.120E+09
0.148E+09
0.175E+09
0.203E+09
0.230E+09
0.258E+09

图 6-133　三通的有限元模型　　　　　　图 6-134　三通的应力分布

2. 压力容器

厚壁压力容器的建模方法与承压管道中弯头和接头的建模方法相同，一般采用三维实体单元建模。对于大容积的移动式压力容器和储罐，壁厚与外形尺寸相比可以忽略，建模时一般采用壳单元。

图 6-135 所示的煤气罐是日常生活中经常使用的一种压力容器，壁厚只有 3～4mm，工作压力为 0.5～1.2MPa。罐体上部有瓶嘴、阀门和提手，下部有座圈。有限元分析的目的主要是考察结构应力以及工作条件下的罐体变形规律。考虑到

阀门、提手以及座圈对结构强度和变形影响不大，建模时可以忽略。由于瓶嘴的三维几何尺寸相当，变形量远低于容器壁，建模时将其简化为圆柱形，用六面体单元划分，薄壁部分则采用壳单元划分，分析模型采用如图 6-136（a）所示的四分之一罐体，罐体的网格如图 6-136（b）所示。在罐体的两个切断面上施加垂直于面的位移约束和切断面内的弯曲自由度，在瓶嘴的上部约束罐体轴线方向的位移自由度，这样罐体模型在空间的位置就是确定的，计算结果中不会出现刚体位移。如果忽略罐体的自重和液化气的重量，罐体的载荷就是液化气的压力。

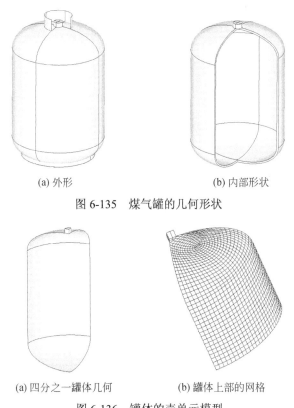

(a) 外形　　　　　　　　(b) 内部形状

图 6-135　煤气罐的几何形状

(a) 四分之一罐体几何　　　　(b) 罐体上部的网格

图 6-136　罐体的壳单元模型

需要注意的是，采用三维实体单元与壳单元的建模方案时，壳单元与实体单元联接处壳单元的转动自由度没有受到约束，实际结构中，瓶嘴与薄壁之间焊接在一起，薄壁的弯曲会受到瓶嘴的约束，为此需要在模型中做特殊处理，约束与瓶嘴联接处壳单元的弯曲自由度，如将瓶嘴底部也用壳单元划分，使壳单元与实体单元在瓶嘴底部重叠。

除了上述实体单元和壳单元的混合建模方案外，图 6-137 所示的轴对称模型也经常使用。这种方案中，全部采用平面轴对称单元，单元数量与壳单元模型相当，在图 6-137（b）中瓶嘴和薄壁联接处都是轴对称的实体单元，不会出现上述的转动自由度耦合问题。

图 6-138 是一种基于线形轴对称单元的罐体模型，薄壁部分采用线形轴对称单元，瓶嘴部分采用平面轴对称单元。线形轴对称单元类似于梁单元，结点有面内的位移自由度和转动自由度，在模型底部的轴心结点上约束水平位移自由度和转动自由度，在瓶嘴顶面轴心结点上约束垂直位移自由度，在壁面上施加均布内压。基于线单元模型的罐体应力和变形的计算结果如图 6-139 所示，这个结果与基于壳单元和轴对称实体单元的计算结果一致，但是单元数量最少。

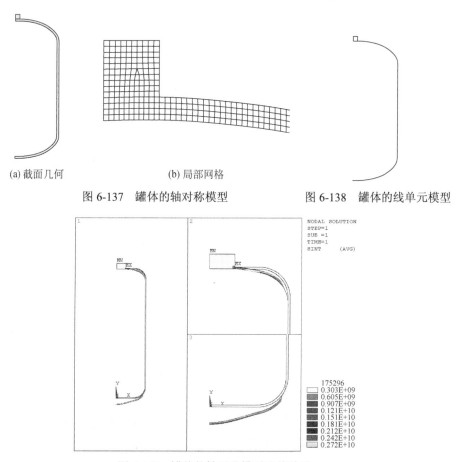

(a) 截面几何　　　　　　(b) 局部网格

图 6-137　罐体的轴对称模型　　　　　图 6-138　罐体的线单元模型

图 6-139　罐体的轴对称模型计算结果

与小型容器不同，如储油罐、槽车、罐车等大容积容器，为了防止壁面失稳变形，内部通常都有加固的筋板、隔板或者支撑构件，外壁上还有数量不一的管接头，整体结构上不一定完全对称。此外，为了工作方便，壁面外通常还有扶手或者扶梯，建模时需要考虑这些结构是否可以简化或者省略。如图 6-140 所示的大型储罐，壁厚远小于外形尺寸，建模时一般采用壳单元，如果能简化成轴对称模型，也可以采用实体的轴对称单元甚至线形的轴对称单元。这类大型储罐在建模时与小型容器不同，一般需要考虑罐体自重。

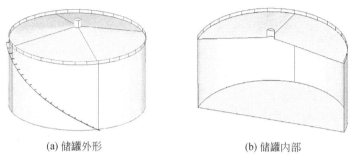

(a) 储罐外形　　　　　　　　　　　(b) 储罐内部

图 6-140　大型储罐的几何形状

练　习　题

（1）结点自由度个数不同的单元混合使用会出现什么问题？如何解决？

（2）在有限元模型中，高阶单元和低阶单元混合使用，会破坏结构的连续性，为什么？

（3）分析六面体单元与四面体单元混合使用对结构连续性的影响以及五面体单元的作用。

（4）四边形单元和六面体单元的自动划分主要采用什么算法？

（5）说明 Delaunay 三角化方法在有限元网格划分技术中的重要意义。

（6）如何评价网格密度的合理性？

（7）实际结构中的内尖角和外尖角，都不是严格的内尖角和外尖角，为什么？

（8）内尖角除了可能受到拉压应力外，是否还可能受到弯曲和扭转？

（9）实际结构中，内尖角处的应力水平与哪些因素有关？

（10）内尖角的应力分析中，如果采用更高密度的网格，尖角处的应力水平应该升高，但是应力与角度的变化规律是否会改变？

（11）网格密度的提高，会提高尖角处的应力，角度的变化，也会改变尖角处的应力水平，这两者有什么本质不同？

（12）外尖角应力在二维问题中比较低，尖角角度很小时，尖端的应力接近于零，在三维问题中是否也是如此？

（13）外尖角的应力比较低，结构设计中保留角度很小的尖角，对结构强度有什么影响？

（14）结构中的外尖角总是安全的，对吗？

（15）由于实际结构中并不存在理想的尖角，因此讨论尖角问题是没有意义的，对吗？

（16）结构设计中，内尖角应尽可能小于45°或者大于60°，为什么？

（17）赫兹接触公式是一组解析形式的表达式，能够反映接触过程中的接触变形、接触面积、接触压力与接触载荷之间的关系，对吗？

（18）弹性力学的 Boussinesq 问题的解析解，与有限元分析的结果有何异同？为什么？

（19）有限元分析结果中，结点力作用点的应力结果和位移结果有什么特点？

（20）什么是材料的真应力-应变关系？什么是工程应力-应变关系？在有限元分析中有何差别？

（21）讨论 Boussinesq 问题的解析解与圣维南原理的相似之处。

（22）两个球体的接触区域为圆形，两个椭圆或者圆柱的接触区域是什么形状？

（23）两个球体接触区域中的最高应力出现在什么位置？

（24）两个球体接触时，塑性区最先出现在什么位置？

（25）接触区都是压应力，没有拉应力，对吗？

（26）最大剪应力发生在公共法线上距离接触中心 $0.47a$ 处，这与机械零件的接触疲劳有什么关系？

（27）对复杂的受力边界，基于静力等效原则用简单的力系替代复杂的力系，是圣维南原理的一种应用形式，对吗？

（28）对某些分布规律不清楚的应力条件，采用集中力替代，需要满足什么条件？

（29）在作为分析目标的受力边界上采用圣维南原理进行力系等效、简化，是否合理？

（30）圣维南原理为什么会有多种表述方式？

（31）圣维南原理是否在任何条件下都适用？

（32）说出三种常见的网格划分方法。

（33）网格生成中的映射算法有什么局限性？

（34）网格生成中的拉伸（扫略）算法有什么局限性？

（35）目前的网格划分技术是否能对任意形状的区域进行四边形或者六面体的网格划分？

（36）有限元分析对网格形状的要求有哪些？

（37）如何评价网格密度合适与否？

（38）网格划分算法中哪些是比较成熟的算法，能够快速、高质量、自动化地生成网格？

（39）为什么说集中力作用点的应力和位移是奇异的？

（40）为什么说集中力作用点的应力和位移都存在突变？

（41）对于集中力问题，为什么说实际结构中并不存在过高的应力和位移？

（42）为什么说理想的集中力在工程中并不存在？

（43）集中力作用点附近的应力或者变形与哪些因素有关？

参 考 文 献

[1] JOHNSON K J. 接触力学[M]. 徐秉业, 译. 北京:高等教育出版社, 1992.

[2] 徐芝纶. 弹性力学[M]. 4 版. 北京:高等教育出版社, 2006.

[3] 田红亮, 朱大林, 方子帆, 等. 赫兹接触 129 年[J]. 三峡大学学报(自然科学版), 2011, 33(6): 61-71.

[4] 白明华, 刘洪彬, 尹雷方. 工程弹性力学基础[M]. 北京: 机械工业出版社, 1996.

[5] 徐超, 王东. 一种改进的粗糙表面法向弹塑性接触解析模型[J]. 西安交通大学学报, 2014, 11: 115-121.

[6] CHANG W, ETSION I, BOGY D B. An elastic-plastic model for the contact of rough surfaces[J]. Journal of Tribology, 1987, 109(2): 257-263.

[7] TABOR D. The hardness of metals[M]. Oxford: Oxford University Press, 1951:44-66.

[8] KOGUT L, ETSION I. A finite element based elastic-plastic model for the contact of rough surfaces[J]. Tribology Transactions, 2003, 46(3): 383-390.

[9] WADWALKAR S, JACKSON R, KOGUT L. A study of the elastic-plastic deformation of heavily deformed spherical contacts[J]. Journal of Engineering Tribology, 2010, 224(10): 1091-1102.

[10] 王世军, 杨超, 王诗义, 等. 基于真应力-应变关系的粗糙表面法向接触模型[J]. 中国机械工程, 2016, 27(16): 2148-2154.

[11] 汪先俊. 薄壁梁约束扭转研究[D]. 北京: 中国农业大学, 2000.

第7章　机械零件的接触性质和整机建模方法

宏观上光滑、平整的机械零件表面，在微观上都是如图 7-1 所示的凸凹不平的粗糙表面。宏观上光滑、平整的两个表面的接触，在微观上都是微凸体之间的局部接触，并不是整个表面的接触[1-4]。

图 7-2 是一个常用的分析粗糙表面接触特性的理论模型的示意图。如果两个表面的轮廓特征具有相同的随机性，两个粗糙表面的接触可以等效成一个光滑的刚性平面与粗糙表面的接触。一个理想的刚性平面在载荷 p 的作用下与粗糙表面的轮廓接触，从刚开始接触的初始位置到承载位置的距离为 δ，如果用 l 表示宏观的名义接触面积，l_r 表示真实接触面积，随着载荷 p 的变化，真实接触面积 l_r 总是在 $0 \sim l$ 变化，实际的接触刚度也总是在零和名义接触刚度之间变化。

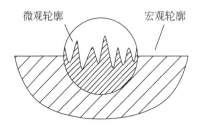
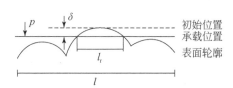

图 7-1　宏观轮廓与微观轮廓的差异　　图 7-2　刚性平面与粗糙表面的接触模型

研究表明，名义接触压力为 1MPa、粗糙度为 Ra0.8 的碳钢磨削表面，真实接触面积不到名义接触面积的百分之一。机械零件之间的接触刚度远低于零件基体的刚度，阻尼则远大于基体的材料阻尼。研究表明，机床整机刚度的 40%～60%是结合部产生的，而机床整机阻尼的 90%以上来源于结合部[5]。

零件之间相互接触的表面一般称为机械结合面，结合面及其周围的附属结构称为结合部。结合面的存在，降低了机械整机的刚性，增大了整机的阻尼。结合面只能承受压力，不能承受拉力，结构在结合面上的承载具有单向性，这种性质也使得接触计算具有强烈的非线性，即受压时，结合面有一定刚度，压力为零时刚度为零，结合面的刚度随着载荷的变化在零和非零之间变化，引起计算过程振荡、不易收敛。

结合部研究的主要内容就是确定结合部的刚度和阻尼以及结合面的建模方法。

　　机械整机是由多个零件按照一定的要求联接起来的，简单的机械产品可以由几个、几十个零件构成，复杂的机械，可以有成千上万个零件。机械整机的性能，如变形、应力、振动等，除了与零件的性质有关外，还与零件之间的接触性质有关。

　　机械整机的变形包括两个部分：零件的变形和零件接触表面微凸体的变形。在零件变形远大于微凸体变形的机械整机分析中，可以不考虑微凸体的变形，微凸体接触对整机性能的影响主要以摩擦的形式表现出来，但是在机床产品中，接触表面微凸体的变形对机床精度有明显影响，表面接触刚度和接触阻尼对机床整体刚度和阻尼的影响不能忽略。在机床设计阶段，如果要准确估计和预测整机的静态和动态性能，零件表面之间的接触性能，如接触刚度和接触阻尼，必须能够准确地建模和计算。

　　机械结构中结合部的具体结构有很多，如螺栓联接、滑动导轨、滚动导轨、轴承、丝杠副等，接触表面的形状有平面接触，也有曲面接触，结合面的接触状态则大致可以分为固定、滚动和滑动三种基本类型。不同类型的结合面接触压力、接触刚度、接触阻尼有很大差异，接触刚度、接触阻尼与接触压力的关系也不尽相同。

　　不论结合部形式、结合面形状以及接触状态如何，从研究的角度，结合面都可以看作是由很多微小平面构成的接触问题，接触性质的研究可以采用平面接触作为研究对象。平面接触特性的研究具有一般性，也是研究其他几何形状的表面接触的基础。

　　由图 7-1 和图 7-2 可以看出，结合面在垂直于宏观轮廓的法向变形不会超过轮廓波动范围的两倍，表面之间的接触压力使材料基体部分接近屈服时，两个粗糙表面也接近完全贴合，与粗糙轮廓相关的接触变形将趋于零。因此，在锻造、冲压、汽车碰撞分析等场合，结构变形远大于接触变形，或者接触压力足够大的场合，不考虑表面微观轮廓的影响也能获得十分准确的分析结果。

　　机床结构比一般机械结构有更高的精度、刚度和阻尼要求，螺栓联接面、导轨接触面等零件接触表面的轮廓起伏范围往往超过机床精度，结合部问题显得比较突出，因此很多结合部的研究工作都是基于机床结构进行的。事实上，最初的结合部研究就是针对机床的导轨结合部进行的[6-8]。

　　总之，确定结合面的刚度和阻尼，建立准确、合理的结合面分析模型，是机械结构分析由单件分析走向整机分析所要解决的关键问题之一。

　　吉村允孝法[9,10]是分析包含结合面的机床整机性能的主要方法之一。吉村允孝认为，通过试验获得的单位面积上的结合面参数具有通用性，可以用在不同的结构分析中。结合面的宏观形式各有不同，大小也不一样，但是可以采用取样的方法研究小块试样的接触性质，获得单位面积上的刚度和阻尼，在具体的工程应用中，只要将这些通过小面积试样获得的单位面积上的刚度和阻尼数据在具体的结合面上积分，即可获得整个结合面上的刚度和阻尼，并以此建立机械整机的分析模型。

　　与结合面相关的整机性能分析和研究还有一类方法，就是试验与分析相结合的方法，也称为结合部模态分析法[11]。这种方法需要基于试验样机建立包含结合部的整机分析模型，通过样机的试验模态分析获得结合部模态参数，然后通过包含结合部模态参数的分析模型研究整机的性能，进而提出改进方案。这是一种传统的整机分析、研究方法，可以获得比较准确的整机分析结果并指导后续的改进设计，缺点是整机分析模型中的结合部参数需要通过与模型一致的实物样机采用试验方法获得，成本高，周期长，通过试验获得的结合部参数往往跟具体样机的结构特征有关，缺乏通用性，很难用在不同结构的整机性能分析中。

　　结合面的性能参数，如刚度和阻尼，除了可以通过试验方法获得以外，也可以通过理论研究获得[12-22]。理论分析法的优点是可以不依赖于试验，直接从接触表面微观粗糙轮廓特征入手，通过理论分析，获得结合面的刚度和阻尼数据。常见的理论分析方法包括统计分析法和分形分析法。统计分析法假定表面轮廓具有随机性，基于微凸体的接触特性和表面轮廓的统计特征建立起粗糙表面的接触模型。分形分析法则假定表面的轮廓符合分形特征，基于微凸体的接触特性建立起粗糙表面的接触模型。

　　理论分析法目前还存在一定问题，很多影响接触性能的因素，如微观接触表面的摩擦、油膜、高应力条件下的材料黏性、实际轮廓与理想统计表面和分形表面的差异、微凸体在重载荷条件下的大变形规律等，在理论分析中未能考虑，一些基本问题也一直没有解决，如在采样获得的轮廓数据中如何定义微凸体，两个相连的微凸体在变形时的相互影响以及合并规律，带有硬化的微凸体在塑性阶段和弹塑性阶段的变形规律，常见机械加工表面微观轮廓特征的数学描述方法，等等。

　　基于微观表面轮廓数据直接建立有限元接触分析模型也可以获得两个表面的接触性能参数。这种方法与理论方法相比更为直观、有效，尤其是不需要对接触表面的轮廓特征做出过多的假设和简化，但是表面间的油膜和微观表面间的摩擦特性等影响因素仍然不能充分考虑。受有限元计算规模和计算时间的限制，这种方法不适合计算大面积的接触，尤其是三维表面的大面积接触，在整机分析中一般也不直接使用这种方法。

　　机械结构的性能分析目前主要依靠有限元法实现，结合面的试验和理论研究成果最终都希望引入整机的有限元分析中。结合面的接触特性在有限元中的建模方法，也是结合面相关研究中的一个重要内容。

7.1 机械零件表面的几何特征

机械零件表面的几何特征受加工过程中多种因素的影响。采用不同的加工方法，可以获得不同的表面纹理，即使采用同一种加工方法，材料特性、刀具角度、切削速度等加工参数不同时，纹理特征也不会完全相同。

机械加工中，为了确保零件的互换性和装配、使用性能，用很多不同类型的参数描述和评定零件表面的几何特征，如评定宏观形状误差的直线度、平面度、圆度、圆柱度等参数，评定微观形状误差的表面轮廓算术平均偏差、轮廓的最大高度等参数，还有介于宏观和微观之间的波纹度参数，如波纹度轮廓均方根偏差、波纹度轮廓算术平均偏差、波纹度轮廓的最大高度等。

在研究机械零件表面的接触性质时，也需要对表面的几何特征进行描述、分类和评定。用数学方法对零件表面的几何特征进行描述，即表面轮廓的几何建模，是建立表面接触模型的基础。

7.1.1 纹理特征

通过不同的加工方法可以获得具有不同纹理特征的零件表面，多数机械加工表面的纹理都具有某种程度的方向性[3, 22, 23]。

图 7-3 是放大 40 倍后的 Q235 的平面磨削表面，纹理特征具有明显的方向性。图 7-4 是同样材料的端面铣削表面，切削形成的圆弧形表面纹理相互交错。图 7-5 是端面车削的纹理，呈螺旋形，并且在垂直于车削方向上有明显的裂纹。图 7-6 是 800 合金的喷丸表面[23]。与前述几种机械加工表面不同，喷丸表面的纹理没有明显的方向性，与此类似的，还有研磨加工的方向不断变化的研磨表面，表面纹理也没有明显的方向性，沿平面内各个方向上的纹理都具有相似性。

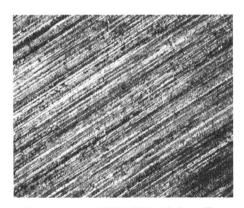

图 7-3 Q235 的磨削表面（放大 40 倍）

图 7-4 Q235 的端面铣削表面（放大 40 倍）

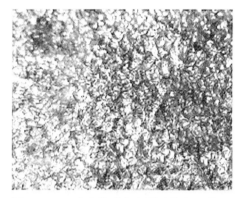

图 7-5　Q235 的车削表面（放大 40 倍）　　　图 7-6　800 合金的喷丸表面（放大 40 倍）

　　图 7-7 是通过轮廓仪获得的图 7-3 所示磨削表面的二维轮廓曲线，轮廓采样的方向垂直于磨削方向。图 7-8 是通过白光显微镜获得的同一个表面不同尺度下的三维轮廓。

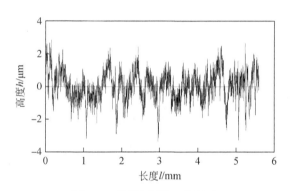

图 7-7　磨削表面的二维轮廓

　　平面的磨削除了可以用砂轮外圆磨削外，也可以用砂轮端面磨削，这样形成的零件表面纹理类似于用铣刀端面加工的平面纹理。如果用铣刀的外圆面加工平面，平面纹理则类似于砂轮外圆磨削的平面。车削的外圆表面类似于螺纹表面，多次重复精加工的表面纹理类似模型表面。

　　机械加工表面的轮廓特征与结合面的接触特性有密切关系。不同加工方法产生的表面轮廓具有不同的纹理特征和规律性。在表面接触问题的研究中，最早是通过表面轮廓的随机性建立统计分析模型，后来根据表面的分形特征建立分形接触模型，近年来又基于表面的微观轮廓数据通过有限元法建立二维和三维数据的接触模型。建立合理的接触模型，需要对表面轮廓特征有全面、准确的认识。

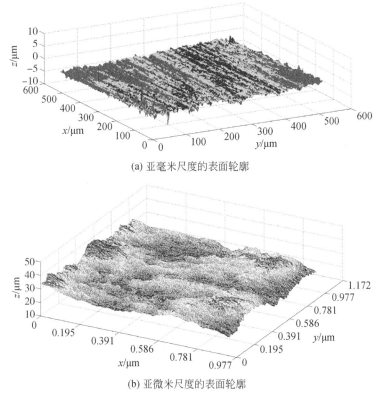

(a) 亚毫米尺度的表面轮廓

(b) 亚微米尺度的表面轮廓

图 7-8　磨削表面的三维轮廓（45 钢，Ra0.8）

7.1.2　统计特征

很早以前人们就发现机械加工表面轮廓高度的分布存在随机性，并且大致符合正态分布，其概率密度函数为

$$f(h) = \frac{1}{\sigma\sqrt{2\pi}} e^{-(h-\mu)^2/(2\sigma^2)} \tag{7-1}$$

式中，μ 为高度的均值（一般称为期望值），决定了分布的位置；σ 为标准差，决定了分布的幅度。其累积密度函数可以表示为

$$F(h) = \int_{-\infty}^{h} \frac{1}{\sigma\sqrt{2\pi}} e^{-(t-\mu)^2/(2\sigma^2)} dt \tag{7-2}$$

表面轮廓高度 h 落在 $[a, b]$ 的概率为

$$P[a,b] = \int_{a}^{b} \frac{1}{\sigma\sqrt{2\pi}} e^{-(t-\mu)^2/(2\sigma^2)} dt \tag{7-3}$$

将采样获得的表面轮廓数据分成若干个区间后，统计高度落在各区间的个数，即可求得高度落在该区间的概率 P。最佳的均值 μ 和标准差 σ 应使得根据式（7-3）

求得的各区间的概率与根据采样数据统计出的各区间的概率差值最小，据此可以确定最佳的均值μ和标准差σ。一般采用最小二乘法确定最佳的均值μ和标准差σ，也称为最小二乘拟合。通过数据拟合获得均值μ和标准差σ以后，根据式（7-1）和式（7-2）可以得到表面轮廓的概率密度函数和累积概率密度函数的表达式。

图 7-9 是图 7-3 中的磨削表面轮廓高度的分布规律。轮廓数据通过 TR300 表面轮廓仪测得。表面轮廓高度的测量方向垂直于磨削纹理方向，测头直径为 2μm，数据采样间距为 1μm，采样长度为 5.598mm，表面粗糙度 Ra 为 0.8。

图 7-9 中矩形线框表示轮廓高度在一定范围内的个数，曲线是正态分布曲线。从图中可以看出表面轮廓数据基本与正态分布曲线吻合，表明磨削表面的轮廓基本符合正态分布。进一步的研究表明，其他加工表面，如车、铣、喷丸表面也具有类似的性质，即表面轮廓高度的分布具有随机性，分布规律接近正态分布，不同之处在于不同加工方法获得的表面，拟合出的正态分布参数不同，与正态曲线的偏差也有区别。即使是同一种加工方法，在材料硬度、切削速度、进给量等加工条件不同时，拟合出的分布参数和分布偏差也不完全相同。

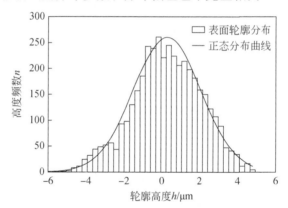

图 7-9　表面轮廓高度的正态分布规律

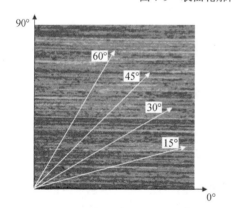

图 7-10　45 钢表面二维轮廓的不同取样方向

图 7-10 是 45 钢磨削表面放大 40 倍后的表面，与图 7-3 所示的 Q235 磨削表面相似，纹理具有明显的方向性。沿着图中不同方向采样轮廓高度数据，可以得到不同的二维轮廓形貌。图 7-11 是沿 0°方向和 90°方向的采样数据进行统计分析的结果，从图中可以看出，轮廓高度都近似正态分布，但是正态分布曲线的高度和宽度并不一样，即通过测量数据拟合出的正态分布曲线参数不同。

对于这种带有明显方向性纹理的磨削表面，拟合出的统计参数随着角度的改变逐渐变化，具有明显方向性和规律性。在表面粗糙度的评定中，一般用图 7-10 中 90° 方向上的轮廓数据，即垂直于磨削方向上的截面轮廓数据。接触问题的分析中，也是采用垂直于磨削方向上的截面轮廓数据。但是由于轮廓特征在不同方向上存在的明显差异，垂直方向的纹理特征不能反映磨削方向的纹理特征，进而可以推论，垂直方向的摩擦特性、接触刚度、接触阻尼等，并不能代表磨削方向的摩擦特性、接触刚度、接触阻尼。用哪个方向上的几何轮廓能更好地反映这种各向异性表面的轮廓特征，是一个需要进一步研究的问题。

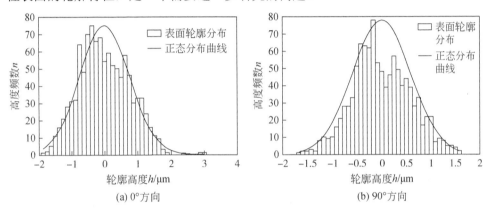

图 7-11　不同方向的轮廓高度分布

对于图 7-3 所示的纹理规律性很强的平面磨削表面尚且存在代表性轮廓的问题，对于图 7-4 所示的端面铣削表面则更难确定代表性轮廓。

两个表面在接触时，真实接触点的位置以及接触状态没有办法直接观测到，但是可以通过表面几何轮廓建立的有限元接触模型考察接触点的位置。例如，通过图 7-7 中的二维轮廓数据或者图 7-8 中的三维轮廓数据建立二维或者三维的接触模型，经过迭代计算可以求得两个粗糙表面之间的接触位置。

图 7-12 给出了通过基于二维轮廓的有限元接触模型获得的接触点位置分布。图中横轴是轮廓高度 h，纵轴是轮廓高度的累积概率 γ。图中用三角形标出了两个表面在名义接触压力为 1MPa 时的接触点高度及其累积概率。由图中可以看到，这些点的位置都在轮廓的峰顶附近，轮廓的平均位置附近和峰谷附近都没有接触点，这相当于接触点都出现在图 7-9 中横坐标 4 以上的位置。由此可以认为，粗糙表面接触时，接触点只出现在顶部，平均位置附近以及平均位置以下的轮廓特征对接触特性没有影响。两组具有不同统计特征的轮廓表面，如果轮廓平均位置以上的轮廓特征相同，在类似的载荷条件下，可以具有完全相同的接触特性。因此，基于轮廓特征分析接触特性，只需考虑粗糙表面顶部的轮廓特征即可。

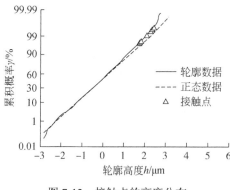

图 7-12　接触点的高度分布

由图 7-12 还可以看出，实测的轮廓数据，在轮廓高度的平均位置附近与正态分布规律基本吻合，但是在轮廓的峰和谷附近，轮廓高度的分布与正态分布规律差别较大，这意味着在 1MPa 压力下，如果基于正态分布计算粗糙表面之间的接触刚度，计算结果将会产生明显的偏差，只有在重载荷条件下，在轮廓高度的平均位置附近也出现大量接触点时，才可能有比较准确的分析结果。

7.1.3　分形特征

分形几何由 Mandelbort 提出，不同于传统几何，其描述的是不规则的图形，但在不同尺度上图形的规律性又是相同的，表现为局部与整体存在一定程度的相似性，由于这种不规则性普遍存在于自然界中，分形几何在建立了以后很快引起了众多学者的关注。满足分形特征的加工表面可用分形参数来衡量，分形参数可以包含粗糙表面几乎所有的形貌信息，用分形参数表征粗糙表面在一定程度上弥补了统计方法的不足。

统计参数会随着测量长度和仪器分辨率的不同表现出不稳定的性质，即尺度相关性，如粗糙度参数 Ra 的测量值就与具体的采样长度有密切关系，样本长度不同，得到的参数值就会不同。分形表面的轮廓具有尺度不变性，将表面轮廓不断经过放大，表面轮廓细小结构会表现出整体与局部的相似性。如图 7-13 所示，将原始表面轮廓分别放大 2 倍和 4 倍，放大后的表面轮廓与原始轮廓具有明显的相似性[22]，具有这种几何自相似性质的表面称为分形表面，分形表面的分形参数在不同尺度下都保持不变，即分形参数与尺度无关，这给表面轮廓的描述带来很大方便。

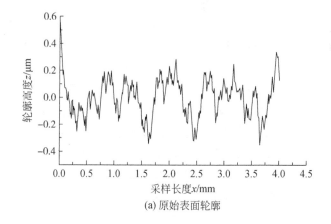

(a) 原始表面轮廓

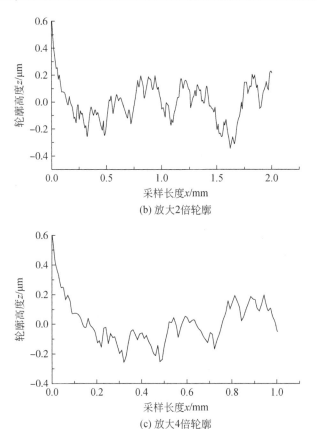

(b) 放大2倍轮廓

(c) 放大4倍轮廓

图 7-13　具有分形特性的表面轮廓

　　分形表面具有处处连续但处处不可微的特点。不可微的原因在于表面轮廓经过放大，在微小尺度上会表现出更多的细节特征，其任一点的切线都不存在。分形表面轮廓可以利用 WM 函数逼近，统计学自相似性的 WM 函数[14, 15]可以表示为

$$Z(x) = G^{D-1} \sum_{n=n_L}^{+\infty} \gamma^{(2-D)n} \cos(2\pi\gamma^n x), \qquad 1 < D < 2, \quad \gamma > 1 \qquad (7\text{-}4)$$

式中，$Z(x)$ 为表面轮廓高度；x 为表面测量坐标；L 为试样的长度，即为取样长度；G 为分形粗糙度，主要影响表面轮廓 $Z(x)$ 的幅值大小；D 为分形维数，能反应 $Z(x)$ 在尺度上的不规则性；n 为频率指数；γ^n 影响表面轮廓的频谱，服从高斯分布的粗糙表面，γ 取 1.5；n_1 是最低截止频率 ω_1 对应的序数，由于粗糙表面形貌具有随机分布特点，最低截止频率与采样长度的关系为

$$\omega_1 = \gamma^n = 1/L \qquad (7\text{-}5)$$

WM 函数的功率谱密度函数可以表示为

$$S(\omega) = \frac{G^{2(D-1)}}{2\ln\gamma}\omega^{(2D-5)} \tag{7-6}$$

式中，ω 表示轮廓波长的倒数，即空间频率。对式（7-6）等号两边同时取对数：

$$\lg S(\omega) = (2D-5)\lg\omega + 2(D-1)\lg G - \lg(2\ln\gamma) \tag{7-7}$$

由（7-7）式可知，$S(\omega)$ 与 ω 在双对数坐标中为一条直线，该直线的斜率

$$k = 2D - 5 \tag{7-8}$$

与分形维数 D 有关。该直线在纵轴上的截距

$$b = (2D-1)\lg G - \lg(2\ln\gamma) \tag{7-9}$$

与分形粗糙度 G 有关。

对采样获得的表面轮廓数据进行处理，可以求得轮廓的功率谱密度数据，通过对功率谱密度数据进行线性拟合，可以获得拟合直线的斜率与截距，最后根据斜率、截距与分形维数和分析粗糙度的关系，可以计算出分形维数 D 和分形粗糙度 G。

图 7-14 是对图 7-10 中 0°方向和 90°方向的轮廓数据进行处理后得到的功率谱密度曲线和拟合的功率谱密度直线。根据图中拟合出的功率谱密度直线的斜率和在纵轴上的截距，可以求得轮廓的分形维数 D 和分形粗糙度 G。

表 7-1 给出了图 7-10 中磨削表面沿不同方向的轮廓参数，包括统计参数和分形参数。从表中的数据可以发现，随着角度的变化，无论是统计参数还是分形参数都没有表现出规律性的变化。表中数据缺乏规律性的主要原因在于根据轮廓数据求得的功率谱数据分散性太大，如图 7-14 中实测的功率谱密度曲线波动范围过大，并不是严格的线性关系，并且拟合出的两条功率谱密度直线，斜率和截距都相差很多。类似的问题也出现在图 7-9 和图 7-11 所示的正态分布规律的拟合中，图中的实测数据也不严格的符合正态分布规律，有些数据甚至在采用其他分布规律进行拟合时会有更小的偏差。

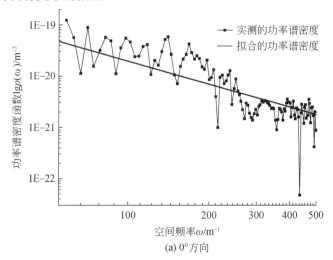

(a) 0°方向

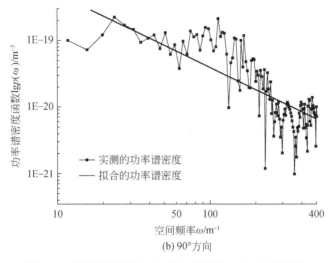

(b) 90° 方向

图 7-14　磨削表面不同方向的实测和拟合的功率谱密度

表 7-1　磨削表面沿不同方向的轮廓参数

角度	表面轮廓高度的标准差 σ / μm	微凸体顶端的曲率半径 R / μm	轮廓的均方根偏差 Rs / μm	分形维数 D	分形粗糙度 G /m
0°	0.586	13.069	0.586	1.755	7.322×10^{-12}
15°	0.636	12.869	0.636	1.942	1.058×10^{-10}
30°	0.684	7.974	0.684	1.965	1.173×10^{-9}
45°	0.489	11.657	0.489	1.813	4.714×10^{-11}
60°	0.725	7.768	0.725	1.908	1.542×10^{-10}
90°	0.691	12.339	0.691	1.952	7.896×10^{-10}

　　研究表明，不同加工方法获得的不同表面轮廓，可以有相同的统计特征参数和分析参数，说明现有的统计分析方法和分形分析方法都不能充分描述表面的轮廓特征，包括在不同方向上的轮廓特征。采用何种方式描述不同机械加工方法获得的表面轮廓特征，即机械表面轮廓特征的数学表征，仍然是一个未能很好解决的问题。

7.1.4　频谱特征

　　在 20 世纪 70 年代就已经有人研究过表面轮廓的信号特征，即将采样获得的表面轮廓数据作为信号，进行傅里叶变换后分析其频谱特征。

　　图 7-15 是图 7-10 中的表面沿 0° 方向和 90° 方向的轮廓进行傅里叶变换后得到的频谱。图中的频谱类似于工程中常见的宽带噪声信号谱，频谱中没有明显占优的频率成分，带宽大约为 200Hz，并且随着频率升高，幅值大致按照线性规律下降。在 0° 方向的轮廓频谱中，低频部分显著高于高频部分，在 90° 方向的轮廓频

谱中，虽然也有比较高的低频成分，但是相对于 0°方向的频谱，90°方向中的低频部分并不十分突出。

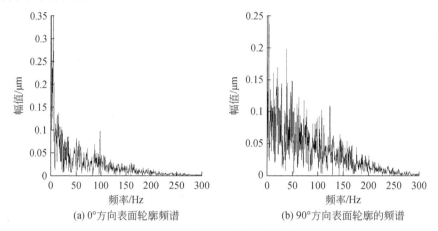

(a) 0°方向表面轮廓频谱　　　　　　　(b) 90°方向表面轮廓的频谱

图 7-15　磨削表面轮廓的频谱

与图 7-11 和图 7-13 中的曲线类似，图 7-15 中信号的幅值波动范围很大，如果对幅值进行类似于统计分析和分形分析的数据拟合，也同样会产生较大的偏差。因此从信号分析的角度，很难对机械加工表面的轮廓特征做出一个比较准确的、规律性的描述。

图 7-16 是车削的外圆表面的轮廓频谱。这种表面的频谱与磨削表面的频谱相比，除了频率范围更小以外，还有一个明显的区别就是在高频部分存在一个峰值区，表明在信号中存在一些频率接近的周期成分，这与车削加工外圆时的刀尖轨迹是螺旋线的特性有关。

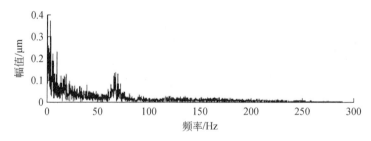

图 7-16　车削外圆表面的轮廓频谱

7.2　表面的接触性质

机床设计中，很早就已经开始认识到零件之间的接触刚度和接触阻尼对机床性能有影响，尤其是机床导轨对机床精度的影响。机床导轨和螺栓联接的刚度、阻尼性质在 20 世纪 60 年代和 70 年代有广泛的研究,更早的研究甚至可以追溯到 30 年代苏联研究人员对机床导轨接触刚度的研究。

六七十年代对零件表面接触性质的研究主要是通过试验进行的,积累了大量的试验数据,对零件接触性质有了初步的认识。后续的研究,随着计算机技术的发展,重点逐渐转移到了接触机理的研究,试图通过理论模型反映接触试验中观察到的现象。

接触问题的特点之一是接触过程中接触表面的接触状态无法直接观测。采用试验方法研究接触问题一般是通过给接触试样加载,检测试样外部位移的方法间接估计结合面的性质,如接触刚度、接触阻尼。

接触问题的另一个特点是实际工作中的结合面或多或少存在油污,对于微观粗糙的表面,油膜厚度的测量存在困难,结合面之间不同厚度的油膜,对结合面的动态刚度、阻尼有明显的影响,试验研究的结果很难直接应用到工程中。此外,在理论分析中,如何将粗糙表面之间油膜的影响引入分析模型中也是一个难题。

表面的接触性质与法向的接触压力有密切关系,表面间的接触压力不同,接触刚度、接触阻尼都会有明显差异。试验研究中,通过试验数据拟合得到的接触特性经验公式在不同的压力范围内通常有不同的形式。表 7-2 是几种常见机械联接面的接触压力范围,其他类型的接触面,如齿面的接触,滑动轴承的轴孔接触,螺母丝杠之间的接触,可以参照表中的连接形式估计出压力范围。滚动轴承中滚动体与滚道之间的接触,滚动导轨和滚动丝杠中滚动体与滚道之间的接触则可以通过赫兹接触理论求得接触应力和接触变形。

表 7-2　常见机械联接的平均接触压力范围

序号	联接形式	平均表面压力/MPa
1	滑动导轨(刚体零件,接触压力线性分布)	0.02~0.5
2	滑动导轨(零件有弹性变形,接触压力非线性分布)	0.5~2.5
3	锥体联接	<3.5
4	螺栓联接	5~20

7.2.1　表面的法向接触刚度

早期的试验研究表明,表面的法向变形 λ 与法向压力 p_n 之间存在如下形式的关系:

$$\lambda = c p_n^m \qquad (7\text{-}10)$$

式中,c 和 m 是拟合系数。如表 7-3 所示,对于铸铁,c 的取值在 1.0 左右;45 钢的 c 值在 0.05 左右。对于铸铁,m 的值一般取 0.5;45 钢的 m 值略低于 0.5,在 0.4~0.5。不同的材料,不同的加工方法,不同的粗糙度,油膜的厚度,接触压力的高低、均匀性等因素都会影响 c 和 m 的取值。

表7-3 接触面法向变形与法向压力关系的拟合参数

材质	接触面类型	c	m
铸铁	刮研 20～25/in^{2*}（刮削深度 3～5μm）	0.3	0.5
	刮研 15～18/in^2（刮削深度 6～8μm）	0.5	0.5
	刮研 20～25/in^2	0.8～1.0	0.5
	刮研 10～12/in^2	1.3～1.5	0.5
	端面磨削 Ra=1.0μm	0.6～0.7	0.5
	精刨	0.6	0.5
45 钢	磨削 R_{max}=2.0μm	0.03	0.47
		0.06	0.40
		0.05	0.43

在整机建模过程中，法向的接触变形与载荷之间的关系经常改写成法向接触刚度 k_n 与法向压力 p_n 之间的关系：

$$k_n = c^{-1}m^{-1}p_n^{1-m} \tag{7-11}$$

7.2.2 表面的切向接触刚度

与法向变形与载荷的关系不同，接触表面之间的切向变形与切向载荷之间在发生滑移之前大致保持线性关系，切向的接触柔度 s_τ 可以用切向变形 λ_τ 和切向应力 p_τ 表示成如下形式：

$$s_\tau = \lambda_\tau / p_\tau \tag{7-12}$$

这个关系实际上与法向压力 p_n 有关，法向压力 p_n 不同，柔度 s_τ 不同，即

$$s_\tau = s_\tau(p_n) \tag{7-13}$$

具体的柔度 s_τ 值可以通过图 7-17 中的曲线获得。向接触变形与载荷的关系一般写成式（7-14）的形式：

$$\lambda_\tau = c_\tau p_n^{m_\tau} p_\tau \tag{7-14}$$

式中，c_τ 和 m_τ 是两个拟合系数。写成刚度形式则为

$$k_\tau = c_\tau^{-1} p_n^{-m_\tau} \tag{7-15}$$

式中，接触表面的切向刚度 k_τ 只与法向接触压力 p_n 有关。实际上，切向刚度是否存在，除了与法向接触压力 p_n 有关外，还与切向应力有关，当切向应力超过一定数值时，接触表面开始滑移，等效的切向接触刚度就开始下降。按照库仑摩擦理论，接触表面宏观上不发生滑移的条件是切向应力不超过切向的最大静摩擦应力 p_{τ_max}，最大静摩擦应力与表面之间的摩擦系数 μ 和法向接触压力 p_n 有关：

---

* 1in^2=6.451600×10^{-4}m^2。

$$p_{\tau\_max} = \mu p_n \tag{7-16}$$

式（7-15）中的法向接触压力 p_n 应大于 p_{τ_max}/μ 才不会发生滑移，或者说式（7-14）中的切向应力 p_τ 应小于 μp_n 才不会发生滑移。

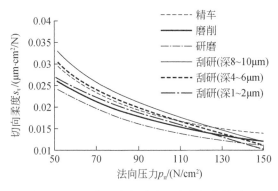

图 7-17　切向柔度与法向压力之间的关系

7.2.3　表面的接触阻尼

接触表面之间除了有弱于基体的接触刚度以外，还有高于基体的接触阻尼。

表面之间的接触阻尼与接触刚度一样，不只表现在表面的切线方向，也表现在法线方向。数值上，切线方向的阻尼比法线方向大，接触振动的能量主要通过切向阻尼损耗，早期的阻尼研究也主要集中于切向阻尼。

实际结构中接触面之间的阻尼主要来自于油的黏性阻尼，在实验室中用丙酮清洗并烘干的清洁表面，法向接触阻尼可以下降 70%～80%，在经过数小时的稳定激振后，接触阻尼可以继续下降到接近完全消失。切向阻尼也有类似的规律，但是数值上要明显大于法向阻尼。

除了油的黏性阻尼外，接触表面材料的微观塑性变形也是接触阻尼的来源之一。此外，由于微观上粗糙接触表面的接触并不连续，真实接触点处的接触应力远高于名义接触应力。例如，名义接触压力仅为 1MPa 的接触表面，真实接触区的面积不足名义面积的 1%，实际的接触应力多数已经超过材料的屈服极限，接触区实际处于塑性接触状态，接触区的变形除了表现出塑性变形的性质外，还表现出明显的黏性性质。接触变形中的塑性变形具有一过性，在经历过几次法向加载-卸载循环后，塑性变形很快接近消失，清洁表面在接触振动过程中表现出的阻尼，主要与材料在高应力条件下的黏性有关。

图 7-18 是早期接触试验研究中得到的铸铁表面法向接触压力与接触变形之间的关系，图中实线是加载曲线，虚线是卸载曲线。两条曲线形状相似，并与式（7-10）的关系很接近，但两条曲线并不重合，加载和卸载曲线之间的面积反

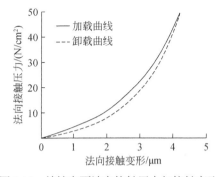

图7-18　铸铁表面法向接触压力与接触变形
关系曲线

映了阻尼的大小。图 7-19 是近年来的法向
动态试验研究结果，接触面法线方向的激
振力为正弦信号，振动频率为 1Hz。图中
的加载曲线和卸载曲线不重合，加载曲线
的起点和卸载曲线的末点也不完全重合。
由于激振力幅值小于预紧力，加载线和卸
载线形成的滞回曲线接近椭圆形。在低预
紧力或者激振力幅值较高时，还可以得到
与图 7-18 中类似的弯曲的滞回曲线或者
凤尾形的滞回曲线。

从图 7-19 中还可以明显看到滞回曲线有明显的平移，更长时间的接触试验结
果可以看到，滞回曲线的位置在向右平移到一定位置后会逐渐趋于稳定，同时加
载线和卸载线会逐渐靠近，接触变形也在逐渐减小，即接触阻尼会逐渐减小，接
触刚度在逐渐增大。

图 7-20 是法向阶跃激振时的法向激振力信号和接触变形信号。从图中可以看
出接触面的法向变形信号与激振力信号不同，存在明显的滞后。长时间的观测结
果显示，在阶跃激振下，接触表面的接触变形在逐渐降低，滞后在减小，这个结
果与图 7-18 和图 7-19 的试验结果是一致的。

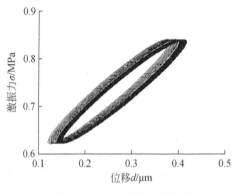

图7-19　1Hz 时的法向振动

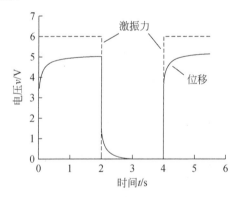

图7-20　法向阶跃载荷下的位移滞后

图 7-21 是目前对粗糙表面接触时法向载荷与法向变形关系的认识，即法向刚
度随法向压力的增大逐渐提高，不难理解，法向接触刚度的极限应是基体材料的
刚度。图 7-22 是切向接触刚度与切向接触应力的关系，即接触表面的切向刚度与
切向载荷无关，只随法向接触载荷的增大而增大。当切向载荷过大，接触表面开
始宏观滑移时，等效的切向接触刚度才开始下降。图 7-23 是切向接触刚度与法向
接触压力的关系，当法向接触压力增大时，切向接触刚度逐渐升高。与图 7-21 中

的法向刚度与法向压力的关系类似，图 7-23 中切向接触刚度也有一个极限，即基体材料的剪切刚度。

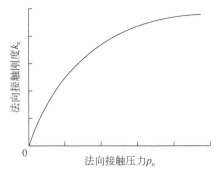

图 7-21　法向刚度与法向接触压力的关系

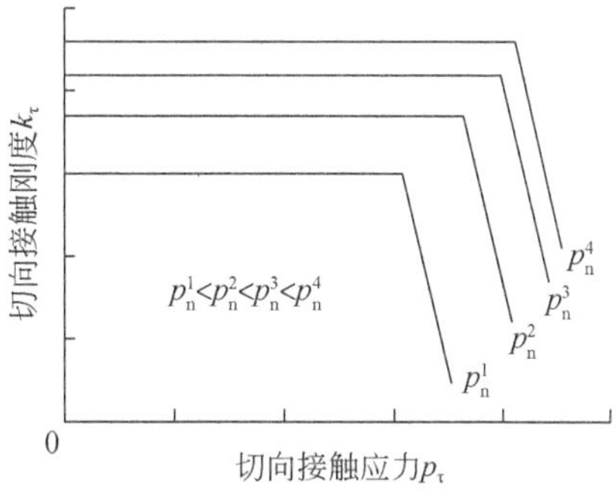

图 7-22　切向接触刚度与切向接触应力的关系

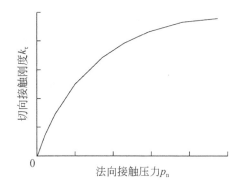

图 7-23　切向接触刚度与法向接触压力的关系

7.2.4　表面接触特性研究存在的问题

从赫兹理论开始，接触问题的研究已经超过 100 年，机床导轨的接触特性研究也已经超过 80 年。但是迄今为止，人们对表面接触性质的认识仍然是不充分、不完整的，对接触刚度的变化规律也只限于图 7-21、图 7-22 和图 7-23 所示的结合面刚度与法向压力和切向应力之间关系的认识，很多接触现象并没有充分研究，也没有统一的认识。例如，不同方向接触变量之间的耦合关系目前也并不完全清楚，试验研究和理论研究仍然不够充分。

如图 7-24 所示，如果将两个接触表面及其附近区域等效成一个均质的接触层，平衡条件下接

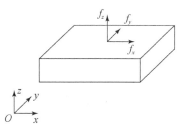

图 7-24　接触表面的等效接触层

触层受到的三个方向的等效载荷为 f_n、$f_{\tau x}$、$f_{\tau y}$，对应的三个方向的变形为 λ_n、$\lambda_{\tau x}$、$\lambda_{\tau y}$，则载荷与变形之间应该有式（7-17）所表示的关系：

$$\begin{Bmatrix} f_n \\ f_{\tau x} \\ f_{\tau y} \end{Bmatrix} = \begin{bmatrix} k_{11} & k_{12} & k_{13} \\ k_{21} & k_{22} & k_{23} \\ k_{31} & k_{33} & k_{33} \end{bmatrix} \begin{Bmatrix} \lambda_n \\ \lambda_{\tau x} \\ \lambda_{\tau y} \end{Bmatrix} \tag{7-17}$$

式中，法向载荷 f_n 与法向变形 λ_n 之间的关系除了与法向刚度 k_{11} 有关外，还与两个切线方向的剪切变形 $\lambda_{\tau x}$ 和 $\lambda_{\tau y}$ 有关，它们通过系数矩阵中的耦合项 k_{12} 和 k_{13} 与法向载荷 f_n 联系起来。切向载荷 $f_{\tau x}$ 与法向变形 λ_n、切向变形 $\lambda_{\tau y}$ 之间的关系也是如此。

　　近年来，相关的接触研究主要集中于式（7-17）中系数矩阵的对角线元素，反映不同方向载荷、变形耦合关系的非对角元素的研究则很少，接触建模中只能忽略非对角元素，忽略非对角元素的合理性以及带来的影响也无法预测。

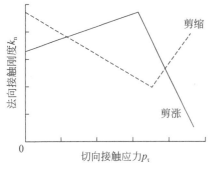

图 7-25　接触的剪涨和剪缩现象

　　如图 7-25 所示的法向接触刚度与切向接触应力之间的剪涨和剪缩现象，在切向应力的作用下，图中实线所示的接触表面间的法向接触刚度可能会先升高然后再下降，也可能如虚线所示会先降低然后再升高。这种现象产生的根源在于粗糙表面的接触特性，说明式（7-17）中耦合项受剪切应力的影响，但是在接触模型中一直没有合适的处理方法，也没有确切的试验数据。

　　机械零件的接触性质迄今为止从现象上未并完全有清楚的认识，相关的问题仍然处在研究阶段，距离工程应用还有相当大的距离。相应地，零件接触问题的建模方法也并不完善，多数工程中的整机性能分析仍然需要通过试验或者试验和分析相结合的方法解决，在图纸设计阶段单纯通过分析模型预测整机性能仍然存在很大困难。

7.3　表面接触特性参数的获取

　　接触表面的特性参数，如接触刚度、接触阻尼，最初是通过试验获得的。在理论研究中，也可以通过各种接触模型获得载荷与变形之间的关系。

　　常用的接触模型有三类，第一类是采用统计理论建立的统计分析模型，第二类是基于分形理论建立的分形模型，第三类是采用实测的表面轮廓建立的有限元分析模型。

7.3.1　试验方法

通过试验方法获取表面之间的接触数据，总结接触规律，是接触研究最初的方法，也是认识和研究表面接触性质的基础。

接触研究中，通常法向特性和切向特性是单独研究，试验装置也是各自专用，法向试验装置只测量法向接触数据，切向试验装置只测量切向试验数据。由于接触问题的特殊性，接触表面的法向和切向变形无法直接测量，只能通过间接数据推算接触变形。同时，由于需要加载和测量，试验装置中除了作为研究对象的接触面以外，还有多个接触面，测量接触面动态性能时，多个接触面之间的振动互相耦合，影响测量结果的准确性。此外，两个表面接触时，接触表面的边缘总是存在边缘效应，接触压力总是低于名义压力和中间区域的压力，也影响试验结果的准确性。

图 7-26 是一种常用的通过两个试样测量接触面的法向接触变形的原理。试验装置采用长圆柱形试样，假定接触面上的接触压力 f_n 分布是均匀的，通过测量圆柱上部的位移 λ_n，在排除掉试样基体部分的变形后，可以推算出接触表面的法向变形，从而获得接触表面的法向变形与载荷的关系。

图 7-27 是一种三试样的接触表面切向载荷-变形关系测量的试验装置原理。这种试验装置采用三个相同的叠加在一起的形成两组接触面的接触试样。试验中先施加法向接触力 f_n，然后施加切向力 f_τ，以两侧的试样为基准测量中间试样的切向位移 λ_τ。这种试验装置的缺点是由于圣维南效应的影响，不容易获得均匀的切向接触应力，右侧的位移测量结果小于左侧的位移。

图 7-28 是一种两试样的切向接触变形测量原理。这种试验装置采用两个试样，作为研究对象的接触面只有一组，试验中需要保证法向加载装置没有切向阻力影响加载和测量，如果要求的接触压力较低，可以在上试样上施加配重，通过配重改变表面的接触压力。

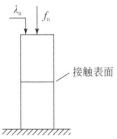

图 7-26　法向接触变形测量原理

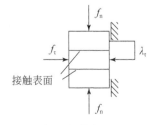

图 7-27　三试样切向接触变形测量原理

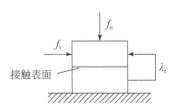

图 7-28　两试样切向接触变形测量原理

上述试验装置在原理上都不止包含一个联接面，不适合测量接触表面的动态特性。为了减弱非测量接触面在振动中的影响，孤立、突出测量接触面，除了在试验装置中要尽量减少联接面以外，还可以采用焊接、固化或者研磨、抛光非测量接触面的方法，提高非测量接触面的刚度，以便在测量信号中分离出需要的接触面振动信号。

7.3.2　统计方法

统计方法是 20 世纪 60 年代提出的一种接触分析方法，最初的 GW 模型用来计算粗糙表面的法向弹性接触性质，后来扩展到塑性，能够计入接触过程中微凸体的塑性变形。

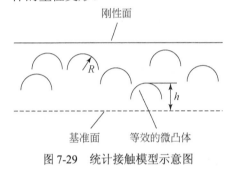

图 7-29　统计接触模型示意图

统计接触模型假定粗糙表面由微凸体构成，微凸体顶部是等直径的球形，微凸体高度随机分布，接触变形过程中微凸体的变形各自独立，不互相影响。由于粗糙表面轮廓高度的分布具有随机性，可以将两个粗糙表面的接触等效成图 7-29 所示的一个粗糙表面与刚性平面的接触，这样微粗糙表面与刚性平面的接触都只发生在微凸体顶部。

统计接触方法首先分析单个微凸体的载荷-变形关系，然后通过积分，求出整个粗糙表面的载荷-变形关系，从而获得接触表面之间的刚度和阻尼。

根据赫兹接触理论，图 7-30 中微凸体与刚性平面的接触面积为

$$A = \pi R \omega \tag{7-18}$$

接触面上的平均接触压力为

$$p = \frac{4}{3} E R^{1/2} \omega^{3/2} \tag{7-19}$$

式中，R 是微凸体顶部的曲率半径；ω 是微凸体变形量；E 是微凸体材料的弹性模量。

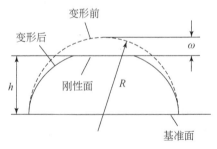

图 7-30　微凸体的变形

如果在接触表面的名义接触面积 A_n 上有 N 个微凸体，则处在接触状态的微凸体数量的期望值为

$$n = N \int_h^\infty \phi(h) \mathrm{d}h = \eta A_\mathrm{n} \int_h^\infty \phi(h) \mathrm{d}h \qquad (7\text{-}20)$$

式中，η 是微凸体的面积密度；$\phi(h)$ 是微凸体高度分布的概率密度函数。

根据式（7-18）和式（7-19）可以求得每个接触状态下微凸体的法向载荷，整个表面的法向接触载荷 F_s 是所有处于接触状态的微凸体的接触载荷之和。对于给定的表面距离 h，表面的接触载荷为

$$F_\mathrm{s}(h) = \frac{4}{3} \eta A_\mathrm{n} E R^{1/2} \int_h^\infty \omega^{3/2} \phi(h) \mathrm{d}h \qquad (7\text{-}21)$$

这样，粗糙表面的法向接触刚度为

$$k_\mathrm{n} = \frac{\partial F_\mathrm{s}(h)}{\partial h} \qquad (7\text{-}22)$$

粗糙表面的切向接触刚度也可以采用类似的方法获得。首先基于弹性接触理论中的微凸体受压后的切向载荷与切向变形的关系，采用与法向接触分析相同的方法在整个接触表面上积分，求得整个粗糙表面的切向载荷与切向变形的关系，从而可以得到表面的切向刚度：

$$k_\tau = \frac{\partial F_\tau(h)}{\partial h} \qquad (7\text{-}23)$$

统计方法中，微凸体的面积密度 η 和微凸体高度分布的概率密度函数 $\phi(h)$ 都与具体的表面轮廓特征有关，需要依据表面轮廓的测量数据确定。在通过表面轮廓的测量数据确定微凸体时，没有准确的微凸体的定义方法。在确定微凸体时，可以通过连续的三点高度的低—高—低变化规律确定一个峰，也可以通过连续五个点的变化规律确定一个峰，甚至更多个连续点的变化规律确定一个峰，不同的定义方法，可以得到不同的微凸体个数 N 和微凸体的面积密度 η。此外，即便采用相同的峰定义方法，在轮廓采样分辨率不同时，得到的峰的曲率半径也不相同，统计方法的计算结果与轮廓采样的分辨率有关，即所谓的统计方法的尺度相关性。

统计方法把粗糙表面上的微观轮廓等效成顶部曲率相等的微凸体也与机械加工表面的轮廓特征不符，实际表面的微凸体大小不一，并且在任何表面距离 h 下都应该会有微凸体处在塑性状态，因此 GW 模型中的微凸体接触被扩展到塑性接触，产生了能计入微凸体塑性的 CEB 模型，以及能够考虑微凸体弹性变形和塑性变形连续性的 ZHAO 模型等。

7.3.3　分形方法

分形方法是 20 世纪 90 年代基于分形理论建立的一种接触分析方法，假定表面轮廓符合分形特征，即接触表面是分形表面，可以用式（7-4）的分形函数表达。表面接触模型的建立过程与前述的统计模型一样，也是先建立单个微凸体的载荷-变形关系，然后基于微凸体的载荷-变形关系建立接触面的载荷-变形关系，进而

获得表面的接触刚度。

　　分形方法假定微凸体的变形是独立的，互不影响，微凸体的顶部也是球形，但是如图 7-31 所示，分形方法不要求各个微凸体的顶部的曲率半径相同，单个微凸体的载荷-变形规律与统计方法相同，即微凸体与刚性平面接触时，接触面积 A 与平均接触压力 p 也采用式（7-18）和式（7-19）的表达式。这样，单个微凸体的法向接触刚度为

$$k_{ni} = 2E(R_i \omega_i)^{1/2} \tag{7-24}$$

　　根据分形理论，接触面积为 A 的接触点的面积分布函数为

$$n(A) = \frac{DA_l^{D/2}}{2A^{D/2+1}} \tag{7-25}$$

其中

$$A_l = \frac{2-D}{D} A_r \tag{7-26}$$

式中，D 是粗糙表面的分形维数，并且 $1 < D < 2$；A_l 为最大接触点的面积；A_r 为接触表面的真实接触面积，通过对所有处在接触状态的微凸体的接触面积积分获得：

$$A_r = \int_0^{A_l} n(A)A\,\mathrm{d}A = \frac{D}{2-D} A_l \tag{7-27}$$

　　当微凸体的接触面积 A 大于临界接触面积 A_c 时，接触变形属于塑性变形，小于临界接触面积时属于弹性变形。临界接触面积 A_c 可以通过式（7-28）确定：

$$A_c = \frac{G^2}{[H/(2E)]^{2/(D-1)}} \tag{7-28}$$

式中，G 是粗糙表面的分形粗糙度；H 是材料的硬度。于是，接触面的法向刚度可以通过式（7-29）求得：

$$k_n = \int_{A_c}^{A_l} k_{ni} n(A)\,\mathrm{d}A \tag{7-29}$$

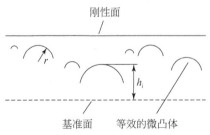

刚性面

r

h_i

基准面　　等效的微凸体

图 7-31　粗糙表面的分形建模

　　接触面切线方向的刚度 k_τ 也可以用类似的方法求得。即首先基于弹性接触理论建立单个微凸体受压后的切向载荷与切向变形的关系，然后采用与法向接触分析相同的方法在整个接触表面上积分，求得整个粗糙表面的切向载荷与切向变形的关系，从而得到表面的切向刚度。

　　分形方法是在统计方法之后基于分形理论发展起来的一种粗糙表面的接触分析方法。其主要特点是不再把粗糙表面的微凸体等效成等曲率半径的微凸峰，基于轮廓采样数据建立的分形轮廓比较接近实际轮廓，同时避免了由实测的表面轮廓数据拟合微凸体时遇到的峰的定义问题，使得表

面分形参数的测量结果与测量的尺度分辨率无关。分形方法存在的问题是分形轮廓只由分形维数 D 和分形粗糙度 G 两个参数确定,而实际加工表面轮廓的产生受多种因素的影响,轮廓特征多种多样,仅由 D 和 G 两个参数描述实际的加工表面轮廓,理论上并不充分,并且 D 和 G 缺乏具体的物理意义,无法跟实际的加工条件联系起来。实践结果表明,很多机械加工表面需要不止一组 D、G 参数描述,图 7-14 中实测的功率谱密度曲线在不同的空间频率区间采用不同的拟合直线才会有更好的拟合效果,这意味着 D、G 参数与尺度有关,破坏了分形表面的尺度无关性。

7.3.4　有限元法

统计方法和分形方法都是基于微凸体的接触理论建立起来的解析分析方法。最初的微凸体接触是弹性的赫兹接触,后来扩展到塑性接触,再后来又考虑了弹性接触和塑性接触之间的弹塑性接触。除了理想塑性接触以外,具有硬化的塑性以及介于弹性接触和塑性接触之间的微凸体的弹塑性接触,到目前为止没有准确的解析描述方法。因此对于钢铁材料这类屈服后有明显硬化特性的材料,理论解析仍然是不完善的。

采用有限元法分析粗糙表面的接触性质,与解析的统计方法和分形方法不同,属于一种数值方法,需要将计算得到的数值结果拟合成经验公式供后续的整机建模使用。

图 7-32 所示的有限元磨削是直接采用磨削表面轮廓的测量数据建立的表面的接触模型[1],模型中的表面轮廓扫描方向垂直于磨削方向,即横纹理方向。由于沿磨削方向的条纹比较长且互相交错,可以将其视为广义平面应变问题,采用平面应变单元建立二维平面模型。

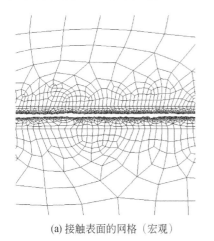 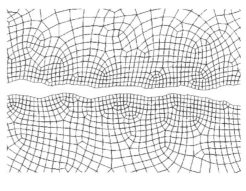

(a) 接触表面的网格（宏观）　　　　　　　(b) 接触表面的网格（微观）

图 7-32　接触表面的建模

　　图 7-32 中的有限元接触模型不需要统计方法和分形方法中为了简化模型而做出的假设条件，如表面轮廓高度分布的假定以及相邻微凸体的变形互不影响的假定。接触表面的轮廓直接取自轮廓采样数据，可以认为几何形状上没有简化，能够准确反映表面的轮廓特征。

　　基于有限元法建立的接触模型可以求得接触面的法向和切向的载荷-变形关系，如果循环加载，还可以得到循环载荷下的接触变形。有限元模型的计算结果拟合成函数表达式后，通过对变形求导数即可得到接触面的法向和切向刚度表达式。

　　有限元法也可以用来分析和研究两个表面之间的接触状态和接触性质。接触问题的特点是难以直接观察接触面的接触状态。通过有限元法，可以间接地看到两个表面之间的接触状态。图 7-33 是图 7-32 中的平面应变接触模型的在 1MPa 的法向压力作用下的应力分析结果。图中的应力云图反映了接触试样中的应力分布状态。由图中可以看到，接触面上真实的接触面积远小于名义接触面积，相应地，真实的接触应力远高于名义的接触压力。

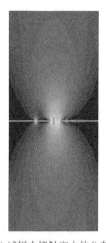

(a) 试样中接触应力的分布　　　　　　(b) 局部接触应力的分布

图 7-33　接触表面的应力分布

　　有限元法与统计方法和分形方法相比，实施过程比较简单、直观，准确性高，可以考虑材料的不同硬化规律，也不用简化和等效表面轮廓。由图 7-33 所示的计算结果可知，在 1MPa 的名义接触压力下，不存在大量的接触点，将两个粗糙表面的接触等效成一个粗糙表面与刚性平面接触的统计条件并不存在，一个粗糙表面与刚性平面接触的计算结果与两个粗糙表面接触的计算结果也相去甚远。

　　有限元的接触模型有二维的平面应变模型和三维接触模型两种。三维接触模型的优点是能够全面反映不同方向的轮廓特征，但是受到计算量的限制，三维模型的面积都不大，面积尺度一般不超过 1mm，有些甚至只有几微米，接触面积过小，很难反映大尺度上的轮廓特征。当前的分析和应用中，多采用二维的平面应变模型，名义接触长度可以到十几毫米，轮廓分辨率可以达到 1μm。

经验表明，即使是在 1MPa 左右的法向压力下，通过二维有限元接触模型得到的法向刚度曲线也可以与试验得到的结果很好地吻合。有限元法的缺点是计算量大，接触计算不容易收敛。

7.4　表面接触数据在整机分析中的应用

表面接触数据的主要用途之一是建立机器整机的分析模型。现有的整机分析方法主要采用有限元法，接触数据最终要导入有限元模型中。

多数有限元软件具有接触分析能力，通过在单元表面覆盖接触单元，能够防止两个接触表面之间相互侵入，有些软件的接触单元还可以模拟表面之间的摩擦，但是不能计入两个表面之间的微观粗糙度造成的刚度和阻尼。将粗糙表面接触数据导入有限元软件中，需要采用一些特殊的方法。

7.4.1　弹簧-阻尼模型

图 7-34 所示的弹簧-阻尼模型也称为 Kelvin 模型，是由刚度为 k 的弹簧元件和阻尼为 c 的阻尼元件并联形成的组合元件。最初是用来模拟黏弹性问题的一维模型，后来在有限元模型中用于模拟接触表面的弹性和阻尼，在有限元软件中以弹簧-阻尼单元的形式提供给用户使用。弹簧-阻尼模型既可以用于模拟接触面法线方向的刚度和阻尼，又可以用来模拟切向的刚度和阻尼。

弹簧-阻尼模型在扩展到二维和三维后，出现一种在一维模型中没有的性质，即受压时的不稳定性。图 7-34 中，如果上下两个接触面受压，用来模拟粗糙表面接触弹性和阻尼的弹簧-阻尼元件存在倒下的趋势。如果上下两个表面之间水平方向没有约束，只有法向压力，最终的计算结果是上下表面互相侵入，弹簧-阻尼元件从压缩状态变为拉伸状态。如果定义弹簧只受压缩，不受拉伸，即压缩时弹簧刚度为 k，拉伸时弹簧刚度为 0，水平方向无约束的结果就是两个表面之间相互侵入，甚至计算过程不收敛。

图 7-34 中的弹簧-阻尼模型在上下两个表面的水平位移有约束时，如果上下两个结点连线与接触压力方向不一致，如图 7-35 所示，法向的接触压力 p 会产生附加的水平错动 δ，这种水平错动由倾斜的模型造成，并不反映实际的物理现象，法向的接触载荷，不应产生切向的位移。弹簧-阻尼模型在二维和三维条件下的这种性质称为弹簧-阻尼模型的不稳定性。

有限元模型中很难保证载荷 p 的方向与弹簧-阻尼模型的连线方向完全一致，所以附加的水平错动 δ 或多或少总是存在，使用中需要控制水平错动量在足够小的水平上。

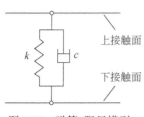

图 7-34　弹簧-阻尼模型

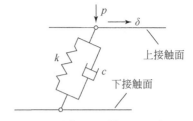

图 7-35　弹簧-阻尼模型的不稳定性

同理,用弹簧-阻尼模型模拟接触表面的切向刚度和阻尼时,如果切向载荷与两个结点连线的方向不一致,切向的载荷也会引起附加的法向变形。

由于弹簧-阻尼模型的不稳定性,在接触建模时除了要保证两个接触表面的网格完全一致外,还需要保证接触表面不会有明显的错动。

弹簧-阻尼模型是一种线模型,没有面积和体积。接触表面的刚度和阻尼数据一般是单位面积上的刚度和阻尼,在应用到弹簧-阻尼模型中时,需要将单位面积上的刚度和阻尼转换到结点上,以集中刚度和集中阻尼的形式提供给弹簧-阻尼模型。接触数据从分布式转换成集中式,需要知道弹簧-阻尼单元的附属接触面积。图 7-36 中,弹簧-阻尼单元联接了上下两个表面的对应结点,反映了上下两个表面在联接点附近区域的接触特性,这个附近区域称为单元的附属区域。附属区域可以通过表面单元的中心和边的中心连线围成的虚线区域确定,以附属区域的面积乘以接触面的分布刚度和阻尼,就是弹簧-阻尼单元的集中刚度和阻尼。

在整机分析模型中使用弹簧-阻尼单元模拟粗糙表面的接触性质,需要计算每个单元附属面积。为了方便计算,除了两个接触表面上的单元网格要上下完全对应外,每个单元网格的形状也要完全一致,这样只需要计算一个弹簧-阻尼单元的附属面积。

弹簧-阻尼模型不稳定性的根源在于弹性力和阻尼力的计算是基于两个结点之间的距离,两个结点之间的距离发生改变,相应的弹性力和阻尼力也会发生变化。在某些软件中,除了有图 7-34 所示的弹簧-阻尼单元外,还提供图 7-37 所示的基于自由度耦合的弹簧-阻尼单元。这种基于自由度耦合的弹簧-阻尼单元,需要定义两个结点之间所有对应自由度的弹簧刚度和阻尼,并且用于模拟粗糙表面的接触特性时,各个方向的弹性力单独计算,互不耦合,不会出现图 7-35 中的不稳定。例如,图 7-37 中如果上下两个结点 i 和 j 在 x 方向的位置有较大偏差,上下不对齐,在单纯受法向压力时,法向的弹性力依据两个结点在 z 方向的位置变化计算,切向的弹性力根据上下两个结点在 x 方向上的位置变化计算,互相并不耦合,不会出现图 7-35 中的弹簧-阻尼模型的不稳定性。

这种基于自由度耦合的弹簧-阻尼单元的使用方法跟图 7-34 中的弹簧-阻尼单元类似,也需要计算单元的附属面积。虽然这种单元允许上下两个结点可以不对齐,甚至在水平位置上有较大偏差,但是这种偏差会使得上下两个表面的相互作

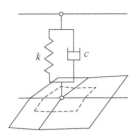

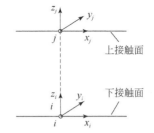

图 7-36　弹簧-阻尼单元的附属面积　　　　图 7-37　自由度耦合的弹簧-阻尼模型

用点不在空间的同一个位置，与物理事实不符。因此，使用过程中仍然需要结点位置上下对齐，接触表面上的单元网格相同。

这种基于自由度耦合的弹簧-阻尼单元的主要缺点是使用不便。如图 7-37 所示，如果每个结点有三个自由度，每个弹簧-阻尼单元需要输入三个弹簧刚度和三个阻尼值。如果接触表面不与模型的坐标平面平行，还需要改变单元的局部坐标系，使用过程比较烦琐。

7.4.2　虚拟材料法

虚拟材料法是作者在 20 世纪 90 年代提出的一种在机床整机性能的有限元分析中使用的接触建模方法[24, 25]，其基本思路是将接触表面及其附近区域等效成一个均质的、由特殊材料构成的薄层，这个薄层用六面体单元模拟，材料特性由表面的接触特性决定。由于接触区的材料特性并不是真实的材料特性，称为虚拟材料或者等效材料。

如图 7-38 所示，在整机结构的建模中，在上下两个构件的接触表面附近切割出一个薄层，用一层六面体单元划分，单元的材料特性参数采用等效的材料特性参数，构件其他区域的网格采用正常的网格划分方案，材料特性参数采用构件的材料特性参数。

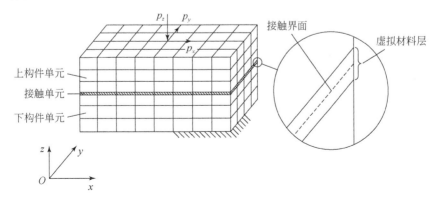

图 7-38　虚拟材料单元的使用

　　虚拟材料的特性参数与表面的接触特性有关，也与薄层切割的厚度有关。

　　图 7-39 是从接触层中切割出的一个矩形六面体，其长、宽、高分别是 dx、dy、dz，将其等效成一个图 7-40 所示的均质矩形六面体。由于图 7-39 中的六面体包含接触表面，沿三个坐标轴方向的力学性质并不相同，图 7-40 中等效的六面体在不同方向上也应具有不同力学性质。如果假定接触表面在名义接触面内的不同方向上有相同的剪切特性，图 7-40 中等效的六面体可以看作是横观各向同性材料，其材料特性可以用如下的横观各向同性材料的本构关系表达[26]：

$$\begin{Bmatrix} \varepsilon_x \\ \varepsilon_x \\ \varepsilon_x \\ \gamma_{xy} \\ \gamma_{yz} \\ \gamma_{zx} \end{Bmatrix} = \begin{bmatrix} 1/E_x & -\mu_{xy}/E_x & -\mu_{xz}/E_z & & & \\ -\mu_{xy}/E_x & 1/E_x & -\mu_{xz}/E_z & & & \\ -\mu_{xz}/E_z & -\mu_{xz}/E_z & 1/E_z & & & \\ & & & 1/G_{xy} & & \\ & & & & 1/G_{xz} & \\ & & & & & 1/G_{xz} \end{bmatrix} \begin{Bmatrix} \sigma_x \\ \sigma_y \\ \sigma_z \\ \tau_{xy} \\ \tau_{yz} \\ \tau_{zx} \end{Bmatrix} \quad (7\text{-}30)$$

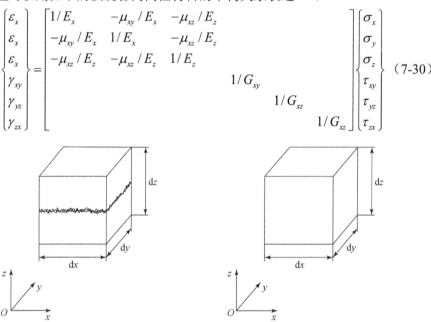

图 7-39　包含接触表面的接触层　　　　　图 7-40　等效的接触区

　　如果接触表面的接触特性用式（7-31）表示：

$$\begin{cases} \lambda_n = c\sigma^m \\ \lambda_\tau = \alpha_\tau \sigma_z^{\beta_\tau}\tau \end{cases} \quad (7\text{-}31)$$

采用弹性力学的微元体受力分析方法分析图 7-40 中的六面体载荷-变形关系，可以确定式（7-30）中的材料特性参数：

$$\begin{cases} E_x = E \\ E_z = Edz(dz+cE\sigma_z^{m-1}) \\ \mu_{xy} = \mu \\ \mu_{xz} = (\mu\sigma_z dz)/(E^2\sigma_z dz + cE\sigma_z^m) \\ G_{xy} = G \\ G_{xz} = Gdz/(dz + G\alpha_\tau\sigma_z^{-\beta_\tau}) \end{cases} \quad (7\text{-}32)$$

其中 $G = \dfrac{E}{2(1+\mu)}$，E 和 μ 分别是基体材料的弹性模量和泊松比。

式（7-32）是采用式（7-31）的经验公式得到的虚拟材料特性参数，将其代入式（7-30）可以得到虚拟材料本构关系中的各个参数，利用本构关系中的这些参数可以在有限元软件中设置虚拟材料的接触特性。

虚拟材料法对虚拟材料单元的形状有一定要求，如单元的厚度要保持一致，上下单元面要对齐，但是在名义接触表面方向，单元的几何形状可以不是矩形。

虚拟材料法对单元的局部坐标系有要求，即图 7-39、图 7-40 中单元局部坐标系中的 xOy 平面要与名义接触表面平行。缺省情况下，有限元分析软件中单元的局部坐标系与建模使用的整体坐标系保持一致。在接触表面不与整体坐标系保持图 7-39 所示的关系时，单元的局部坐标系与接触表面也不保持图 7-39 所示的关系，需要调整单元的局部坐标系，使单元局部坐标系的 xOy 平面与接触表面平行。

接触表面的轮廓是起伏的粗糙表面，其准确的厚度难以确定，图 7-38 中接触单元层（虚拟材料层）的厚度无法准确给出。实际的磨削表面、车削表面厚度在几微米到几十微米，按这个尺度在 CAD 系统中建模，在图形界面下难以操作，网格划分也存在困难。因此，实际建模中的虚拟材料层厚度都比较厚。

虚拟材料层在实际结构中并不存在，材料特性参数都是基于接触性质和基体材料的性质等效的，计算得到的虚拟材料层的应力、变形不代表实际接触层的应力、变形。模型中的虚拟材料层厚度如果过大，会显著影响基体部分的应力和变形分布。因此，在建模时，需要在保证建模方便的前提下，尽可能采用较小的虚拟材料层厚度。

7.4.3 罚函数法

罚函数法是一种常用的接触迭代算法。如图 7-41 所示，为了防止两个相互接触的表面相互侵入，接触计算过程中在两个接触表面之间施加一个法向惩罚刚度 k_n，侵入量越大，惩罚刚度越大，阻止表面侵入的反力就越大。程序在迭代过程中自动调整惩罚刚度，使得两个接触表面的侵入量小于允许值，当两个表面不接触时，惩罚刚度为零。除了法向刚度以外，通

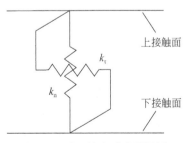

图 7-41 表面之间的惩罚刚度

常也可以设定切向惩罚刚度 k_τ，防止表面接触后滑移，如果允许表面滑移，则可以设置 k_τ 为零。对于三维模型，切向刚度有两个，通常采用同样的刚度值。

罚函数法的惩罚刚度可以人为设定，也可以由程序根据设定的分析精度确定合适的刚度值。通常情况下，程序自动设定的惩罚刚度可以使得两个表面的最大

侵入量保持在 1.0E-6 量级，对于大多数机械结构的分析，这个精度已经足够，但是对于粗糙表面的接触分析而言，这个侵入量已经跟表面微凸体的接触变形量相当了。虽然提高惩罚刚度可以减少侵入量，但是过大的惩罚刚度会使迭代过程的收敛性明显变差。因此在涉及粗糙表面接触问题的分析中，考虑到分析精度，一般不使用罚函数法，而是优先使用不产生接触侵入量的拉格朗日乘子法。

罚函数法也可以用作粗糙表面接触特性引入整机分析的一种手段[27]。通常，罚函数法中的惩罚刚度并没有具体的物理意义，只是为了减少两个接触表面侵入量的一种数学工具。如果将惩罚刚度用粗糙表面的接触刚度替换，惩罚刚度变为粗糙表面的接触刚度，两个表面的侵入量变成了粗糙表面的接触变形量。这个方法的优点是操作简单，只需修改接触单元的接触刚度即可，不需要建立单独的接触单元，也不涉及弹簧-阻尼单元的附属面积计算和虚拟材料单元的坐标系修改，对接触表面的网格划分没有特殊要求，两个接触表面的网格也不需要保持一致。在计算过程中，根据表面的侵入量设定合适的法向接触刚度和切向接触刚度。

罚函数法的缺点是由于粗糙表面非线性的接触特性，需要在迭代过程中根据侵入量不断修改接触刚度，迭代计算的效率较低。在接触压力较高时，接触刚度会升高，容易导致迭代计算过程收敛困难。对于不允许在迭代过程中修改惩罚刚度的有限元软件，不适合用这种方法模拟粗糙表面的接触特性。

7.5　包含接触特性的整机模态分析

机械结构的整机分析，除了要考察结构的变形、应力外，还要考察结构的共振特性，即需要对结构进行模态分析。不管是光滑的表面还是粗糙的表面，接触特性都具有强烈的非线性性质。在整机模型中计入表面之间的接触特性以后，整机模型也具有非线性性质。现有的有限元软件中提供的模态分析方法都是线性模态分析方法，不能对非线性模型进行模态分析，无法得到非线性整机模型的固有频率和振型。

理论上，对非线性模型进行模态分析的方法有两种，一种是线性化方法，将非线性模型转化为线性模型，用线性模态分析方法求解整机的固有频率和振型；另一种是采用非线性模态方法求解，获得非线性整机的固有频率和振型。

第一种方法是力学上常用的方法，分析过程中分别采用两种模型和两种不同的分析方法。这种方法的第一步是利用非线性模型进行静力分析，求得特定载荷下的结构变形、应力，包括接触表面的接触变形和接触应力，然后基于接触表面的变形和应力，求得该载荷条件下的接触刚度和接触阻尼，作为第二步中线性化模型在接触面上的常刚度和常阻尼。

假定振动的幅值足够小，对接触刚度和阻尼的影响可以忽略，振动时的接触刚度和阻尼保持不变，就可以用线性模型替代非线性模型。在非线性有限元模型中，用包含常接触刚度和接触阻尼的具有线性性质的单元替换具有非线性性质的接触单元，形成一个新的具有线性性质的整机模型，这是线性化方法的第二步。利用线性模型进行模态分析，即可获得整机的固有频率和振型。

这种线性化的模型只在振幅足够小的条件下才与原有的非线性模型等价，不能反映非线性的接触性质对振动的影响，等效过程烦琐，工作量巨大。第二种方法是一种比较理想的解决方案，但是现有的非线性模态理论并不成熟，商业软件也不支持。

总之，在包含接触特性的机械整机性能分析中，直接获得整机的固有频率和振型是困难的，需要采取一些特殊的技术手段。

练　习　题

（1）机械加工表面轮廓高度的分布存在随机性，并且大致符合正态分布，如何评价轮廓高度分布与正态分布的差异大小？

（2）为什么说在载荷不大的情况下，表面的接触性质只与轮廓平均位置以上的几何形状相关，与平均位置以下的几何形状无关？

（3）对于端面铣削和车削表面，如何描述轮廓的几何形状比较好？

（4）粗糙表面上微米尺度和纳米尺度的微凸体，能否将其视为均匀材质？为什么？

（5）分形方法能否很好地描述各种机械加工表面？为什么？

（6）统计方法将粗糙表面的轮廓等效成顶部曲率相同的微凸体，这可能与实际的粗糙表面接触性质产生哪些差异？

（7）分形函数处处连续，处处不可导，为什么？

（8）机械加工表面的轮廓高度分布具有随机性，同时表面轮廓又具有分形特征，这是否互相矛盾？为什么？

（9）车削表面的轮廓频谱经常有明显的周期成分？磨削、铣削和喷丸表面会不会有？

（10）说明接触阻尼的主要来源。

（11）说明切向接触变形测量误差的主要来源。

（12）法向和切向接触变形的测量中，都假定接触面表面之间是均匀接触，这是否合理？为什么？

（13）微凸体与刚性面的弹性接触是通过赫兹接触计算的，赫兹接触是精确解还是近似解？

（14）粗糙表面的有限元接触模型中，微观表面之间的接触仍然是单元边或者单元面之间的接触，这些单元边或者单元面之间的接触是否需要考虑摩擦？是否需要考虑更微观的轮廓特征的影响？

（15）根据有限元接触模型的分析结果，讨论接触试样中的应力分布均匀性。

（16）弹簧-阻尼模型在二维和三维的有限元接触建模中的不稳定性是什么？如何解决？

（17）什么是弹簧-阻尼模型的附属面积？附属面积如何计算？

（18）虚拟材料法对单元的几何形状有何要求？

（19）虚拟材料法是变形等效还是刚度等效？接触层厚度对等效参数有何影响？

（20）罚函数法用于模拟粗糙表面的接触性质有什么优点？有什么缺点？

参 考 文 献

[1] 王世军, 赵金娟, 张慧军, 等. 一种结合部法向刚度的预估方法[J]. 机械工程学报, 2011, 47(21): 111-115, 122.

[2] 王世军, 何花兰, 郭璞, 等. 粗糙表面接触面积和承载规律的研究[J]. 西安理工大学学报, 2014, 30(1): 22-27.

[3] 郭璞. 磨削和铣削表面的接触特性研究[D]. 西安: 西安理工大学, 2013.

[4] 何花兰. 基于有限元法研究弹塑性粗糙表面接触性质[D]. 西安: 西安理工大学, 2014.

[5] YUE X. Developments of joint elements and solution algorithms for dynamic analysis of jointed structures[D]. Boulder, Colorado: University of Colorado Department of Aerospace Engineering Science, 2002.

[6] 杨橘, 唐恒龄, 廖伯瑜. 机床动力学 II[M]. 北京: 机械工业出版社, 1983.

[7] 廖伯瑜, 周新明, 尹志宏. 现代机械动力学及其工程应用[M]. 北京: 机械工业出版社, 2004.

[8] 伊东谊. 现代机床基础技术[M]. 北京: 机械工业出版社, 1987.

[9] 吉村允孝. 采用结合面动态数据的计算机辅助设计来改善机床结构刚性(上)[J]. 陶志范, 译. 机床译丛, 1981, (2): 3-6.

[10] 吉村允孝. 采用结合面动态数据的计算机辅助设计来改善机床结构刚性(下)[J]. 陶志范, 译. 机床译丛, 1981, (3): 16-20.

[11] 刘晓平, 徐燕申. 模态分析和有限元法结合识别机械结构结合面动力学参数的研究[J]. 应用力学学报, 1993, 10(4): 108-112.

[12] JOHNSON K L. Contact Mechanics[M]. Cambridge, Mass, USA: Canbridge University Press, 1985.

[13] WANG S, KOMVOPOULOS K. A fractal theory of the interfacial temperature distribution in the slow sliding regime: Part I-elastic contact and heat transfer analysis[J]. Journal of Tribology, Transactions of ASME, 1994, 116(6): 812-822.

[14] 田红亮, 陈从平, 方子帆, 等. 应用改进分形几何理论的结合部切向刚度模型[J]. 西安交通大学学报, 2014, 48(7): 46-52.

[15] 张学良, 黄玉美, 韩颖. 基于接触分形理论的机械结合面法向接触刚度模型[J]. 中国机械工程, 2000, 11(7):

727-729.

[16] 赵永武, 吕彦明, 蒋建忠. 新的粗糙表面弹塑性接触模型[J]. 机械工程学报, 2007, 43(3): 95-101.

[17] 田红亮. 赫兹接触 129 年[J]. 三峡大学学报, 2011, 33(6): 61-71.

[18] 田红亮, 赵春华, 方子帆. 基于各向异性分形理论的结合面切向刚度改进模型[J]. 农业机械学报, 2013, 44(3): 257-266.

[19] 田红亮, 朱大林, 秦红玲. 机械结合面接触模型的研究进展及存在的问题[J]. 机械工程与技术, 2013, 2(1): 1-10.

[20] 徐超, 王东. 一种改进的粗糙表面法向弹塑性接触解析模型[J]. 西安交通大学学报, 2014, 48(11): 115-121.

[21] 李玲, 蔡力钢, 蔡安江, 等. 固定结合面切向接触刚度通用性建模方法[J]. 计算机集成制造系统, 2015, 21(8): 2108-2115.

[22] 陈冲. 基于分形理论的正交各向异性结合部建模方法研究[D]. 西安: 西安理工大学, 2018.

[23] 殷艳君, 肖峰, 任学冲. 表面喷丸处理对车轮辐板腐蚀行为的影响[J]. 腐蚀与防护. 2015, 36(1): 31-35.

[24] 王世军. 结合部理论在工程中的应用研究[D]. 西安: 西安理工大学, 1997.

[25] 赵金娟, 王世军, 杨超, 等. 基于横观各向同性假定的固定结合部本构关系及有限元模型[J]. 中国机械工程, 2016, 27(8): 1007-1011.

[26] 沈观林, 胡更开. 复合材料力学[M]. 北京: 清华大学出版社, 2006.

[27] 王世军, 赵金娟, 雷蕾, 等. 机械结合部刚度的罚函数表示方法[J]. 中国机械工程, 2008, 19(13): 1536-1538.

第8章 结构的热分析

热分析（thermal analysis）也称温度场分析（temperature field analysis）。温度场是最早应用有限元法的非结构物理场之一，也是最早与结构实现耦合分析的物理场。结构热分析的主要目的是为了计算结构的热变形和热应力，热分析得到的温度分布通常是计算结构热变形和热应力的初始条件而不是最终目标。

热分析的有限元法中，单元的几何形状与结构分析中的单元形状相同，但是单元的结点自由度只有一个温度自由度，并且与空间的维数无关，因此热分析的计算量比结构变形的计算量小很多，只有二维结构分析的二分之一，三维结构的三分之一。

由于传热学理论本身并不完善，一些传热学参数的变化规律难以准确掌握和测定，热分析结果的准确性通常比结构变形的计算结果准确性低。

8.1 传热学的基本原理

基于现有的传热学理论，热在空间的传递方式有三种[1, 2]：热传导，对流和热辐射。传导是固体的传热方式，对流是流体的传热方式，辐射则是基于电磁波的传热方式，这三种热传递方式的规律可以分别用三种不同的方程描述。有限元法是求解这些热传递方程的一种数值方法，可以获得给定条件下方程的数值解。

机械工程中的热传递问题主要是固体结构中的热传递问题，其次是流体传热问题，只有在一些特殊场合才会涉及辐射传热问题。机械工程中的热分析通常都与具体的固体结构或者流体流动状态有关，热分析模型需要基于固体结构或者流体模型建立，热分析模型与固体结构模型或者流体模型存在一种特殊的依附关系，常见的热分析也有固体结构的热分析和流体传热分析两种形式。因为存在这种依附关系，固体结构的热分析一般跟固体结构分析一样采用有限元法，流体传热分析则跟流体分析一样采用有限体积法。

8.1.1 热传导

热传导反映了连续的介质内部的内能传递过程，这个传递过程的规律是通过傅里叶定律描述的，这个定律是傅里叶提出的传热学中的一个基本定律：单位时

间内通过单位面积的热量，正比于垂直于该截面方向上的温度变化率，而热量传递的方向则与温度升高的方向相反。这个定律表示为

$$q_t = -k_n \frac{\partial T}{\partial n} \tag{8-1}$$

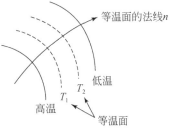

图 8-1　介质内部的热传导

式中，q_t 是沿图 8-1 中等温面法线 n 方向的热流密度，也称热流强度，单位为 W/m^2；k_n 是沿方向 n 的热导率，也称为导热系数，单位是 $W/(mK)$，T 是温度，单位为 K；式中的负号表示传热方向与温度梯度相反。

式（8-1）也可以写成分量的形式：

$$q_t = -k_n \nabla T = -k_n \left(i\frac{\partial T}{\partial x} + j\frac{\partial T}{\partial y} + k\frac{\partial T}{\partial z} \right) \tag{8-2}$$

傅里叶定律是热传导分析的基础定律之一，适用于固体、液体及气体。傅里叶定律不是由热力学第一定律导出的数学表达式，而是基于实验结果的归纳总结，是一个经验公式。一般情况下，同一种材料在不同温度下的热导率并不相同，不同材料的热导率与温度的关系也不一样。热导率是材料的热力学特性参数之一，类似于固体结构中与弹性变形相关的弹性模量和泊松比，不同之处在于热导率与温度有关，材料在不同温度下的热导率并不是一个常数。傅里叶定律可以看作热导率的一个定义式，通过这个定义式可以求得材料的热导率。温度变化不大的情况下，热导率可以近似为常数，精确的传导计算需要计入热导率随温度变化的影响，此时热导率是时变的：

$$k_n = k_n(t) \tag{8-3}$$

相应的热流率也是时变的：

$$q_t = q_t(t) \tag{8-4}$$

8.1.2　对流

对流是流体（包括液体和气体）内部由于存在温差而产生的流体运动。对流现象使得流体各部分的温度趋于一致，它是流体介质的混合、输运过程。固体介质不存在对流现象。如图 8-2 所示，结构分析中的对流问题主要是研究与结构相邻的流体由于壁面与流体之间存在温差而产生的流体流动现象，它使得结构表面和流体的温度都发生变化，本质上是结构和流体之间的热耦合问题。

牛顿在 1701 年通过实验发现，温度高于周围环境的物体表面在逐渐冷却时所遵循的规律可以用式（8-5）表达：

$$q_v = h_f(T_S - T_B) \tag{8-5}$$

式中，q_v 是表面对流产生的热流率，单位为 W/m²；h_f 是对流系数，也称薄膜系数；T_S 是固体表面的温度；T_B 是流体的温度。式（8-5）表明当固体表面与周围环境存在温度差时，单位时间从单位面积上散失的热量与温度差成正比，这个规律一般称为牛顿冷却定律，其中的对流系数 h_f 与很多因素有关，如壁面的粗糙度、几何形状，固体、流体的热特性，具体的流动条件等。牛顿冷却定律是一个依据实验结果得到的经验公式，在强制对流条件下与实验结果符合较好，在自然对流条件

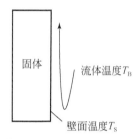

图 8-2　固体表面的对流现象

下只在温差不太大（温差不超过 50K）时才成立，在其他条件下需要对式（8-5）进行适当的修正。如图 8-2 所示，一般情况下，结构表面上各处的流体流动情况不会完全一致，尤其是复杂的结构表面，表面不同位置上的对流系数不尽相同，给对流系数的测定和对流传热的计算带来困难。对流传热问题的主要困难在于确定准确的对流系数，通过实验和理论确定不同条件下的对流系数及其变化规律是热交换理论的主要研究内容。

与传导过程类似，在结构温度不断变化的情况下，对流产生的热流率也是时变的：

$$q_v = q_v(t) \tag{8-6}$$

8.1.3　热辐射

热辐射（thermal radiation）是物体因具有温度而辐射电磁波的现象，是热量传递的三种方式之一。温度高于 0K 的物体都能产生热辐射，温度越高，辐射出的能量就越大。热辐射的光谱是连续谱，波长覆盖范围理论上可以从零到无穷大。温度较低时，主要以不可见的红外光进行辐射，当物体的温度在 500～800℃时，热辐射中最强的波长在可见光区，此时的物体看上去在发红光。由于电磁波可以在真空中传播，热辐射是真空中唯一的热传播方式。

物体在向外辐射热量的同时也在吸收热量。如图 8-3 所示的两个表面 i 和 j 之间的通过辐射产生的净热量传递规律由斯特藩-玻尔兹曼定律给出：

$$q_r = \varepsilon f \sigma (T_i^4 - T_j^4) \tag{8-7}$$

式中，q_r 是热辐射产生的热流率；ε 为辐射率（也称为黑度）；σ 是斯特藩-玻尔兹曼常数，约为 5.670373×10^{-8} W/(m²·K⁴)；f 是两个辐射表面 i 和 j 之间的形状系数；T_i 为辐射面 i 的热力学温度；T_j 为辐射面 j 的热力学温度。

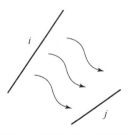

图 8-3　表面 i 和 j 之间的热辐射

辐射率是指实际物体辐射的热量与同温的黑体在相同条件下辐射的热量之比。实际物体的辐射率在 0～1.0，其具体数值不仅与材料和表面情况有关，还与辐射热能的波长、温度有关。黑体的辐射率等于 1.0。两个辐射表面的形状系数 f 与具体的表面形状有关，不是一个常数，准确的数值需要通过实验测定。式（8-7）中，热辐射产生的热流率 q_r 与温度是四次方的强非线性关系。在温度不高时，热辐射产生的热流率 q_r 比传导和对流产生的热流率 q_t 和 q_v 小很多，为了简化计算，通常忽略辐射效应。

由于辐射率与辐射热能波长、温度有关，在温度变化的情况下，辐射率是时变的，这样由热辐射产生的热流率也是时变的：

$$q_r = q_r(t) \tag{8-8}$$

8.1.4　热生成

热生成（heat generation）也称为热生成率、生热率，是指热源在单位时间内、单位体积上产生的热量：

$$q_g = q_g(t) \tag{8-9}$$

式中，t 是时间，单位是 s；q_g 的单位是 W/m^3。

8.1.5　热容量

热容量（heat capacity）是指单位时间内、单位体积上产生单位温升所需要的热量：

$$q_c(t) = c\rho \frac{\partial T}{\partial t} \tag{8-10}$$

式中，c 是比热容（specific heat capacity），是单位质量的热容量，即单位质量产生单位温升时吸收的热量，单位是 $J/(kg \cdot K)$；ρ 是材料密度，单位是 kg/m^3；t 是时间，单位是 s。

8.1.6　热平衡方程

对于一个固体结构，如果热传递不影响结构的动能、势能和做功，那么导致结构温升的热量应等于传导、对流、辐射、热生成热量的和：

$$\int_V \left(\int_T q_c(t) \mathrm{d}T \right) \mathrm{d}V = \int_{V_g} q_g(t) \mathrm{d}V_g + \int_{S_r} q_r(t) \mathrm{d}S_r + \int_{S_v} q_v(t) \mathrm{d}S_v + \int_{S_t} q_t(t) \mathrm{d}S_t \tag{8-11}$$

式中，V 是结构的体积；T 是温度；t 是时间；V_g 是与热生成相关的结构体积；S_r 是与热辐射相关的结构表面积；S_v 是与对流相关的结构表面积；S_t 是与传导相关的面积。式（8-11）称为瞬态的热平衡方程。

对于稳态的热平衡系统，微元体流入的热量等于流出的热量，微元体的温度不发生变化：

$$\frac{\partial T}{\partial t} = 0 \qquad (8\text{-}12)$$

式（8-11）可以写成

$$\int_{V_g} q_g \mathrm{d}V_g + \int_{S_r} q_r \mathrm{d}S_r + \int_{S_v} q_v \mathrm{d}S_v + \int_{S_t} q_t \mathrm{d}S_t = 0 \qquad (8\text{-}13)$$

此时的热流率 q_g、q_r、q_v 和 q_t 都与时间无关，则式（8-13）称为稳态的热平衡方程，它是式（8-11）的特殊情形。

8.2　热分析的有限元方法

与弹性力学的有限元法类似，通过传热分析获得式（8-11）和式（8-13）所示的热平衡方程并不能用于建立有限元分析的热平衡方程。事实上，有限元的热平衡方程不是基于虚功原理建立的，而是通过单元热能的变分建立的。

8.2.1　热分析的有限元平衡方程

与结构动力学微分方程组不同，通过变分法建立的与式（8-11）对应的瞬态热平衡方程是一个一阶微分方程组：

$$[C]\{\dot{T}\} + [K]\{T\} = \{Q\} \qquad (8\text{-}14)$$

式中，$[C]$ 和 $[K]$ 分别是比热矩阵和传导矩阵，它们与导热系数、对流系数及辐射率和形状系数有关；$\{Q\}$ 是结点热流率向量，也包含结点热生成，类似于结构分析中的载荷向量；$\{\dot{T}\}$ 是结点温度变化率向量；$\{T\}$ 是结点温度向量。如果材料的热特性参数随温度变化，或者计入强非线性的热辐射的影响，则比热矩阵与传导矩阵不再是常数矩阵，式（8-14）称为非线性的一阶微分方程组。

与式（8-11）对应的有限元稳态热平衡方程为

$$[K]\{T\} = \{Q\} \qquad (8\text{-}15)$$

其类似于结构有限元分析中的静态平衡方程。

8.2.2　热分析的插值函数

对于图 8-4 中的三角形温度单元，如果已知三个结点上的温度和结点坐标，可以通过如式（8-16）所示的插值函数求得单元内任意一点 (x, y) 处的温度：

$$T(x, y) = \beta_1 + \beta_2 x + \beta_3 y \qquad (8\text{-}16)$$

式（8-16）也可以写成如下的矩阵形式：

$$T(x,y) = \left[N(x,y)\right] \begin{Bmatrix} T_i \\ T_j \\ T_m \end{Bmatrix} \qquad (8\text{-}17)$$

图 8-4 中单元结点的自由度是温度，不是结构分析中的位移，温度是标量，只有一个自由度，位移是向量，一般不止一个自由度，因此热分析的计算量远小于结构分析的计算量。

与结构单元类似，热分析中实际使用的单元一般是等参元，相应的插值函数是参数形式的，单元的边可以是直边或者曲边，单元的几何形状与结构分析中使用的单元相同，可以是四边形或者六面体，用于模拟固体的几何形状。三角形和四面体单元作为四边形和六面体单元的退化形式，因为精度较低，主要用于网格划分过程中单元的过渡或者填充。此外，由于热分析的特点，也经常采用图 8-5 所示的一维温度单元 i-j 来模拟壁厚方向温度变化。这种情况下，要求沿壁面方向的温度分布相同，则沿壁厚方向任意一条线上的温度分布规律相同，这样可以将三维问题简化为一维问题。为了提高分析精度，壁厚方向可以使用多个线单元。

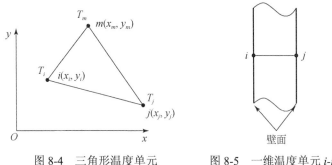

图 8-4　三角形温度单元　　　　图 8-5　一维温度单元 i-j

8.2.3　热分析的边界条件

基于有限元法的热分析中，常用的边界条件有温度边界条件和绝热边界条件，将对流、辐射边界条件以及热生成、热流率、热流密度称为热载荷。由于这些热载荷通常施加在结构边界上，因此广义的热边界条件也包括这些热载荷。

1. 温度边界

施加温度边界条件意味着在结构边界上施加指定的温度值。在线性分析中，温度值在整个分析过程中是不变的常值。在稳态的热分析中，必须有至少一个温度边界，以确保结构的温度自由度有充分的约束。

2. 绝热边界

绝热边界是不与外界发生任何热交换的边界，实际结构中不存在这种理想的边界。在有限元建模中，不刻意指定边界性质的边界一般默认为绝热边界。

3. 对流边界

对流边界是一种面载荷，施加在结构的表面，反映固体与流体之间的热交换。

4. 辐射边界

辐射边界也是一种面载荷，施加在结构的表面，反映固体与固体之间的热交换。

5. 热生成

热生成也称为生热率，是单位体积的热流率。热生成作为体载荷施加于单元上，可以模拟分布在体积上的热源。

6. 热流率

热流率表示单位时间内传输的热量，单位是 W。热流率在热分析中作为结点集中载荷，如果输入的值为正，代表热流流入节点，即单元获取热量。

7. 热流密度

热流密度是一种面载荷，表示单位时间内单位面积上传输的热量，单位为 W/m^2。如果输入的值为正，代表热流流入单元。

上述边界条件可以施加在同一个边界上。在同一个边界上施加不同的、相互冲突的边界条件后，软件一般以最后施加的边界条件作为模型的边界条件进入计算过程，前面施加的边界条件则被覆盖。

8.3　热应力分析

结构的热应力分析是热-结构耦合分析的一种主要形式，能够在结构分析中计入热变形的影响。完全的热-结构耦合分析在理论上也可以反过来在热分析中计入结构变形的影响，这样的耦合分析称为双向耦合分析。热-结构耦合分析有两种实现方式：直接分析法和顺序分析法。直接分析法是将结构分析的平衡方程和热分析的平衡方程联合求解，也称为强耦合分析法；顺序分析法则是先求解热平衡方程，将温度解导入结构平衡方程计入热变形的影响后求出结构变形，也称为弱耦合分析法。两种方法目前在商业软件中都有应用。

8.3.1　直接分析法

直接分析法是将相互关联的热分析和结构分析的平衡方程联合求解：

$$\begin{cases} [M]\{\ddot{U}\}+[C]\{\dot{U}\}+[K]\{U\}=\{F\} \\ [C]\{\dot{T}\}+[K]\{T\}=\{Q\} \end{cases} \tag{8-18}$$

单纯的结构平衡方程与热平衡方程并没有联系。热应力分析中，热平衡方程与结构平衡方程之间是通过单元的热应变关联起来的：

$$\{\sigma\}=[D](\{\varepsilon\}-\{\varepsilon_\mathrm{T}\}) \tag{8-19}$$

不难看出，式（8-19）对单元的应变$\{\varepsilon\}$进行了修正，计入了温度变化产生的热应变$\{\varepsilon_\mathrm{T}\}$。热应变只影响正应变，不影响剪应变。以二维平面应力问题为例，温度变化产生的结构热应变为

$$\{\varepsilon_\mathrm{T}\}=\alpha T\{1\quad 1\quad 0\} \tag{8-20}$$

式中，α是材料的线膨胀系数；T是单元当前温度。结合式（8-19）和式（8-20），材料的本构关系可被改写成如下形式：

$$\begin{cases} \varepsilon_x=\dfrac{1}{E}(\sigma_x-\mu\sigma_y)+\alpha T \\[2mm] \varepsilon_y=\dfrac{1}{E}(\sigma_y-\mu\sigma_x)+\alpha T \\[2mm] \gamma_{xy}=\dfrac{2(1+\mu)}{E}\tau_{xy} \end{cases} \tag{8-21}$$

通过式（8-21）建立的热-结构耦合关系是单向的，即温度的变化对结构变形有影响，没有结构变形对温度的影响。如果需要考虑反向的影响，则需根据结构变形计算温度的变化。例如，塑性加工中结构因为塑性变形而发热，单元温度将升高。

$$T=\frac{\eta W}{\rho c} \tag{8-22}$$

式中，η是功热转化系数（钢铁材料为 0.95～0.98）；W是单元的塑性功；ρ是材料密度；c是比热容。根据单元的应力和塑性变形可以求得塑性功W，继而根据式（8-22）即可求得单元因为结构的塑性变形产生的温升。在热分析中，单元温度T不仅受传导、对流、辐射等传热学因素的影响，也受结构变形的影响：

$$T=T_\mathrm{h}+T_\mathrm{s} \tag{8-23}$$

式中，T_h是传热学因素产生的温度变化；T_s是结构因素产生的温度变化，如式（8-24）中的T。在热分析中，对温度变量进行类似式（8-23）的修正后，会得到热分析中耦合了结构因素的温度变量T。利用式（8-19）和式（8-23）对式（8-18）

进行修正后，式（8-18）就变成完整的双向热-结构耦合方程。

热-结构耦合单元的结点自由度包含位移自由度和温度，如平面单元的结点自由度为

$$\{\delta\} = \begin{Bmatrix} u_x \\ u_y \\ T \end{Bmatrix} \tag{8-24}$$

单元内的插值函数也包含位移和温度：

$$\begin{cases} u_x = \beta_1 + \beta_2 x + \beta_3 y \\ u_y = \beta_4 + \beta_5 x + \beta_6 y \\ T_{x,y} = \beta_7 + \beta_8 x + \beta_9 y \end{cases} \tag{8-25}$$

直接分析法能够真正实现完全的热-结构耦合分析，使用方便。缺点是单元自由度增多，计算量比单独的结构计算或者温度场计算大，并且需要构造新的耦合分析单元，相关的求解代码需要重写，不能利用原有的结构分析和热分析代码，软件开发成本较高，这类软件的典型代表是 ADINA V9.0。

8.3.2　顺序分析法

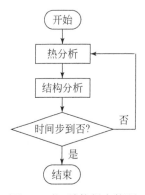

图 8-6　热-结构耦合的顺
序分析法计算过程

顺序分析法是将热分析和结构分析的平衡方程在每个时间步内顺序求解，以热分析获得的温度数据作为结构计算热变形的依据导入结构分析中，从而在结构分析中计入温度的影响。顺序分析法中，在结构计算过程中引入温度计算结果的方法与直接分析法相同，都是以热应变的形式通过式（8-19）计入温度计算的结果。热-结构耦合的顺序分析法计算过程如图 8-6 所示。

顺序分析法的特点是可以利用原有的功能比较完善的热单元和结构单元，不用构造新的耦合单元，软件开发工作量小。理论上，顺序分析法也可以实现完全的、双向的热-结构耦合分析。顺序分析法的缺点是每个时间步的计算都要分成热分析和结构分析两部分，要保存热分析的结果并将其转移到结构单元上，反之也一样，操作过程复杂、烦琐、效率低。此外，实际结构中的温度变化与结构变形并不存在时间上的先后顺序，顺序分析中将这两个过程人为分割，形成时间差，没有物理上的依据，瞬态分析中计算结果的准确性不如直接法，因此只有在时间步长较小时才可以获得比较好的分析结果。ANSYS V15.0 中的热-结构耦合分析主要采用顺序分析法。直接分析法的耦合单元功能目前比较弱，其结构分析能力不如单纯的结构分析单元，大多只限于线性分析，涉及非线

性的耦合分析主要还是依赖于顺序分析法。

8.3.3　多物理场分析

除了热-结构耦合分析，在机械结构分析中，流体-固体的耦合分析也是一种常见的耦合分析类型，称为流固耦合，其实施过程与热-结构耦合的实施过程类似。实现多（全）物理场乃至多（全）方法的耦合分析，是有限元法和 CAE 技术的重要发展方向，耦合分析技术虽然历经了多年的发展，但是其技术水平还处在初级阶段，距离理想的多物理场、多方法的耦合分析还有很长的一段路要走。

多物理场、多方法的耦合分析技术的发展，不意味着单一物理场分析缺乏必要性。事实上，绝大部分工程问题采用单一物理场分析能够得到足够满意的结果。多物理场、多方法的耦合分析必然带来计算规模的成倍增长，是否需要进行多物理场、多方法的耦合分析，需要在计算准确性和计算成本之间进行综合评估。

练　习　题

（1）热传递方式有几种基本方式？请具体说明。
（2）传导的热流强度由什么定律决定？请写出表达式并说明。
（3）对流的热流强度由什么定律决定？请写出表达式并说明。
（4）辐射的热流强度由什么定律决定？请写出表达式并说明。
（5）什么是热生成？请写出表达式并说明。
（6）什么是热容量？请写出表达式并说明。
（7）有限元中温度分析的微分方程是什么样子的？请写出来并与结构分析的微分方程加以比较，并说明异同。
（8）温度分析单元中的插值函数与结构单元有何差异？
（9）温度分析中的载荷和自由度约束分别指什么？
（10）热应力分析有几种方法？各有什么特点？
（11）说明多物理场分析的必要性和单一物理场分析的必要性。
（12）同一个结构的热分析速度通常比结构分析快很多，为什么？
（13）结构分析中如何计入热分析的结果？
（14）结构分析中计入热分析结果的目的是什么？
（15）为什么说温度分析对结构和流体具有依赖性？
（16）什么是耦合场分析的单向性和双向性？
（17）什么是耦合分析的直接分析法和顺序分析法？
（18）导热系数和对流系数都不是常数，这使得热分析具有非线性性质，对吗？

（19）举例说明机械工程中需要考虑热辐射的场合。

（20）热辐射分析属于强非线性分析，为什么？

参 考 文 献

[1] 杨世铭, 陶文铨, 传热学[M]. 4 版. 北京: 高等教育出版社, 2006.

[2] ANSYS Inc. Thermal Analysis Guide[Z]. 2017.

第 9 章　ANSYS 经典界面的使用

9.1　ANSYS 软件概述

ANSYS 软件目前已经发展成为一个庞大的 CAE 分析系统，分析方法不仅包括有限元法，也涉及有限体积法、边界元法、离散单元法等多种数值分析方法甚至解析分析方法，除了涉及传统的固体结构和温度场以外，也涉及流体、电磁场、声场等几乎所有物理场，涵盖了机械、电子、土木、水力等几乎所有工程学科。

在 2003 年以前，ANSYS 是一个单一的有限元分析软件，能够完成结构、温度、流体、电磁场的模拟分析，并能实现结构和温度等几个物理场之间的耦合计算。

从 2003 年起，ANSYS 通过并购获得了一些大型分析软件，如 CFX、Fluent、Autodyn、Ansoft 等，这些软件没有像之前并购的一些软件一样顺利融入已有的前后处理和求解器当中，而是挂在新的前后处理程序 Workbench 下，与原有的 ANSYS 求解器一起形成一个相对松散的分析软件系统，原有的前后处理被称为 ANSYS Mechanical，仍然与原有的求解器形成一个完整的机械分析系统。

9.1.1　ANSYS 软件的发展历史

1963 年，ANSYS 的创始人 John Swanson 博士任职于西屋公司的核子实验室（Westinghouse Astronuclear Laboratory，WAL），负责 NERVA 核反应堆的应力分析。为了工作上的需要，John Swanson 博士写了一些程序来计算结构在温度和压力作用下的应力和变形。这些程序当时称为 STASYS（structural analysis system）[1,2]。

1969 年，John Swanson 博士离开 WAL，成立 SASI，将 STASYS 商业化，即 ANSYS 软件。1970 年发布的 ANSYS 软件只是一些以批处理方式运行在 CDC6600 系统上的线性分析程序的集合。

1979 年，ANSYS 3.0 开始运行在 VAX11-780 上。此时 ANSYS 已经由固定格式的数据输入方式演化到以指令方式输入数据，即现在 APDL 语言中的数据输入方式，同时简单的前处理器 PREP7 也开始出现。

1984 年，ANSYS 4.0 开始支持 PC 机，使用指令互动的模式，可以在屏幕上显示简单的节点和单元，前、后处理器以及求解器都是各自独立的程序，需要分别运行。

ANSYS 5.0 是在 1993 年推出的。在这期间，ANSYS 的 PC 版本由 DOS 平台转向 Windows 平台，是最早的能在 Windows 系统上运行的有限元分析软件之一。由于平台转移过程中需要重写前后处理程序，ANSYS 公司在长达三年时间内没有发布新的版本，公司运营遇到很大困难。1994 年，SASI 被 TA Associates 收购，公司也改名为 ANSYS。

在 ANSYS 5.0 中，无缝整合了流体分析软件 FLOTRAN 2.1A。在 1994 年的 5.1 版中，FLOTRAN 已经完全整合成 ANSYS 的一部分。

1996 年，ANSYS 推出 5.3 版，这个版本开始支持 LS-DYNA，提供了基于 ANSYS 的 LS-DYNA 前后处理程序 ANSYS/LS-DYNA，用户能够在这个界面下建立 LS-DYNA 的分析模型。

1997～1998 年，ANSYS 开始实施大学推广计划，向大学提供免费教育版 ANSYS/ED，期望能从学生及学校扎根推广 ANSYS。这个计划从 5.4 版开始，执行到 10.0 版，在大学中培养了大量潜在的用户，是 ANSYS 软件后来拥有庞大用户群的一个重要原因。作者在 1998 年获赠 ANSYS/ED 5.4，在 ANSYS 中国办事处的支持下，于 1999 年在国内高校首次开设 ANSYS 软件的教学课程。

2002 年 4 月，ANSYS 推出 6.1 版。这一版开始使用基于 Tcl/Tk 的新界面，取代 5.X 中使用的 Motif 界面。

2002 年 10 月，ANSYS 7.0 发布，与这一版同时发布的还有作为新一代前后处理程序的 ANSYS Workbench Environment（AWE），这个程序来自通过并购获得的 ICEM CFD。Workbench 的目标是取代老的前后处理程序，使原有求解器能够与新并购的软件有良好的数据兼容性，但是这个目标至今未能实现，导致 ANSYS 软件有两个同时使用的前后处理程序。旧的前后处理程序，即经典界面，与 ANSYS 原有的求解器保持有良好的兼容性，新的界面与新并购的软件有较好的交互性，但往往也无法完全取代新并购的软件原有的前后处理程序。

2003 年，ANSYS 并购了流体计算软件 CFX，并将其更名为 ANSYS CFX。2005 年，并购 Century Dynamics，获得了显式动力学分析程序 Autodyn。2006 年，收购 Fluent，进一步强化 ANSYS 的流体分析能力。2008 年，完成了对电磁分析软件公司 Ansoft 的一系列收购。迄今为止，ANSYS 的并购一直在进行，新并购的软件都被加入 Workbench 平台下，各个软件之间的数据交换，如结构分析软件与流体分析之间的流固耦合数据的交换主要依靠 Workbench 平台实现。

9.1.2　ANSYS 经典界面的架构

ANSYS 软件的经典界面，即传统的前后处理界面，能够全面地支持 ANSYS 原有的求解器的功能。

ANSYS 原有的求解器是 ANSYS 软件的核心，能够完成结构的静力、动力计算，以及热分析和电磁、流体分析。此外，多物理场的耦合计算是 ANSYS 的强项，如热应力分析、流固耦合分析等，不足之处是 ANSYS 早期通过并购获得的流体、电磁分析能力较弱，无法与当前专业的流体、电磁分析软件相比。为此 ANSYS 并购了 CFX、Fluent 和 Ansoft，以期加强流体和电磁分析能力，并试图通过 WB 平台实现多场耦合计算过程中的数据交换。

图 9-1 是 ANSYS 经典界面的架构框图。其中前处理器、求解器和后处理器是有限元分析过程的三个核心模块。有限元分析的过程是在前处理器中建模，将模型数据提交给求解器后求解，在后处理器中查看计算结果。

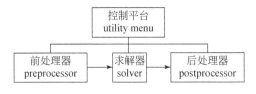

图 9-1　ANSYS 经典界面的架构

控制平台的作用类似与新界面的 WB 平台，负责启动前后处理器和求解器，并对各个模块工作过程中的一些参数进行设置，从前后处理器和求解器退出后就回到控制平台。ANSYS 的退出或者关闭，实际是控制平台的退出和关闭，这与 WB 的功能是一样的。

从 ANSYS 软件的发展历史看，ANSYS 本身的求解器也是通过不断合并新的求解器逐渐发展起来的，内部实际并不是单一的求解器。近年来通过并购软件获得的求解器，如 CFX、Fluent 等只是未能与早先并购的求解器一样顺利并入原有的求解器而已。从另一方面看，通过不断的并购，软件的功能越来越强，结构越来越复杂，但是对大多数用户来说，实际上并不需要一个功能全面、结构复杂的软件。

9.2　ANSYS 的启动

ANSYS 软件启动后停留在启动平台 Product Launcher，用户可以通过这个平台对即将运行的工作进行一些设置，并不直接进入前、后处理器或者求解器。图 9-2 是 ANSYS 的启动菜单，图 9-3 是 ANSYS 启动参数的设置界面。

9.2.1　ANSYS 的启动设置

在图 9-4 所示的启动对象设置中，ANSYS 可以以三种方式启动，即所谓的模拟环境的选择（Simulation Evironment），第一种是经典图形界面的模式启动（ANSYS）；

图 9-2　ANSYS 的启动

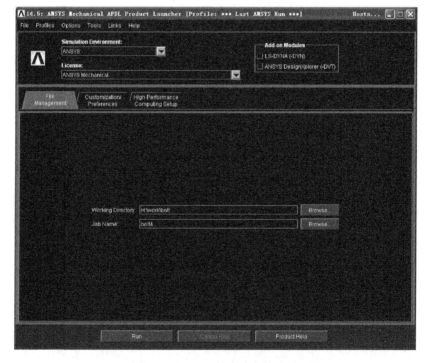

图 9-3　ANSYS 的启动参数设置

第二种是以批处理的模式启动（ANSYS Batch），ANSYS 以批处理模式启动后没有图形界面，是 ANSYS 软件最初的运行方式；第三种是启动 LS-DYNA Solver，即启动 LS-DYNA 求解器，这种模式实际上与 ANSYS 没有关系。

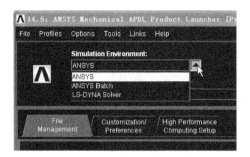

图 9-4 启动对象的设置

图 9-5 是启动不同模块的选择菜单。ANSYS 是一个模块化的软件包，各个模块能否启动和使用，取决于用户是否具有相应模块的使用权限，这个权限包含在用户从软件公司购买的经过加密的许可证文件（licence 文件）的内容里。软件启动时将会读取许可证文件并启动相关模块的使用权限。用户可以根据具体的需要，选择购买合适的功能模块，不必购买完整的软件包。例如，对于做结构分析的用户，只需要购买结构分析的模块 ANSYS/Structural；做电磁分析的用户，购买 ANSYS/Emag 模块即可；对机械行业的用户，只需购买 ANSYS/Mechanical，即结构和温度分析模块。完整的 ANSYS 产品是多物理场模块 ANSYS/Multiphysics，启动以后的界面包含各个不同物理场分析所需的菜单，使用起来不方便。为了使菜单结构简洁，用户需要根据具体问题分析的需要，选择必要的模块，或者在启动后关闭不使用的模块菜单。

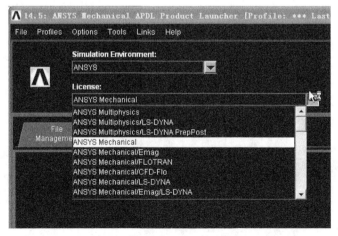

图 9-5 启动不同模块的选择菜单

9.2.2 ANSYS 的文件管理

启动界面的 File Management 标签下，需要设置工作目录 Working Directory

和工作名 Job Name。ANSYS 软件在使用过程中会生成很多文件，如以 db 为扩展名的模型数据文件，以 rst 为扩展名的计算结果文件等，可以有多达十几种不同扩展名的文件，这些文件需要放在同一个目录下，并且采用同一个主文件名，这个目录就是工作目录，主文件名就是工作文件名，不同的文件通过不同的扩展名区分。ANSYS 软件不支持中文，目录和文件名都不能包含中文。ANSYS 软件早期的目录名和文件名都采用 8.3 格式，即文件名最多 8 个英文字符，扩展名最多 3 个英文字符，近年来的版本开始支持长目录名和文件名。

9.2.3　ANSYS 的内存管理

内存管理参数设置的目的是提高计算效率和物理内存的使用效率。有限元软件在工作过程中，尤其是在计算过程中，通常会占用较大内存，如果超过实际的物理内存，软件要么退出，要么在硬盘上建立一个虚拟内存的文件，以硬盘空间虚拟内存空间。

图 9-6 是 ANSYS 运行内存的参数设置页面。这个界面下可以设置程序启动后占用的内存空间 Total Workspace，以及内存空间中包含的数据库空间的大小 Database，如果事先无法估计这些参数，可以使用缺省值，必要时再修改。在 32 位系统中，ANSYS 占用的内存空间一般不能超过 1.2GB，否则会自动退出，在 64 位系统中则没有这样的限制，可以使用更大的物理内存。

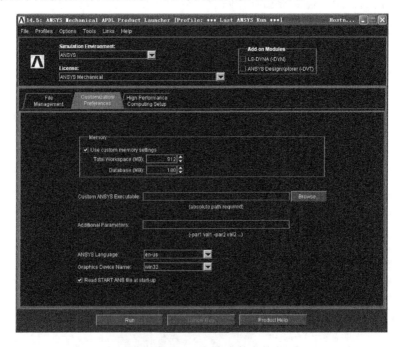

图 9-6　ANSYS 运行内存的参数设置

9.2.4　ANSYS 的并行计算设置

图 9-7 是高性能计算（high performance computering，HPC）时的参数设置。所谓高性能计算，就是并行计算。并行计算的模式有很多种，ANSYS 支持两种，一种是多机并行模式，利用多个计算机联网进行并行计算，即图 9-7 中的分布计算模式，ANSYS 中称为 MPP 模式；另一种是单机多核并行，在图中称为共享内存的并行模式，ANSYS 中称为 SMP 模式，由于现在的 CPU 大多是多核心 CPU，这种模式在日常工作中使用普遍。SMP 模式通过给单个 CPU 的多个核心均衡地分配任务实现并行计算，ANSYS 启动时需要设置与 CPU 核心数目一致的处理器个数（number of processors），能够显著提高计算速度。

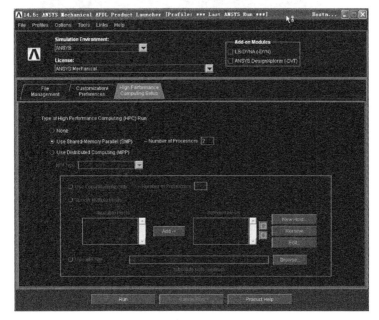

图 9-7　高性能计算的参数设置

9.2.5　ANSYS 的工作界面

ANSYS 启动参数设置完成以后，就可以进入到图 9-8 所示的 ANSYS 经典界面，从这个界面可以进入 ANSYS 的前、后处理器和求解器。

经典界面上部是控制平台 Utility Menu，中部的黑色窗口是图形显示区，前处理的建模和后处理的结果显示都在这个区域显示图形。图形显示区的左侧是 ANSYS 各个处理器的入口目录，从这里可以进入 ANSYS 的前处理器、求解器、后处理器以及其他辅助处理器，如可靠性设计，辐射优化、任务编辑等处理器。

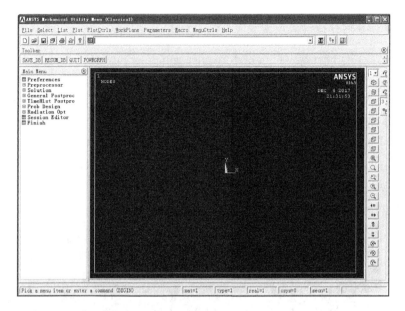

图 9-8　启动后的 ANSYS 经典界面

　　经典界面上部控制平台 Utility Menu 的下拉菜单是启动平台的核心，除了白色的命令输入窗口外，其按钮多是一些常用菜单功能的快捷按钮。图形窗口右侧的两列按钮是图形显示视角的快捷按钮，相应的功能可以通过控制平台上 PlotCtrls 菜单下的相应选项实现。

　　如果从图 9-2 中的 Mechanical APDL 14.5 入口启动，则不出现图 9-3 的参数设置界面，而是直接进入图 9-8 所示的 ANSYS 经典界面。ANSYS 在启动以后，除了 Utility Menu 窗口以外，还有一个如图 9-9 所示的 DOS 风格的窗口，用来显示 ANSYS 程序运行过程中的提示信息，便于用户了解程序当前的运行状态，如求解过程中的收敛状况，瞬态分析过程中的时间进度等。

　　图 9-10 是 ANSYS 经典界面的主要菜单和按钮分布。图 9-11 是 ANSYS 控制平台的主要菜单，控制平台上的菜单功能对前后处理器和求解器都是适用的，可以跨处理器使用。

　　1. ANSYS 命令输入窗口

　　图 9-12 是 ANSYS 的命令输入窗口，ANSYS 图形界面下的鼠标操作都对应着不同的命令，可以通过命令的输入取代鼠标操作，尤其是允许通过 Windows 系统的 Ctrl+C 和 Ctrl+V 命令同时拷贝和粘贴多条 ANSYS 命令到窗口，实现高效的自动运行。更多的时候是将多条命令保存在以 mac 做扩展名的宏文件中，在窗口中输入宏文件名来自动执行多条 ANSYS 命令。

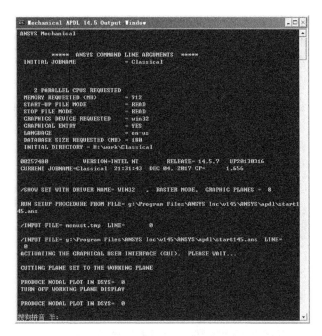

图 9-9 ANSYS 的运行信息输出窗口

图 9-10 ANSYS 的主要菜单和按钮分布

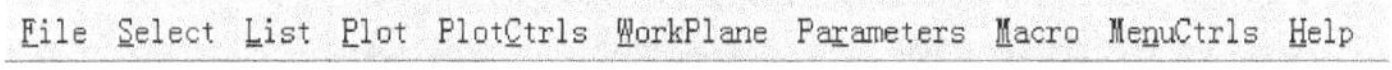

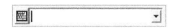

图 9-11 ANSYS 控制平台上的菜单

图 9-12 ANSYS 的命令输入窗口

2. 系统快捷按钮窗口

图 9-13 主要是涉及数据输入输出和帮助的快捷按钮，在图 9-11 所示 ANSYS 控制平台上的菜单内都能找到对应的菜单项，如文件的打开和新建，打印和帮助等。

命令窗口右侧的如图 9-14 所示的三个按钮早期没有，是后来追加的。第一个按钮是把遮挡住的窗口弹出到前面。ANSYS 图形界面在操作中会弹出多个大小不同的窗口，如果要使用某个被遮挡的窗口，可以使用这个按钮将后面的窗口翻到前面。中间的按钮是 ANSYS 鼠标操作失灵时的复位按钮。ANSYS 经典界面的鼠标在使用中经常会失灵、发呆，这个 bug 一直没能从程序内部彻底解决，只提供了这样一个按钮，使失灵、发呆的鼠标操作恢复正常。第三个按钮是建立接触单元的接触管理器窗口弹出按钮，单击之后会弹出图 9-15 所示的接触管理器窗口，通过接触管理器的流程提示，能够很方便地在两个表面之间建立接触关系，并对接触参数进行设置。ANSYS 早期的版本里没有接触分析能力，这个按钮也是后加的。接触单元的创建功能在前处理器里也有对应的菜单，但是通过接触管理器建立接触关系更方便。

图 9-13　数据输入输出和帮助的快捷按钮　　　图 9-14　追加的快捷按钮

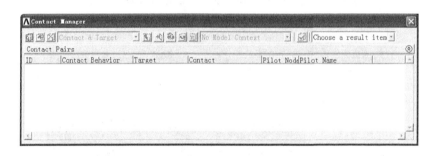

图 9-15　建立接触对的接触管理器窗口

3. 工具条窗口

图 9-16 是工具条窗口，功能与上部的系统快捷按钮窗口类似，包含 4 个系统提供的按钮。与系统快捷按钮窗口不同的是，工具条窗口中的按钮允许用户通过编程添加或删除。系统提供的第一个按钮是保存数据按钮 SAVE_DB，可以将当前内存中的模型数据保存的硬盘文件中，即当前的以 db 为扩展名的数据库文件中。ANSYS 在使用过程中对模型的各种操作和设置，如创建几何、划分网格、施加约束等，相关的数据都保存在内存中，断电会消失，不会自动保存到硬盘数据文件中，需要用户自行通过指令或者操作保存。另外，ANSYS 经典界面的一个重

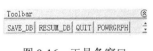

图 9-16　工具条窗口

要缺陷是对执行过的操作不能撤销，即不能后悔，需要操作者定时将当前内存中的数据保存到硬盘的一系列数据文件中。如果出现误操作，可以通过第

二个按钮 RESUM_DB 恢复当前数据文件中的内容，或者通过 File>Resume from 菜单项将指定文件中的内容读入内存，以此弥补没有撤销功能的缺陷。

ANSYS 在启动后不会自动从工作文件中将模型数据读入内存，即 ANSYS 在内存中的数据空间是空的，在图形区也不显示任何模型元素。ANSYS 在启动后需要用户通过单击 RESUM_DB 按钮将当前工作文件中的数据读入内存，然后才能在图形区显示出来。RESUM_DB 按钮的功能与 File>Resume Jobname.db 菜单项的功能相同。

第三个按钮是退出按钮 QUIT，通过这个按钮可以关闭控制平台，退出 ANSYS。退出之前，程序会弹出一个图 9-17 所示的窗口，供用户选择是否需要保存当前内存中的某些数据，如保存几何和载荷数据，保存几何、载荷和计算结果，保存全部数据或者不保存。

第四个按钮 POWRGRPH 是快速图形显示方式的选择按钮，单击这个按钮会弹出一个图 9-18 所示的窗口。缺省条件下，图形区的模型显示是以快速方式显示的，通过这个窗口可以将其关闭。快速方式显示模型时，程序只读取模型表面的数据，多数情况下这样的显示不会出现问题，但是在显示三维实体模型的后处理结果时，只读取表面数据进行插值后显示的结果可能跟列表显示的数据有差异，因此精确的后处理图形显示应当关闭快速图形显示功能。

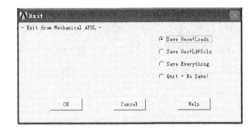

图 9-17　ANSYS 的退出窗口

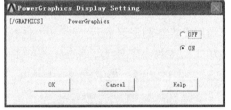

图 9-18　快速图形显示方式选择

工具条窗口除了上述四个由系统提供的按钮外，也可以通过宏命令的方式增加用户自己的按钮，这些按钮会自动跟在 POWRGRPH 按钮后。用户操作过程中如果频繁使用某些功能或者某些连续操作，可以将这些功能或者操作的命令保存到宏文件中，然后通过用户按钮执行宏文件，可以大大提高软件的使用效率。

在工具条窗口增加用户自己的功能按钮，可以在 ANSYS 安装目录中的 startXXX.ans 文件（XXX 是 ANSYS 的版本号）中加入如下命令：

```
*ABBR, crt_kp, k,,
/REPLOT, RESIZE
```

这样，在 ANSYS 启动以后，在工具条窗口就会出现图 9-19 所示的用户自己的按钮 CRT_KP，单击这个按钮，会执行 k，，命令，在当前坐标系的原点创建一个关键点。如果建模过程中使用的当前坐标系是工作平面的坐标系，通过移动工作平面，可以在空间任意位置创建关键点。上述*ABBR 命令中"k，，"的位置也可以替换成其他命令或者包含命令流的宏文件的文件名，实现一个或者一系列特定的操作，给软件的操作带来极大的便利。

图 9-19　添加的用户按钮 CRT_KP

4. 控制平台

图 9-20 显示了控制平台上 File 菜单下的内容。主要涉及工作文件名和工作目录的改变，文件的读入和保存，特别是几何文件的读入和输出，还有分析结束后生成分析报告的报告生成器 Report Generator。经常使用的主要是几何文件的输入（Import），通过这个入口，可以将多种 CAD 文件作为几何数据导入 ANSYS，如IGES 文件，CATIA 和 UG 的几何文件。也可以通过 Export 将 ANSYS 的几何数据以 IGES 格式导出。需要说明的是，ANSYS 经典界面下 CAD 数据的交换功能很弱，除非几何形状十分简单，多数情况下导入数据都会出错，引起细节丢失或者局部几何形状错乱，甚至无法拼合成完整的几何。

图 9-21 是图形元素的选择菜单（Select），通过这个菜单下的选项，可以选择部分图形元素在图形区显示，也可以对被选中的图形元素进行相关操作，如复制、删除、施加载荷或约束条件等。Select 菜单是控制平台上最重要的菜单之一，灵活地使用Select 菜单的功能，能够给复杂模型的建模和计算结果的显示带来很大便利。

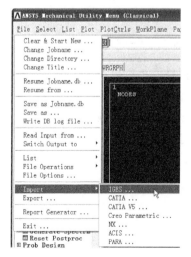

图 9-20　外部几何模型的导入

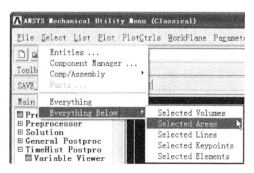

图 9-21　图形元素的选择

图 9-22 是选择 Select 菜单中的实体元素项 Entities 后弹出的实体元素选择窗口，除了与元件 Component 相关的操作，Select 菜单的大部分功能都通过这个窗口中的各项功能实现。

(a)实体选择窗口　　　　　(b)可选的实体类型　　　　　(c)实体类型的选择方式

图 9-22　选择菜单的弹出窗口

图 9-23 的 List 菜单是数据的列表菜单，能够将模型的几何数据和有限元数据以数据列表的形式显示出来，如关键点的坐标，单元包含的结点号、材料号，模型上施加的载荷和边界条件，结点的计算结果等。窗口中列出的数据可以通过复制或者另存的方式保存到文本文件中供后续的分析和处理。

图 9-24 是图形显示菜单 Plot 下的内容，最常用的是 Replot 菜单项，用来刷新图形区。其他选项主要是控制图形区显示的内容，如 Line 选项控制图形区只显示线元素，Area 选项控制图形区只显示面元素等。

图 9-25 中的 PlotCtrls 菜单用来设置与图形显示相关的一些参数。最常用的是第一个菜单项 Pan Zoom Rotate，单击后会弹出一个图 9-26 所示的图形位置和姿态控制窗口，可以用其中的按钮调整图形显示区中模型的位置、大小、姿态，也可以打开 Dynamic Mode 选项，用鼠标连续、动态调整图形显示区中图形的位置、大小和姿态。后处理的计算结果，可以通过 Animate 菜单项制作成动画文件，也可以通过菜单项 Hard Copy 硬拷贝图形区，生成一个图形文件。图 9-27 是单击 PlotCtrls>Hard Copy>To File 后弹出的硬拷贝图形区的设置窗口。ANSYS 的图形窗口背景是黑色，直接拷贝的图片不适合印刷，为此在窗口中通常会勾选 Reverse Video 将背景反色。BMP 格式的文件，图片体积大，传输不方便，JPEG 格式采用有损压缩方式，体积小，但是图片质量会有损失，因此硬拷贝时多选 PNG 格式，文件体积小，图片质量也不下降。

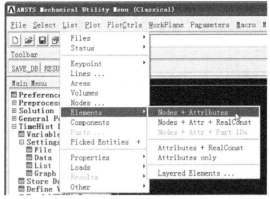

(a)单元的结点和属性

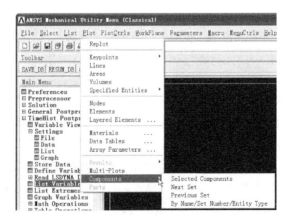

(b)单元的结点和属性列表

图 9-23　数据的列表

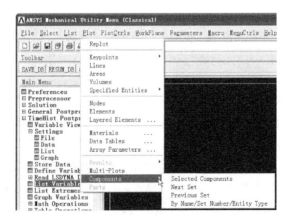

图 9-24　图形显示操作

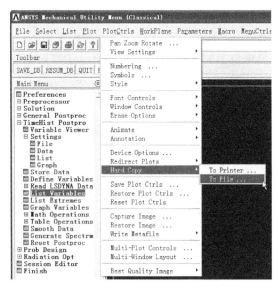

图 9-25　图形显示区的设置

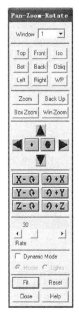

图 9-26　图形姿态调整窗口　　　　　　　　图 9-27　图形区的硬拷贝

图 9-28 是工作平面（WorkPlane）的设置菜单。第一项 Display Working Plane 是控制工作平面的坐标系是否在图形区显示。缺省条件下，工作平面的坐标系与整体坐标系保持一致，即原点、坐标轴都重合。WP Settings 是工作平面的设置，从弹出的窗口中，可以将工作平面的直角坐标系设置成极坐标系，这可以给旋转

拷贝图形元素，或者显示带有回转特征的模型的计算结果带来方便。两个 Offset 菜单项和一个 Align 菜单项都是用来移动和转动工作平面的，通过这三个菜单项，可以将工作平面（的坐标系）移到整体坐标系中的任意一个位置和方向上。另外一个经常使用的菜单项是 Change Active CS to，可以把当前坐标系改为工作平面的坐标系，或者整体直角坐标系，整体柱坐标系等。

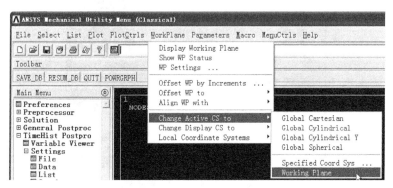

图 9-28　工作平面的设置和使用

图 9-29 是参数设置菜单（Parameters）。通过这个菜单，可以创建变量或者多维的数组，用来存储模型数据或者某些计算结果。这个菜单下的功能在图形界面下操作不方便，现在多用命令流通过执行宏文件实现。

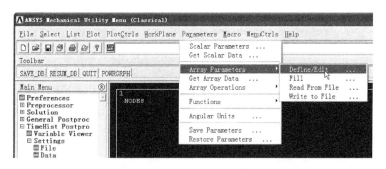

图 9-29　参数的设置和使用

图 9-30 是宏命令的创建、编写和使用菜单。这个菜单跟 Parameters 菜单以及 MenuCtrls 菜单一样，现在都很少使用，主要以文本编辑器（如 UltraEdit）编辑命令流，保存成宏文件，用执行宏文件的形式实现相关的功能。

图 9-31 的 MenuCtrls 菜单主要用于设置 Toolbar 窗口中的用户按钮以及保存控制平台中各个窗口的大小（Save Menu Layout），这样在下一次启动同一个模型文件时，窗口的大小、风格与前一次保持一致。如前所述，工具条窗口 Toolbar 中的用户按钮目前也很少通过这个菜单创建，主要是通过包含命令流的宏文件创

建。这样做的原因是比较方便并且通用性好，不用每次新建模型文件时都要通过菜单重新创建用户按钮，只要通过命令输入窗口运行一次包含创建用户按钮的宏文件即可。相关的宏命令可以写到用户自己的宏文件中，也可以写到 ANSYS 系统目录下的 startXXX.ans 文件中（XXX 是 ANSYS 版本号），每次启动 ANSYS 时，ANSYS 系统会自动读取其中的命令流并执行。

图 9-30 宏命令的创建、编写和使用

图 9-31 MenuCtrls 菜单的选项

9.3 前 处 理

图 9-32 是 Main Menu 窗口的前处理器入口和菜单布局。常用的部分包括几何建模（Modeling）、网格划分（Meshing）、单元类型的选定（Element Type）、材料模型的选择和设置（Material Props）、载荷和约束条件的施加（Loads）。早期的版本中，壳单元、梁单元、杆单元的截面参数，如厚度、惯性矩、截面积等在单元形状中无法体现的参数都通过实常数 Real Constants 项输入，新版本逐渐改为从截面工具 Sections 项输入。在 Sections 项中，用户可以选定标准的截面几何形状，程序自动求出相关的截面参数，网格划分时只需指定单元使用的截面号即可，不再需要通过实常数提供截面的各个参数。路径操作 Path Operations 是在模型上定义一条路径，程序可以

图 9-32 前处理器入口

将路径上指定的计算结果以曲线方式显示出来，或者将计算结果和路径的对应数据以文本方式输出。这个功能本质上是一个后处理的功能，因此在后处理器 General Postproc 中也有这个菜单项。

9.3.1　单元类型的选择

图 9-33 是单元类型的选择过程：Preprocessor>Element Type>Add/Edit/Delete>Add。在最后弹出的 Library of Element Types 窗口中，列出了 ANSYS 提供的各种单元类型供选择，其中左边的白色窗口是单元的分类，如结构分析用的单元类 Structural，接触分析用的 Contact 类，还有热分析类、流体分析类等，结构分析中使用的单元还分为质点单元（Mass）、杆单元（Link）、梁单元（Beam）、实体单元（Solid）、壳单元（Shell）等类型。用户需要根据当前分析问题的需要，确定单元的类型后，在右边白色窗口中确定具体的单元类型，如四边形四结点单元 Quad 4 node 182，八结点六面体单元 Brick 8 node 185，四结点四面体单元 Tet 4 node 285 等。选定具体的单元类型后，在 Element Types 窗口中就会出现已经选定的单元类型的列表，并给每一种单元一个序号，用来在模型中区分不同类型的单元。

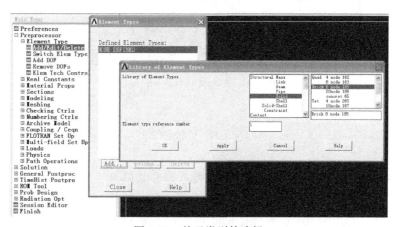

图 9-33　单元类型的选择

9.3.2　材料模型的选择

选择材料模型和材料参数的设置过程如图 9-34 所示。与单元类型一样，有限元程序一般也提供大量的结构、热、流体、电磁分析常用的材料模型供用户选择使用，图 9-34 中在右边窗口中选择了结构（Structral）分析使用的线性（Linear）、弹性（Elastic）、各向同性（Isotropic）材料模型，这是最简单的一种材料模型，只需要弹性模量（EX）和泊松比（PRXY）。如果要考虑模型的自重或者进行动力学分析，还需要在右侧窗口的 Structural>Density 下输入材料密度。选定好的材料模型和输入的相关参数程序会自动给定一个材料号（如 Material Model Number 1）。如果有多种材料，在网格划分时需要指定用哪一种材料划分指定区域。

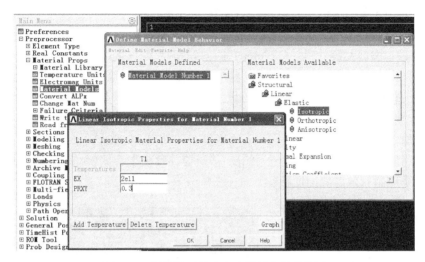

图 9-34　材料模型的选定和材料参数的设置

9.3.3　实常数和截面参数设置

壳单元的厚度、梁单元的参数在早期的版本中都在实常数菜单项 Real Constant 中用具体的数据设定，后来逐步在 Sections 项中定义。图 9-35 是梁单元截面参数的设定。在 Sections 项中定义截面参数的优点是明显的，即不用直接给出相关参数和截面惯性矩的具体数值，只需给出截面的几何数据即可，如截面的宽度和高度等数据。有限元计算所需的参数，由程序自行计算获得。

图 9-35　梁单元截面参数的设定

9.3.4　几何建模

Modeling 菜单下的内容显示在图 9-36 中。Modeling 菜单项主要用于建立几何模型，相当于一个简化的 CAD 系统，可以完成点（ANSYS 中称为关键点 Keypoint）、线（Line）、面（Area）、体（Volume）的创建和拷贝（Copy）、平移（Move）、旋转（在柱坐标系下绕 Z 轴的拷贝）、镜像（Reflect）和删除（Delete）等操作，在 Operate 选项中还可以完成点、线、面的拉伸（Extrude）以及几何元素的比例运算（Scale，放大或者缩小）和布尔运算（Boolean）。布尔运算的特点是可以实现几何元素的加、减、分割、黏合等操作，构造复杂的几何。ANSYS 布尔运算存在的问题是使用次数不能过多，否则会出错，甚至会导致模型数据库损坏，在建模过程中应尽量控制布尔运算的次数。

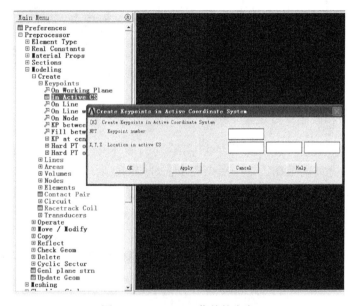

图 9-36　Modeling 菜单的内容

ANSYS 的几何建模可以自底向上，先创建点，在点的基础上创建线，在线的基础上创建面，最后创建体，也可以直接创建面、体。此外还可以直接创建结点、单元。

9.3.5　网格划分

ANSYS 的网格划分功能都集中在 Meshing 菜单下。实际使用时通常并不直接使用图 9-37 中的菜单项来划分网格，而是通过图 9-38 所示的集成工具 MeshTool 划分网格。MeshTool 窗口中集成了 Meshing 菜单下常用的功能，能够完成大多数网格划分操作。

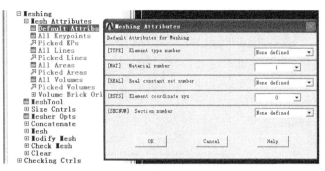

图 9-37　网格划分菜单

对几何区域划分网格时，首先要在 MeshTool 中设定单
元的属性 Element Attributes，如单元序号、单元使用的材
料模型序号、实常数号、截面号等，然后设定网格划分的
密度 Size Controls，最后确定网格划分的几何类型（线、
面、体）、单元的形状（三角形、四边形、四面体、六面体）
和划分的算法（映射、扫略、自由划分）。对划分好的网格，
还可以通过 Refine 按钮在指定区域附近细化、加密网格。

9.3.6　载荷和约束条件

ANSYS 软件中，载荷和边界条件的施加都放在 Loads
菜单下。在图 9-39 所示的 Loads 菜单下，除了可以施加载
荷和边界条件以外，还可以设定分析类型（Analysis Type）。
机械结构分析中，常用的有静态分析（Static）和模态分析
（Modal），缺省条件下，程序默认做静态分析。

图 9-40 是施加载荷和边界条件所用的菜单 Apply 下的
内 容 ， 包 括 位 移 约 束 （ Displacement ）、 力 和 力 偶
（Force/Moment）、分布压力（Pressure）、温度（Temperature）
以及惯性力（Inertia）。重力是一种惯性力，在 ANSYS 中
通过惯性力的方式施加，即在图 9-41 中的三个方向上输入
加速度分量。需要注意的是，加速度分量的方向与重力方
向相反并且在材料模型中必须输入材料的密度。

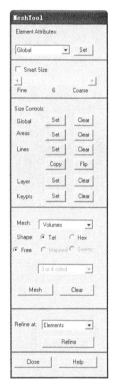

图 9-38　网格划分
工具 MeshTool

如果要修改已经施加的载荷和边界条件，可以再次执行相同的操作过程，后
一次施加的载荷和边界条件会自动覆盖、更新上一次的结果，或者通过下部的
Delete 菜单删除已经施加的载荷和约束条件，然后再重新施加。

前处理工作完成后，可以通过 Toolbar 中的保存按钮保存数据到硬盘，然后单击
图 9-32 中的 Finish 菜单项从前处理器中退出，也可以直接单击 Solution 进入求解器。

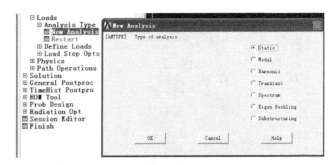

图 9-39　分析类型的设定

图 9-40　载荷和边界条件的施加

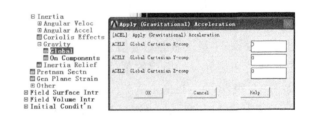

图 9-41　重力的施加

9.4　求　　解

　　有限元软件真正的求解器只在后台运行，并没有图形界面。图形界面中的所谓求解器，实际是一个求解器的启动入口，并不是真正的求解器。

　　如图 9-42 所示，求解器中需要设置的内容不多，而且本质上也属于前处理器的工作内容，如分析类型的选择、载荷和边界条件的施加等。

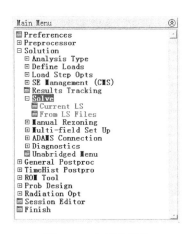

图 9-42 求解器菜单

启动求解器的菜单项是 Solution>Solve>Current LS。单击 Current LS 后程序会弹出两个信息提示窗口 Solve Current Load Step 和/STATUS Command，用户确认后才开始运行后台的求解器。为了避免弹出信息提示窗口，可以在命令输入窗口输入 solv 并回车，这种方式也可以启动后台的求解器，但是不会弹出信息窗口，也不需要用户确认。

模态分析时，求解器的参数设置与静力分析不同。模态分析中不考虑载荷的影响，计算过程会自动忽略施加在模型上的载荷，如集中力、分布力、惯性力等。静力分析要求模型在空间有充分的位移约束，不能处在悬浮状态，但是在模态分析中则不要求有充分的约束条件，约束条件的施加完全取决于问题本身，即可以求解无约束的自由模态。

如图 9-43 所示，在图 9-39 的 New Analysis 窗口中选择模态分析选项 Modal 后，需要通过 Analysis Options 菜单在弹出的 Modal Analysis 窗口中设置一些模态分析专用的参数，如模态提取的算法（Mode extraction method）和要提取的模态数（No. of modes to extract）等。

如果没有特殊要求，模态提取算法一般采用缺省算法。需要提取的模态个数是从最低阶模态开始计算的个数。模态的阶数越高，实际振动中的幅值越小，对振动的贡献越小。工程上，多数机械结构的模态只需要考虑最低的 3 阶，分析和研究中，一般需要考虑 6～10 阶模态，更高阶的模态对结构振动的影响很小，也很难通过试验分离出来，研究的意义不大。

图 9-43 中的模态参数设定完成以后，会弹出图 9-44 所示的第二个窗口，用来设定模态频率的搜索范围。如果事先无法估计频率范围，可以给出一个较大的范围试算，根据试算结果逐步缩小搜索范围，以便提高模态频率的精度。

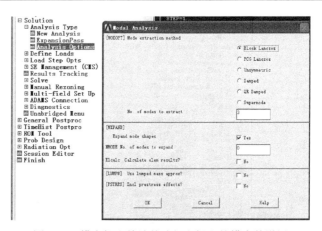

图 9-43　模态提取算法的选择和提取的模态数设置

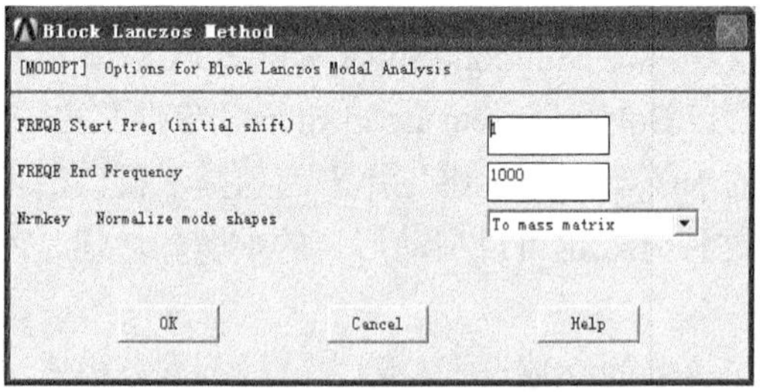

图 9-44　模态频率的扫描范围设定

　　经验上，普通机械零件的第一阶模态频率不会超过 10000Hz，这个值可以作为频率搜索、扫描的上限。频率搜索的下限可以是 0Hz。如果模型约束不充分，存在刚体模态，程序会将刚体模态求出，刚体模态对应的频率是 0Hz 或者接近0Hz。刚体模态的振型，在几何形状上不发生变化，只有空间位置的改变，通过分析振型和对应的频率，可以识别出刚体模态。刚体模态的数量等于模型未约束的自由度数，最多有 6 个，如果图 9-43 中提取的模态数量设置为 6，最终的模态分析结果中就可能全是刚体模态，没有真正需要的模态。为了避免出现这种情况，对最低阶非刚体模态的频率也需要做出一个估计，然后在估计值之下设定合适的频率搜索下限，这样既可以求出所需的非刚体模态，又可以过滤掉不需要的刚体模态。

　　求解结束以后，系统会弹出图 9-45 所示的提示信息。这个信息的出现，只是表示计算过程没有出现意外错误，并不表示计算结果一定是合理的、正确的。

图 9-45　求解结束的标志

9.5　后　处　理

求解结束以后，需要在后处理器中查看计算结果。

ANSYS 的后处理器有两个，一个是通用后处理器 General Postproc，另一个是时间历程后处理器 TimeHist Postproc。时间历程后处理器用来显示与时间有关的瞬态分析的结果，多以计算结果与时间的关系曲线的形式显示结果，也可以将计算结果与时间的关系以数据列表的形式显示或者输出，与时间无关的静态分析和模态分析的结果在通用后处理器 General Postproc 中查看。

如果是查看当前计算的结果，可以在通用后处理器 General Postproc 中通过 Plot Results>Contour Plot>Nodal Solu 菜单项查看。单击 Nodal Solu 后会弹出图 9-46 中的 Contour Nodal Solution Data 窗口，在窗口中选定好需要查看的内容，在图形区就会自动显示出具体计算结果。例如，在图 9-46 的 Contour Nodal Solution Data 窗口中选定 Stress>von Mises stress 后，在图 9-47 的图形窗口中就会显示出结构的米泽斯应力。类似地，可以通过图形窗口显示出结构上其他类型的应力，如应力强度、三个主应力以及不同方向上的应力分量。

图 9-46　米泽斯应力的显示设定

结构变形的显示可以通过 Contour Nodal Solution Data 窗口中的 DOF Solution 选项设定。如图 9-48 所示，在这个选项下，可以选择显示结构位移的三个分量，或者位移矢量的矢量和。例如，在图 9-48 中选定 Displacement vector sum 后，在图形区就会显示结构的位移（变形）（图 9-49）。

如果不是当前的计算结果，或者计算结果文件没在当前的工作目录下，需要通过 General Postproc>Data & File Opts 和 General Postproc>Read Results 菜单项将指定的计算结果读入内存后才能查看。

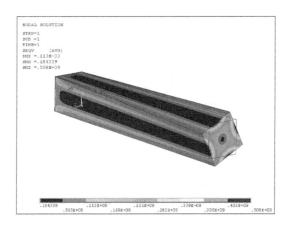

图 9-47　米泽斯应力的显示

图 9-48　结构变形的显示设定

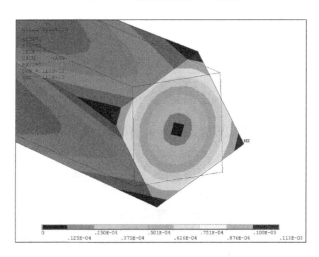

图 9-49　结构位移（变形）的显示

后处理器在显示结构应力时，可以同时显示结构变形，并用虚线显示结构未变形时的轮廓，如图 9-47 所示。缺省条件下，显示的最大变形是按图形窗口尺寸的 5%自动调整过的，不是计算得到的真实变形量，也不用虚线表示未变形时的形状。图形显示的变形量，结构未变形时的轮廓和形状，都可以通过图 9-48 中的 Contour Nodal Solution Data 窗口相关选项进行设置。

除了以图形方式显示计算结果以外，也可以通过 List Results 菜单项用图 9-50 所示的数据列表的形式显示计算结果。这种方式是有限元分析的传统输出方式，早期没有图形界面时的计算结果就是以这种方式输出。这种方式输出的优点是可以把计算结果准确地以数值形式显示出来，便于后续进一步的处理。在需要严格、准确地考察结构特定位置处的计算结果时，这种输出方式就显得非常重要。图 9-50 是结点位移的列表输出实例，列表中能够给出每个结点的各个位移分量和矢量和，这个列表也可以另存为文本文件供进一步的分析和处理。

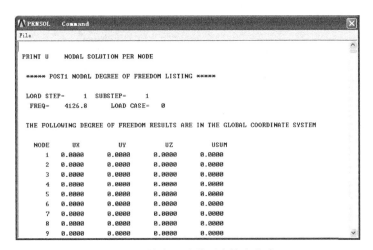

图 9-50　结点位移的列表输出方式

模态分析的结果比静态分析结果复杂，每一阶模态分析的结果都相当于一次静态分析的结果，可以输出变形，也可以输出应力。因此对模态分析结果进行后处理时，需要读入某一指定阶数的模态数据后才能显示相关结果。

图 9-51 是模态分析结束后用 Results Summary 选项查看的计算结果，结果显示求解获得了两阶模态，这两阶模态的数据被分为两个数据集合（data set），并且频率十分接近。如果要查看振型，需要通过如图 9-52 所示的菜单项读入某一阶的模态数据集合，然后在 Plot Results 菜单项中设定需要显示的内容（如图 9-48 中的 Displacement vector sum），最后就可以在图形区以图 9-53 所示的结构位移的形式显示出这一阶模态的振型。

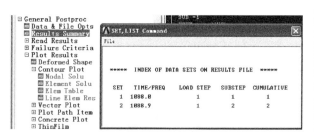 

图 9-51　计算结果的摘要　　　　　　　图 9-52　读入计算结果

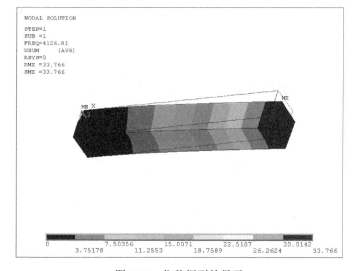

图 9-53　位移振型的显示

9.6　分析报告

有限元分析结束后，需要对分析过程和分析结果进行总结，给出一个最终的结论。分析报告是对设计方案合理性的分析和判定，是后续设计和优化的依据。如果机械结构失效、损坏导致事故，有限元分析报告也会成为事故调查的重要依据。撰写分析全面，论证严谨的分析报告，是有限元分析工作的重要环节。

一份完整的分析报告，除了有封面、封底、摘要和目录以外，在正文中通常需要包含以下内容：

（1）问题描述；

（2）分析目标和内容；

（3）分析方案；

（4）计算结果；

（5）分析和讨论；

（6）结论；

（7）参考文献。

在问题描述部分，需要说明工程中出现的问题和现象，然后在第二部分说明分析的目标和具体的内容，如果问题比较简单，第一部分和第二部分可以合并在一起。

第三部分是分析方案的说明，包括几何模型和有限元模型的说明。几何模型部分需要说明采用的几何模型以及几何模型与 CAD 模型的差异，如对 CAD 模型中的某些部分进行了简化和等效，简化和等效的理由，对计算结果和分析目的的影响程度等。有限元模型部分需要说明采用的分析软件、单元类型、网格密度、单元和结点数量、材料模型、施加的载荷和约束条件等，采用的理由和合理性也需要进行必要地分析和论证。

计算结果在第四部分给出。计算结果可以用云图、曲线、图表等形式给出。计算结果的评价，如计算结果的合理性、准确性，说明的问题和存在的不足，都在第五部分说明。

分析报告的第六部分是结论，需要针对具体的工程问题和分析目标，以计算结果为依据，说明分析的结论。对于比较简单的问题，第五部分可以合并到结论中。

分析报告的最后一部分是参考文献。建模中使用到的文献资料，相关的标准和规范，材料特性参数的来源，模型简化、等效所依据的文献等，都应尽可能详细列出。

分析报告没有通用、强制性的格式规定。图 9-54～图 9-57 是 ANSYS 软件内置的报告生成系统（File>Report Generator）和生成的网页形式的分析报告。ANSYS 软件的控制平台提供的这个报告生成器，能够协助用户将分析过程用到的数据和计算结果整合到一个网页中，形成一个网页形式的分析报告。这种形式的分析报告在网上发布时比较方便，但是并不适合作为技术文档保存和交流，多数时候仍然需要将其转换成 MS Word 文档的形式。

图 9-54 是报告生成器的内容插入和组装窗口。生成的报告中可以包含文本、HTML 文件、图片、图像、标题、数据表等多种形式的内容。插入的图片、图像、数据表等需要通过图 9-55 窗口中的相应按钮从 ANSYS 数据库中提取。报告中的文字、图片、数据表等如图 9-56 所示插入报告的相应位置后，可以组装并保存成 html 格式的网页文件形式的分析报告。图 9-57 就是用浏览器打开的网页版的有限元分析报告。

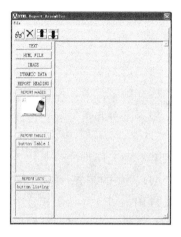

图 9-54　报告内容的插入和组装

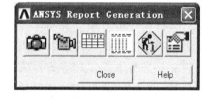

图 9-55　数据的提取窗口

图 9-56　报告的编辑

图 9-57　生成的报告

练 习 题

（1）ANSYS 是一个软件吗?

（2）什么是 ANSYS/ED?

（3）什么是 AWE?

（4）ANSYS 经典界面的架构是怎样的?

（5）为什么要设置 ANSYS 的工作目录?

（6）什么是 ANSYS 的工作名? 格式有什么要求?

（7）什么是 High Performance Computing?

（8）什么是 SMP 和 MPP?

（9）什么是软件的 License?

（10）ANSYS 的 Total Workspace? 与 Database 有什么关系?

（11）什么是刚体模态? 刚体模态的振型和频率有什么特点?

（12）为什么要进行模态提取?

（13）不同模态提取算法有什么区别?

（14）为什么要撰写分析报告?

（15）分析报告的内容有哪些?

参 考 文 献

[1] Chen Shen-Yeh. The Unofficial History of ANSYS[EB/OL]. [2002-6-18]. http://www.fea-optimization.com/ansys/ANS-history.txt.

[2] CAE 仿真在线. "ANSYS, 无处不在" |CAE 巨头 50 年[EB/OL]. [2017-04-15]. http://www.1cae.com/a/ansys/51/ansys-cae-50-8333.htm.

第 10 章　ANSYS Workbench 的使用

ANSYS 软件在 20 世纪 90 年代初就有了基于微机平台的 DOS 系统的前后处理程序，随后很快开发了基于 Windows 系统的图形界面，2000 年以后又开发了新的前后处理系统 Workbench。目前的 ANSYS 软件同时拥有两个不同的前后处理系统：Mechanical APDL 和 ANSYS Workbench，Mechanical APDL 就是传统的前后处理系统，也称为 ANSYS 的经典界面，新的前后处理系统 ANSYS Workbench 也简称 AWB。

10.1　ANSYS Workbench 概述

ANSYS 的经典界面有较强的用户开发能力，对 ANSYS 传统的求解器有充分的支持。Workbench 用于支持新并购的求解器，对传统求解器的很多功能并不充分支持但是封装程度更高，易用性更强，主要用于工程分析和跨求解器的耦合分析。涉及传统求解器的底层功能，如涉及用户的二次开发和力学研究的功能，仍然需要使用传统的前后处理程序。

早期的 ANSYS 软件具有基本的固体、流体、热、声、电、磁等多物理场的分析能力。后来为了加强流体和流固耦合分析能力，并购了 CFX 和 Fluent 软件，为了拥有显式分析能力，并购了 Autodyn 软件，为了兼容这些并购的软件而开发了新的前后处理程序。随着并购的增多，新的前后处理程序也在不断更新。由于新的前后处理程序不能充分支持新并购的求解器，并购软件自身原有的前后处理程序多数还保留，加上新的前后处理程序并不兼容传统的前后处理程序，ANSYS 软件同时包含了多个不同的前后处理程序，给软件的学习和使用带来麻烦，求解器的有些功能也无法充分利用。

图 10-1 是在 Windows XP 系统中的 ANSYS 14.5，其他版本也有相似的菜单内容。启动菜单项中 Fluid Dynamics 是 CFX 和 Fluent 软件原有界面的入口，Workbench 14.5 中则包含有新的入口，Meshing 包含了并购的两个网格生成程序 ICEM CFD 和 TurboGrid，ANSYS Icepak 14.5 是 Fluent 用于电子产品热流分析的前后处理程序，Mechanical APDL 14.5 是 ANSYS 经典前后处理程序的入口，Mechanical APDL Product Launcher 14.5 是 ANSYS 经典前后处理程序的启动平台入口，可以对经典界面的启动参数进行设置，Mechanical APDL 14.5 则是直接用缺省参数直接启动 ANSYS 经典界面。

图 10-1　启动 ANSYS Workbench

图 10-2 是 ANSYS Workbench 的界面，它实际上是 ANSYS 各个功能模块的入口界面，包括各个求解器和前后处理模块的入口。通过双击左边 Toolbox 中的各个功能模块，或者用鼠标将各个功能模块拖入右边 Project Schematic 即可将相应模块启动。图 10-3 显示了 Toolbox 窗口中 Analysis Systems、Component Systems、Custom Systems 和 Design Exploration 四个选项下的内容。

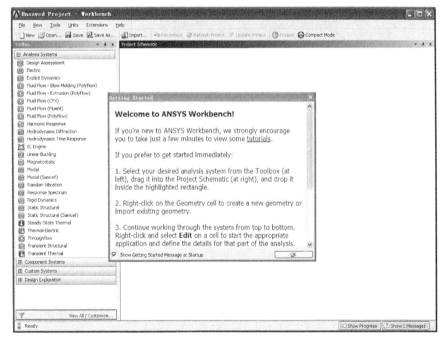

图 10-2　ANSYS Workbench 界面

Analysis Systems 选项下集成了 ANSYS 软件各个求解模块的入口，进入相应模块，即意味着本次分析的内容和方法，如用不同求解器进行流动分析（Fluid Flow

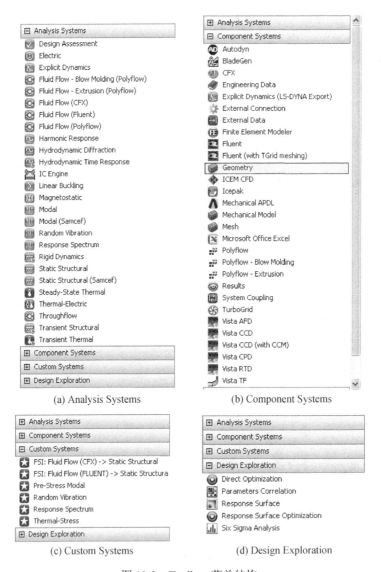

(a) Analysis Systems　　　　　　(b) Component Systems

(c) Custom Systems　　　　　　(d) Design Exploration

图 10-3　Toolbox 菜单结构

（CFX），Fluid Flow（Fluent），Fluid Flow（Polyflow）等），用 ANSYS 自己的求解器进行模态分析（Modal）和用 Samcef 进行模态分析（Modal（Samcef）），用 ANSYS 自己的求解器进行静力分析（Static Structural）和用 Samcef 进行静力分析（Samcef），等等。需要注意的是，使用非 ANSYS 自己的求解器之前需要已经安装相应的求解器并有必要的软件许可证。

　　Component Systems 选项下集成了各个求解器专用的前处理程序入口，如几何造型、网格划分、有限元建模、材料参数输入等。

Custom Systems 选项下集成了流固耦合、预应力、随机振动、响应谱和热应力分析的入口。

Design Exploration 选项下则集成了优化分析、相关分析、响应面分析和优化以及 6 σ 分析的入口。

双击 Toolbox 中的入口菜单项，或者用鼠标左键直接将菜单项拖入 Project Schematic 窗口即可进入相应的功能模块，如图 10-4 所示。功能模块的内容显示在内容窗口中，所需的、未完成的内容在相应的条目后有问号显示，双击或者右键点击相应条目即可进入该条目完成所需的内容。完成所需的内容后，条目后的问号会自动消失。Project Schematic 窗口中 key 拖入多个模块入口，如求解器和前处理入口，各功能模块能够完成各自的功能，也可以通过拖曳不同入口中的条目建立两个条目之间的数据引用关系，使得一个入口可以使用另一个入口中的一部分数据，如图 10-5 中 B 入口的几何数据 Geometry 就引用了 A 入口中的 Geometry，实现了几何模型的共享，提高了建模效率。

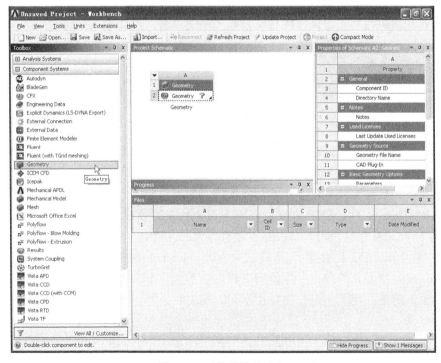

图 10-4　功能模块的进入

在启动 ANSYS Workbench 界面以后，应当首先保存本次分析的相关数据，如图 10-2 所示在 Workbench 窗口左上角的 file 菜单中通过 save 或者 save as 项保存在硬盘的指定目录下。由于 Workbench 和其中的各个模块在工作时会生成不止一

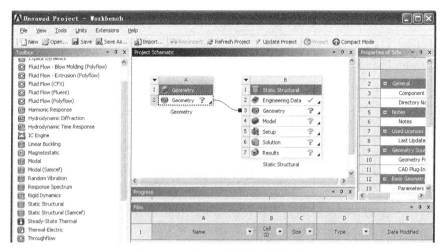

图 10-5　功能模块的关联和引用

个文件，在保存数据的时候，系统会自动建立相应的目录保存不同的文件。第一次保存数据时需要指定保存的目录以及工程文件名，后续建立几何模型时也会要求指定几何文件的名称。需要注意的是，指定的目录和文件名不要使用中文，名称应尽可能简短并且不包含空格等非字母字符。

10.2　前　处　理

从严格的意义上说，ANSYS Workbench 不能算是一个前后处理程序，只能算一个 ANSYS 软件系统的入口界面，从这个界面所提供的不同入口，用户可以进入 ANSYS 软件系统的各个不同功能模块，如不同的前处理模块、求解器和后处理。Workbench 中前处理功能被分成了几个独立的模块入口，如几何建模入口 Geometry，网格划分模块入口 Mesh，还有独立的网格划分程序 TurboGrid 和 ICEM CFD 的入口，以及有限元建模器 Finite Element Modeler 和材料数据模块 Engineering Data，等等，各模块的入口可以不止一个，模块之间还可以引用和关联数据，前处理相关的工作需要在不同的模块中分别完成，系统结构比经典界面更为复杂。

双击图 10-5 Project Schematic 窗口中 Geometry 项目，或者利用右键菜单从文件中导入已经创建的几何模型，或者进入图 10-6 所示的 ANSYS Workbench 的几何建模模块 DesignModeler（几何建模器），通过这个模块建立有限元分析所需的 CAD 模型。该模块与常用的 UG、Solidworks 软件相比，ANSYS Workbench 的 CAD 建模功能相对简单，但是建立的几何模型与 Workbench 中建立有限元模型的 ANSYS Mechanical 相容性好，数据导入过程中出错概率低，其他 CAD 软件建立的几何模型在导入过程中容易出错，尤其是复杂的几何模型，容易丢失小尺度的细节特征，甚至导入的几何数据最终无法拼接成封闭的体或者面。通过何种方式建立有限元分析模型所需的几何模型，是有限元建模过程中需要权衡的一个问题。

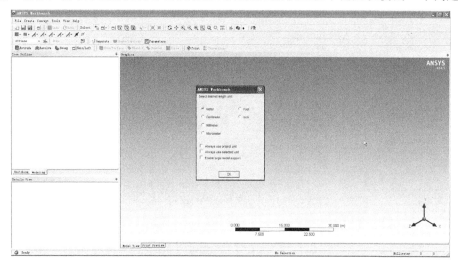

图 10-6　DesignModeler 几何建模的长度单位选择

传统的有限元前处理程序中，单位制的选择都是由建模者自行确定，输入数据的单位也由建模者自行保持协调一致，程序本身没有单位制的转换或者设定功能，如 ANSYS 传统的前后处理程序。AWB 中则如图 10-6 所示允许设定明确的单位制，建模过程中输入的参数也可以采用不同的单位制，单位制的转换和统一可以由程序在内部完成，给数据的输入带来方便。

Workbench 中的几何建模模块 DesignModeler 可以从 Toolbox 中 Analysis Systems 的各个分析模块进入，也可以从 Component Systems 中的 Geometry 项进入。几何模型是建立有限元模型的基础，在 Workbench 中，有限元模型可以由 ANSYS Mechanical 模块导入或者建立。ANSYS Mechanical 可以由 Analysis Systems 中的分析入口进入。图 10-7 是 Analysis Systems 中静力分析入口 Static Structural 中的流程，首先是 Engineering Data 的设置，即设置分析计算过程中用到的各种材料参数，程序默认使用确认的参数。Engineering Data 下面是几何模型 Geometry，可以通过 DesignModeler 建立，也可以直接从 CAD 文件中导入。双击 Model 项或者通过右键菜单可以进入有限元建模器 ANSYS Mechanical，在其中对几何模型划分网格，Setup 是进入 ANSYS Mechanical 为有限元模型设置载荷和边界条件，Solution 是进入 ANSYS Mechanical 设置求解参数并启动求解器，Results 是进入 ANSYS Mechanical 设置后处理参数，与传统界面中的后处理器功能相当，如设置根据有限元计算结果显示位移或者各种应力。除了 Engineering Data 和

Geometry 选项外，Model、Setup、Solution、Results 都是进入 ANSYS Mechanical，各选项的参数设置需要从上到下依次设置。如果求解和后处理所需的参数设置完成，各选项后的问号将更新成对勾，可以一次在 ANSYS Mechanical 中完成网格划分、载荷和边界约束施加、求解参数设置和求解、后处理，不必每次从各个选项分别进入 ANSYS Mechanical。

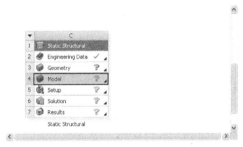

图 10-7　静力分析的流程

10.3　DesignModeler 的使用

DesignModeler 是 ANSYS Workbench 中进行几何建模的一个功能模块，功能相当于一个简单的三维 CAD 建模软件，也可以用于导入文件中已经建好的 CAD 模型。与 ANSYS 经典界面相比，该模块与主流的 CAD 软件有更好的兼容性，三维建模的效率较旧的前处理器更高，缺点是建立的 CAD 模型与旧前处理器并不兼容，虽然易用性更好，但是建模技术和思路与旧的前处理器不相同，使用方法完全不同。

DesignModeler 的初始界面如图 10-6 所示，该界面可以通过左键双击图 10-5 所示 Project Schematic>A>Geometry 启动，也可以右键单击后从右键菜单的 New Geometry 选项进入。DesignModeler 不仅可以从 Toolbox>Component Systems> Geometry 进入，也可以从图 10-8 所示的 Toolbox>Analysis Systems 中各个求解器入口中的 Geometry 选项进入。工作状态下的 DesignModeler 如图 10-9 所示。

图 10-9 所示 DesignModeler 界面中，与建模密切相关的主要有图形显示区 Graphics 以及左侧的草绘菜单 Sketching 和三维造型菜单 Modeling，上部是草绘平面的设置、图形显示区的视角设置以及鼠标在图形显示区选择图形元素的设置按钮。带闪电符号的 Generate 按钮是绘图操作确认按钮。

DesignModeler 的建模思路与多数三维 CAD 软件相同，首先设定一个草绘平面，然后在这个草绘平面上绘制平面图形，通过拉伸、旋转、扫略平面草绘图形形成三维实体。有限元分析中梁和平面单元对应的几何是线和面以及梁的截面，都不是三维实体，这类非三维实体几何需要通过图 10-10 所示 DesignModeler 窗口上部的 Concept 菜单建立。

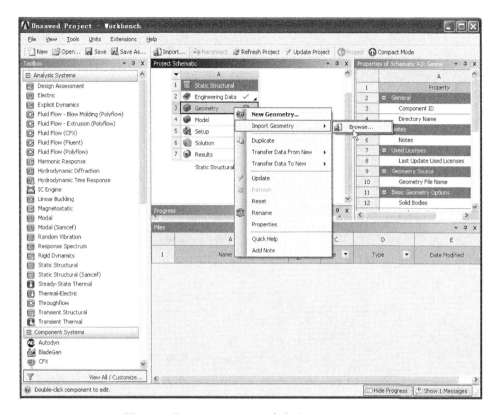

图 10-8　从 Analysis Systems 中启动 DesignModeler

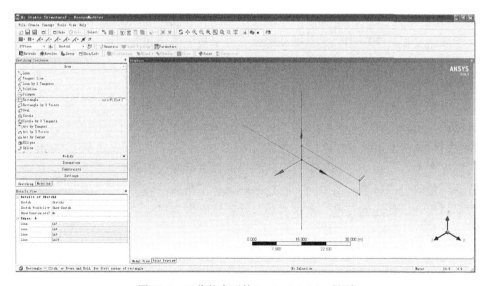

图 10-9　工作状态下的 DesignModeler 界面

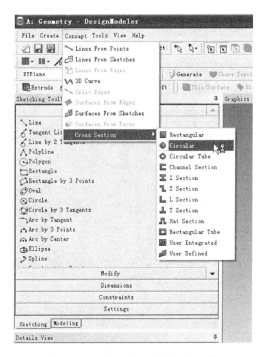

图 10-10　非三维实体几何的建模

10.3.1　平面草图的绘制

　　草绘二维图形所需的命令集中在 DesignModeler 窗口的左侧 Sketching Toolbox 窗口的 Sketching 标签下，草绘平面的设置放在 Sketching Toolbox 窗口上面的按钮栏里，选取图形元素类型的命令也以按钮的形式放在这个区域，这样在绘图时需要选择点、线、面、体，只要按下 Select 标签中相应的按钮即可在图形区用鼠标选择相应类型的图形元素。

　　如图 10-11 所示，Sketching Toolbox 中的草绘命令被分成 5 大类：Draw，Modify，Dimesions，Constraints，Settings。Draw 菜单下集成了画线的工具，包括直线、圆弧、样条曲线、矩形、椭圆等常见几何曲线。图 10-12 显示了 Modify 下的各种命令，这些命令是用来对已经画出的线进行修改的命令，如剪切、复制、移动、裁剪、倒角等。图 10-13 中 Dimensions 下集成的各种命令是用于定义草绘图形的尺寸，如线的长度、水平方向尺寸、垂直方向尺寸、半径、角度等。因为有这些命令，草绘的时候可以先不画出准确的几何尺寸，只画出必要的几何元素，待完成几何图形后再定义确切的尺寸。定义的尺寸标记并不作为几何元素使用，如尺寸线和数值在后续的三维建模中，只出现在草绘阶段，作为几何元素的尺寸标记。

图 10-14 中的 Constraints 集合中定义了草绘过程中能够使用的高级命令，定义和约束几何元素的位置和相互关系。

图 10-11　草绘命令集 Draw

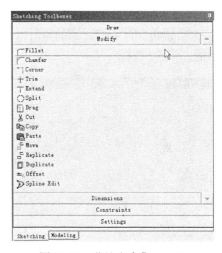

图 10-12　草绘命令集 Modify

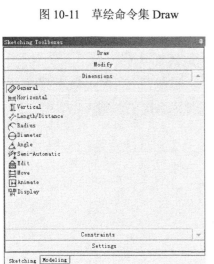

图 10-13　草绘命令集 Dimensions

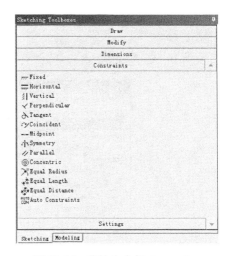

图 10-14　草绘命令集 Constraints

图 10-15 中的 Settings 菜单下集成了用于定义绘图区栅格的命令。

10.3.2　三维几何的生成

草绘的二维模型建好以后，可以从图 10-15 草绘标签 Sketching 转到 Modeling 标签中，在图 10-16 所示的 Modeling 标签中将草绘的二维图形通过拉伸、旋转、扫略等方式生成三维几何模型。常用的三维建模命令以按钮的形式放在 DesignModeler 窗口的上部，完整的命令则放在了上部的 Create 菜单里。进入

Modeling 标签后，只要在绘图区选定相应的图形元素，在 Create 菜单里选择需要的三维几何创建方式，在 Tree Outline 窗口下面的 Details View 窗口中输入相关的参数，如图 10-17 所示需要拉伸的草绘图形元素、拉伸的方向和尺寸，点击图 10-18 所示 DesignModeler 窗口上部的带闪电符号的 Generate 确认按钮，即可生成图 10-19 所示的三维几何模型。

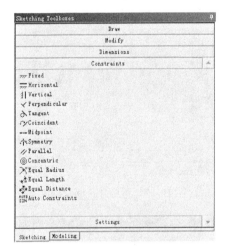

图 10-15　草绘命令集 Settings　　　　　　　图 10-16　三维几何模型的建立

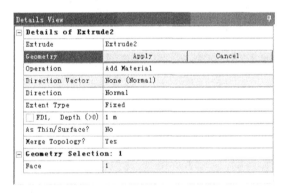

图 10-17　拉伸参数的选择和设置

图 10-18　三维几何模型的确认命令 Generate

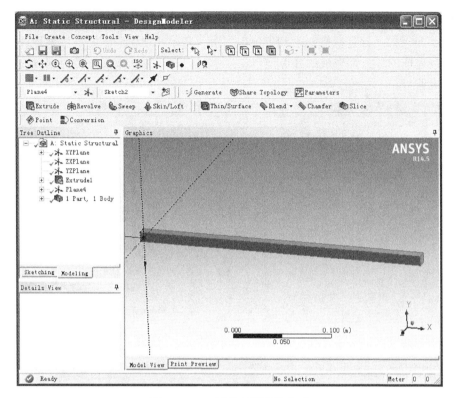

图 10-19　三维几何模型的生成

10.4　ANSYS Mechanical 的使用

ANSYS Mechanical 是 ANSYS Workbench 中的一个功能模块，功能大致相当于不包含几何建模功能的前后处理器，即包含对几何模型的网格划分、施加载荷和边界约束条件、求解、后处理等功能，在这个模块中能够完成应力、热、振动、热-电，静磁场的分析。大多数机械结构问题的分析可以在这个模块中完成。这个模块可以从图 10-2 Toolbox>Analysis Systems 中相应的分析模块进入。ANSYS Mechanical 所需的 CAD 几何模型需要事先准备好，并在 DesignModeler 中导入，作为建立有限元模型的基础。导入的几何模型可以来自于 DesignModeler 中建立的几何模型，也可以来自第三方的 CAD 软件中建立的几何模型。

ANSYS Mechanical 中不能直接输入来自第三方 CAD 系统建立的几何模型，必须通过类似图 10-7 中的 Geometry 进入 DesignModeler，在 DesignModeler 导入后，ANSYS Mechanical 引用 DesignModeler 中的几何模型。

ANSYS Mechanical 界面如图 10-20 所示，与 DesignModeler 相似，差别主要

是图形显示区左侧的 Outline 窗口与 DesignModeler 不同。Outline 窗口显示了一个
Project 目录树，该目录树从上到下依次列出了有限元建模、求解、后处理各个阶
段必须完成的任务，完成的任务前自动显示对勾，没有完成的任务前则有问号或
者闪电符号。

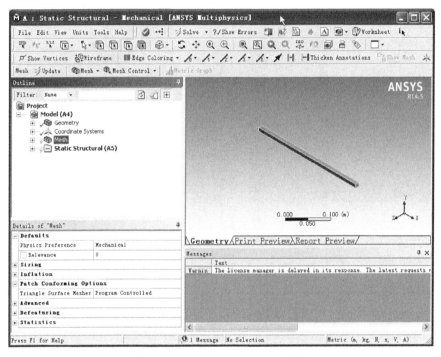

图 10-20　ANSYS Mechanical 界面

10.4.1　网格划分

根据目录树的次序，建立几何模型后的第一步是要进行网格划分。如图 10-21
所示，右键单击目录树中的 Mesh 项，在右键菜单中选择 Insert 项，即可进行网格
划分算法、单元尺度和密度的设置。左键单击 Method 项后，在图形显示区左边，
Outline 窗口下边的 Details of "Automatic Method"-Method 窗口就会显示出图 10-21
所示的与 Method 相关的选项：首先在图形显示区选择需要网格划分的几何实体，
然后单击 Apply 按钮确认选择的实体，然后在下面的 Method 下拉菜单中选择合
适的网格划分算法，如自动划分 Automatic，四面体网格 Tetrahedrons，六面体占
优 Hex Dominant，扫略 Sweep，多区域划分 MultiZone 等。不同的网格划分算法
和单元尺度，可以产生不同密度、不同质量的网格。网格划分参数设定后，如
图 10-23 所示，右键单击 Project 目录树中的 Mesh 项，在右键菜单里点击 Update
更新网格，首次生成网格需要点击 Generate Mesh。

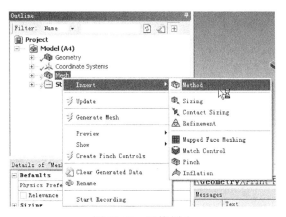

图 10-21　网格划分

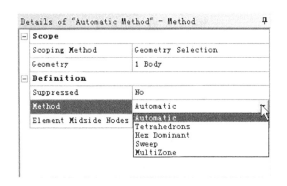

图 10-22　网格划分算法的选择

图 10-23　更新网格

10.4.2　载荷和边界条件的施加

网格生成以后在 Static Structural 选项下设置有限元模型的载荷和边界约束条件，以及求解过程的控制参数。载荷和边界条件的施加方式是右键单击 Static Structrual 选项，在右键菜单里选择合适的载荷和边界条件，但是事先要在图形显示区选定好需要施加载荷的方向和数值或者边界条件的图形元素，如体、面、线或点。施加载荷的方向和数值在 Outline 窗口下面的窗口中输入，如图 10-24 所示。

10.4.3　求解

施加载荷和约束条件以后，就可以通过 Static Structural 选项的右键菜单中的 Solve 启动求解器并在后台计算（图 10-25），也可以通过 Outline 窗口上方的 Solve

按钮启动求解器。

图 10-24　集中力的施加　　　　　　　　图 10-25　启动求解器

10.4.4　后处理

　　求解器在后台求解结束后才能查看计算结果。如图 10-26 所示，查看计算结果需要设定后处理的内容，如应力、变形等，然后由后处理器根据求解器的计算结

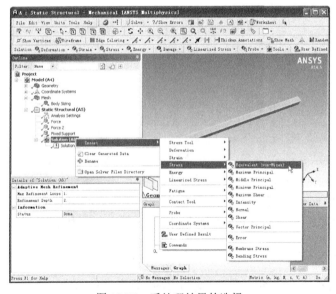

图 10-26　后处理结果的选择

果（结点位移）求出应力、变形，然后在图形显示区显示出来，具体操作过程如
图 10-27 和图 10-28 所示。

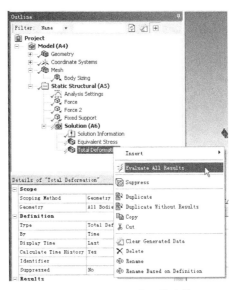

图 10-27　后处理结果的计算

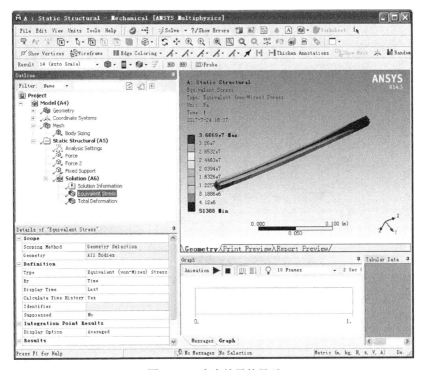

图 10-28　应力结果的显示

　　后处理的结果可以以图片或者动画形式输出,进而插入分析报告或者文档中。图形显示区的后处理结果可以通过图 10-29 所示方法保存成图 10-30 所示的 PNG格式的图片文件,也可以通过图 10-31 所示的图形显示区下边的 Graph 窗口生成动画并保存成 avi 格式的动画文件。

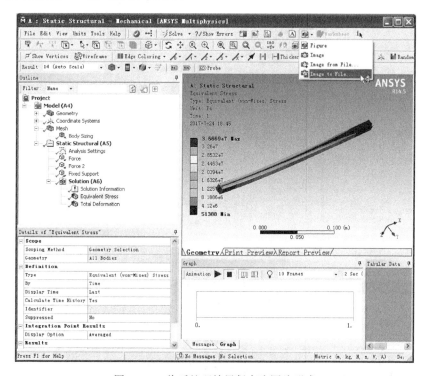

图 10-29　将后处理结果保存为图片形式

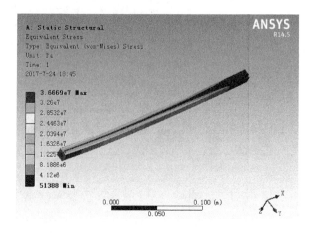

图 10-30　后处理结果图片

图 10-31　后处理结果的动画生成

练 习 题

（1）简述 ANSYS Workbench 的功能和适用的用户类型。

（2）简述 Design Simulation 的功能。

（3）简述 DesignModeler 的功能。

（4）简述 DesignXplorer 的功能。

（5）简述 FE Modeler 的功能。

（6）简述 BladeModeler 的功能。

（7）对于一个形状复杂的机械零件，采用 WB DesignModeler 建模效率高还是采用第三方的 CAD 软件效率高？从整个有限元分析过程和 CAD 模型的兼容性两方面分析。

（8）有限元分析中的 CAD 模型和有限元分析模型有何关系？

（9）齿轮的三维 CAD 模型如何建立？需要准备哪些数据？

（10）ANSYS 软件采用两套不同的前后处理系统的原因是什么？

参 考 文 献

[1] ANSYS Inc. Release 16.0 Documentation for ANSYS Workbench[Z]. 2016.

第 11 章　APDL 语言

11.1　APDL 语言概述

APDL 语言是 ANSYS 软件的参数化设计语言（ANSYS parametric design language），是一种解释性的脚本语言，语法结构类似于一种简易的 FORTRAN 语言，用于经典界面下的用户编程，实现一些重复性较强的操作，还可以通过编程改变、替代图形界面上的按钮菜单，快速完成某些专门的操作过程。Workbench 界面也能支持一部分 APDL 语句。

ANSYS 软件经典界面上的按钮和菜单操作，都有对应的 APDL 语句并且记录在 log 文件中，用 APDL 语句编写的命令流可以替代一系列的按钮和菜单操作。对于重复性较强的工作，可以通过适当修改命令流后再次批处理方式运行命令流的方法提高工作效率。此外，通过 APDL 语言还可以实现一些通过按钮和菜单无法实现的功能，如某些特殊的无法通过图形界面上的按钮和菜单读取的求解结果，也可以把需要的数据以合适的格式读入或者输出，实现 ANSYS 软件与其他软件的数据交换。

APDL 的命令流可以直接在经典界面的命令输入窗口输入，也可以将命令存入扩展名为 mac 的文本文件，在命令窗口输入这个文件的文件名，以批处理的形式执行。

APDL 语言的命令（语句）格式是命令字符串后加若干参数的形式，有些命令没有参数或者不需要带参数，带字符串与参数之间，参数与参数之间，需要用英文字符的逗号隔开，对应项不给出参数值的，程序自动使用默认参数值。

用英文字符的感叹号"！"起头的行作为注释行，该行的内容不产生有效输出，只作为程序内容的说明，方便程序的阅读和理解。以 C***起头的行，以及/com 命令也可以产生类似的效果。

APDL 语言是脚本语言以解释方式执行,运行速度远低于编译型的 FORTRAN 语言、C 语言，程序调试也不方便。APDL 语言优点是不需要额外的编译环境，语句的解释和执行由 ANSYS 软件自身完成，与采用 FORTRAN 语言作为用户接口语言的 Abaqus 软件相比，其软件的安装和配置比较简洁。

APDL 语言中的命令种类繁多，命令总数超过 1000 条。本章简要介绍 APDL 语言的基本功能和常用命令。在熟悉基本功能和常用命令的基础上，根据具体问题的需要，在 APDL 帮助文件中查找相关的命令，了解和学习其用法。

11.2　变　量　定　义

APDL 语言中的变量命名规则与一般计算机语言相同,以字母开头的字符串,长度不超过 32 个英文字符,中间可以夹杂数字或者下划线,其中的字母不区分大小写。有效的变量名可以像下面这样:

```
PI
ABC
ABC_D
Abc
abc
```

需要注意的是,APDL 语言的变量名不区分大小写,上述变量名中,ABC,Abc 和 abc 实际上是同一个变量,程序内部并不区分。

变量名的定义不能与系统内部定义的变量名相同,也不能与系统内部使用的标记字符串相同,如 TEMP,UX,PRES,ALL,PICK,STAT,CHAR,ARRAY,TABLE 等,这些字符串在 APDL 语言系统里有专门的含义和用途。如果不熟悉 APDL 语言,定义的变量名容易与系统内部的变量名和标记字符串冲突,导致程序出错。以下划线开头的变量是系统内部变量,可能有不公开的含义和特殊的用途,原则上不推荐普通用户使用这类字符串作为变量名。

APDL 语言的变量是数值型或者字符型(字符串),数值型与一般脚本语言相似,没有浮点数和整数的区别,默认都是浮点数。变量的类型不用定义,直接赋值即可。

数组的命名与变量相同,不同的是数组需要事先定义类型(字符、数值、表单)以及维数,这与 FORTRAN 或者 C 语言类似。

11.3　赋　值　语　句

APDL 语言中,变量的赋值语句有两种形式:等号形式和关键字形式。等号形式如下:

```
ABC=0.1
CPARM='CASE1'
ABCD=FABS(-1.23)
```

这种变量的赋值方式与一般计算机语言相同，比较简洁。关键字形式则用关键字命令定义一个变量的值：

```
*SET,  ABC,  0.1
*SET,  CPARM,  'CASE1'
*GET,  ABCDE,  KP,  0,  COUNT
```

上述的 ABC、CPARM 和 ABCD 就是被赋值的变量。

数组也有类似的两种赋值方式，不同之处是可以同时给多个元素赋值，等号右边或者*SET 命令中的数值域可以有多个数值，各数值之间用逗号隔开。

11.4 数　　组

变量和数组在 APDL 语言中都称为参数（parameter），按照 FORTRAN 语言和 C 语言中的分类方法，APDL 语言中的参数可以分为两类：变量和数组。事实上，可以将变量视为标量，数组视为向量和矩阵，这样就可以将参数统一起来：标量是零维矩阵，数组是零维以上的矩阵。不同的是，标量的类型不需要特别的定义，而数组的类型通常需要事先定义其类型和维数。APDL 语言中，存放数值的数组需要定义为 ARRAY 类型，此外还有字符（CHAR）、字符串（STRING）类型以及一种特殊的类型——数据表（TABLE）。数据表类型的数组是一种特殊的数组类型，与 ARRAY 类型一样，用于存放数值型数据。与 ARRAY 类型数组不同的是，TABLE 型数组（数据表）中元素的指标不是从 1 开始，而是从 0 开始，并且指标可以是实数，不要求是整数。在读取数组数据时，允许用户读取相邻两个元素之间的数据，APDL 语言系统可以通过线性插值方法自动计算并给出两个相邻元素之间任意指定位置处的元素数值。例如，数据表型数组 EA 中的两个相邻元素 EA（1.1）和 EA（2.1）的数值分别为 3 和 4，即如果设定数据表型的一维数组 EA 中的两个相邻元素

```
EA（1.1）=3
EA（2.1）=4
```

在 APDL 语言中可以读取这两个相邻元素之间任意位置处的元素数值，如下标为 1.6 处的元素数值，由于 1.6 处的元素数值没有存储在数组中，APDL 系统会自动基于两个相邻元素 EA（1.1）和 EA（2.1）通过线性插值求得 EA（1.6）处的元素数值 3.5：

```
ABC= EA（1.6）
```

APDL 语言中可以直接读取 EA（1.6）的值 3.5，3.5 这个值不需要用户进行插值计算，而是由 APDL 语言的解释系统自动计算出来，给数据处理带来极大方便。

通常情况下，数组在使用之前需要通过*DIM 命令事先定义其数据类型和维数：

```
*DIM, ABC, ARRAY, 3, 3
```

这样就定义了 ABC 是一个数组（ARRAY）型变量或者参数，维数为 3×3。

数组定义以后，就可以用于存取数据，如果不赋值，用*DIM 命令定义后的数组，其中的元素缺省值为 0。注意对于 TABLE 型数组，元素下标从 0 开始，其他则从 1 开始。

与 FORTRAN 语言不同，APDL 语言中二维数组的元素在内存中的存放顺序是按行优先方式存储，即一行存满后才开始存下一行，多维数组在存储时也采用类似的方式。多维数组在赋值时，只需给出第一个需要赋值的元素即可，后续的数值程序会自动放入下一个相邻的元素存储空间。例如，一个 4×4 的数组 T2，用如下方式即可定义第二列的元素数值：

```
T2（1，2）=7, 5, 9.1, 62.5
```

这相当于

```
T2（1，2）=7
T2（2，2）=5
T2（3，2）=9.1
T2（4，2）=62.5
```

11.5　条　件　语　句

APDL 语言中有条件语句，可以根据条件判断的结果选择是否执行某一段代码。简单的条件语句如下所示：

```
*IF, VAL1, Oper, VAL2, THEN
…
…
…
*ENDIF
```

VAL1 和 VAL2 是两个条件判断所需要的参数，Oper 是条件判断的算子，可以用下面几种方式比较两个参数：

　　EQ：等于

　　NE：不等于

　　LT：小于

　　GT：大于

　　LE：小于等于

　　如果已有 VAL1=3，VAL2=4，条件语句为

```
*IF，VAL1，LT，VAL2，THEN
```

　　那么条件判断（VAL1，LT，VAL2）的结果为真，则程序执行*IF 语句与*ENDIF 语句之间的代码，否则就跳过这段，直接执行*ENDIF 之后的代码。

　　条件语句可以有两个分支的形式：

```
*IF，VAL1，Oper，VAL2，THEN
…
…
…
*ELSE
…
…
…
*ENDIF
```

　　如果条件判断（VAL1，Oper，VAL2）的结果为真，就执行*IF 和*ELSE 之间的代码，否则就执行*ELSE 与*ENDIF 之间的代码。

　　条件语句更为复杂的形式是有多个分支的情形：

```
*IF，VAL1，Oper，VAL2，THEN
…
…
…
*ELSEIF，VAL3，Oper，VAL4
…
…
…
*ELSE
```

```
...

...

...

*ENDIF
```

其中*ELSEIF 部分可以有不止一个，形成多个条件判断的分支。对于
*ELSEIF，条件判断可以有两个，两个判断结果可以作布尔运算，如

```
*ELSEIF, VAL3, LT, VAL4, AND, VAL5, GT, VAL6
```

即条件判断（VAL3，LT，VAL4）的结果与（VAL5，GT，VAL6）的结果必
须同时为真才会执行紧跟在*ELSEIF 后面的语句。布尔运算符可以是 AND，OR
或者 XOR，即与、或或者异或。

条件语句的最后都必须有*ENDIF，表示这一组*IF 语句的结束。

条件语句不能通过 ANSYS 经典界面的菜单实现，只能以命令流的方式
使用。

11.6　循　环　语　句

*DO 语句是 APDL 语言中主要的循环控制语句，它与*IF 语句类似，每一个
*DO 语句程序块的最后都必须有一个*ENDDO 语句，以表示程序块的结束。*DO
语句和*ENDDO 语句之间的语句就是条件满足时需要重复执行的代码。*DO 语句
循环的条件是后面跟的循环变量 Par 取值在指定的区间[IVAL，　FVAL]内：

```
*DO, Par, IVAL, FVAL, INC
```

其中，IVAL 是循环变量 Par 的初值，FVAL 是终值，INC 是循环变量 Par 的增量，
缺省值是 1，可以不写。*DO 循环的实例如下：

```
*DO, I, 1, 5        ! For I=1 to 5

  LSREAD, I         ! Read load step file I
  OUTPR, ALL, NONE  ! Change output controls
  ERESX, NO
  LSWRITE, I        ! Rewrite load step file I
*ENDDO
```

其中，I 是循环变量，变量的初值是 1，终值是 5，每次循环结束 I 的值自动加 1，
当 I 的值为 6 时，超出指定区间，循环结束。

11.7　数　据　提　取

在 ANSYS 软件经典界面中提取有限元模型和计算结果中的数据，是 APDL 语言的一个重要作用。在经典界面中，有部分数据不能通过菜单和按钮操作读取，需要通过命令流的方式读取以供外部程序使用。APDL 语言中，数据的提取主要是通过*get 命令实现的。

*get 命令是 APDL 语言里用于读取前后处理数据（包括计算结果）的命令，能将所需数据读入到指定的参数（变量或者数组）中供用户使用，其中很多类型的数据并不能通过经典图形界面上的菜单和按钮获得。在用户的二次开发和设计底层数据的深入研究中，*get 命令有重要的作用。

*get 命令的格式如下：

```
*GET, Par, Entity, ENTNUM, Item1, IT1NUM, Item2, IT2NUM
```

其中，Par 为参数名；Entity 为实体关键字，如 NODE，ELEM，KP，LINE，AREA，VOLU 等；ENTNUM 为实体标号，该数据域如果是空白，没有给出具体数值，则表示当前选择集内所有的实体；Item1 为指定实体的项目名称；IT1NUM 为指定实体项目的标号；Item2，IT2NUM 含义同 Item1，IT1NUM。

*get 命令能读取的数据种类繁多，大致可以分为 5 类：

- General Entity Items，通用的实体项目
- Preprocessing Entity Items，前处理相关的实体项目
- Solution Entity Items，求解器相关的实体项目
- Postprocessing Entity Items，后处理相关的实体项目
- Probabilistic Design Entity Items，概率设计相关的实体项目

使用*get 命令前，首先根据需要确定命令的分类，在 ANSYS 经典界面的帮助中查找适合的*get 命令，然后根据命令参数说明表确定该命令所需的参数编写相关的命令流。如需要确定当前任务能够使用的 CPU 核数，需要在*get 命令帮助文档里查找通用的实体项目 General Entity Items，在 Table 146：*GET General Items， Entity = ACTIVE 的表格中找到需要确定 CPU 核数的相关参数，按照提示的语句格式

```
*GET, Par, ACTIVE, 0, Item1, IT1NUM, Item2, IT2NUM
```

写出所需的语句

```
*GET, cpu_num, ACTIVE, 0, nproc, curr
```

其中, cpu_num 是用户变量, 用于存放读取的 CPU 核数; nproc 和 curr 是 Table 146
中规定的参数识别标记。

　　如果需要读取模型中指定结点上已经施加的集中力, 可以在前处理相关的实
体项目 Solution Entity Items 大类里查找, 在 Table 178: *GET Preprocessing Items,
Entity = NODE 中确定相关的命令参数, 并按照表格中的命令格式

```
*GET, Par, NODE, N, Item1, IT1NUM, Item2, IT2NUM
```

改写其中的相关参数:

```
*GET, NodeForce, NODE, 332, fx
```

其中, NodeForce 是用户自己定义的变量, 用于存放读取的结点力数值; N 是指
定结点的编号; fx 是 Table 178 中规定的力的方向标记。上面的命令表示读取结点
332 上施加的 x 方向的集中力到变量 NodeForce 中。

　　如果要读取结点位移, 可以在后处理相关的实体项目 Postprocessing Entity
Items 大类里查找, 在 Table 203: *GET Postprocessing Items, Entity = NODE 中确
定相关的命令参数, 并按照表格中的命令格式

```
*GET, Par, NODE, N, Item1, IT1NUM, Item2, IT2NUM
```

改写相关的参数:

```
Nn=332
*GET, n_ux, NODE, Nn, u, x
```

其中, Nn 是用于存放结点号的变量, 首先给它赋值 332; n_ux 是存放读取的位移
值的变量; 参数 u 表示将要读取的数据是位移; x 表示读取的位移是 x 方向的。
由于这个命令经常使用, APDL 中还提供了这个命令的简洁函数形式 UX (N), N
是结点号。相应地, 另外两个方向的位移读取函数为 UY (N) 和 UZ (N)。这样
上述读取结点位移的两条命令的等价的形式就可以写成:

```
Nn=332
n_ux=UX (N)
```

还有一些其他常用命令, APDL 中也给出了简洁的函数形式。

　　种类繁多的*get 命令给用户读取 ANSYS 数据带来了极大的便利。与*get 命
令类似的还有*vget 命令, 这个命令是将读取的数据存入一个数组中。这个命令的
优势在于一次可以读取多个数据, 使在读取诸如结点坐标、结点位移、结点力这
类矢量型数据时十分方便, 如果采用*get 命令, 则需多次读取不同的分量。

11.8　输入输出语句

利用*get 命令读取的数据除了可以在 ANSYS 环境中使用外，经常还需要将其输出到 ANSYS 外部，供其他软件使用。APDL 中提供了*VWRITE 命令可以将需要的数据输出到 ANSYS 程序外部。这个命令的格式为

*VWRITE, Par1, Par2, Par3, Par4, Par5, Par6, Par7, Par8, Par9, Par10, Par11, Par12, Par13, Par14, Par15, Par16, Par17, Par18, Par19

其中，参数 Par1~Par19 可以是变量、数组、常数，可以是数值，也可以是字符，总数不超过 19 个。ANSYS 系统会将这些变量中存储的数据（数值或者字符）写入一个已经用*copen 命令打开的文件中，写入数据的格式需要紧跟*vwrite 命令指定。数据格式可以用 FORTRAN 语言或者 C 语言类似的格式定义，但不是支持所有的 FORTRAN 语言或者 C 语言的数据格式，不支持的数据格式或者错误的数据格式会导致不正常的数据输出。

常用的 FORTRAN 语言数据格式如下：

（4F6.0）
（E10.3，2X，D8.2）
（A8）

需要注意的是，用 FORTRAN 格式定义输出数据的格式时不支持整数，需要以整数形式输出数据时，可以用浮点数格式，但是需要定义小数部分的长度为零。用 C 语言数据格式定义时，格式语句不带括号，用%开头：

%5I
%20G
%8C

完整的数据输出命令如下：

Node_ux=0.00123
Nn=223
*vwrite, Node_ux, Nn
(F22.8, F22.0)

输出结果：

2222

```
0.00123000                    223.
```

采用 C 语言格式定义时，上述语句可以写成：

```
Node_ux=0.00123
Nn=223
*vwrite, Node_ux, Nn
%22g, %8I
```

输出结果：

```
1.230000E-03,         223
```

*VWRITE 可以将 ANSYS 的数据输出到外部，与之对应的是*VREAD 命令，可以将外部文件中的数据读入到 ANSYS 中。*VREAD 命令的格式为

```
*VREAD, ParR, Fname, Ext, --, Label, n1, n2, n3, NSKIP
```

其中，ParR 是已经创建的数组名（数组维数不超过 3），并且需要给出第一个数据在数组中存放的位置（数组元素的序号），如一维数组 ParR（1），二维数组 ParR（1，2）等；Fname 和 Ext 分别是读入数据的文件名和扩展名；Label 用来标记读入数据在三维数组中的存放次序，缺省值（空白）为 IJK，表示从文件中读入的数据按先行后列的顺序存入数组中；--是未使用的参数域，使用时需要留空；NSKIP 是读数据时在文件中需要略过的行数，缺省值为 0；n1、n2、n3 是循环读入数据时数组三个下标的最大值。*VREAD 命令在读取数据时，如果 Label=IJK，则按下述顺序将文件中的数据存入数组：

```
(((ParR (i, j, k), i=1, n1), j=1, n2), k=1, n3)
```

如果 Label=KIJ

```
(((ParR (i, j, k), k=1, n1), i=1, n2), j=1, n3)
```

与*VWRITE 类似，*VREAD 后也需要紧跟一个格式定义语句，如

```
*VREAD, A (1), ARRAYVAL
(2F6.0)
```

A（1）是数组 A 存放第一个数据的位置，ARRAYVAL 是文件名（无扩展名）。对于矩阵型的多维数组 A：

```
*VREAD, A (1, 1), ARRAYVAL,,, IJK, 10, 2
```

（2F6.0）

　　*VREAD 命令要求文件中的数据顺序与预期的数组中的存放顺序一致，文件中的数据格式与命令后紧跟的格式语句规定的格式一致，否则极易导致数据读入混乱或者程序出错。

11.9　文　件　创　建

　　如上所述，将 ANSYS 的数据输出到外部前，首先需要创建一个文件。APDL 中，可以采用*CFOPEN 命令创建一个文件，然后利用上述*VWRITE 命令将数据输出到文件中。*CFOPEN 创建的文件是文本型文件，APDL 中称之为"command"文件，即所谓"命令"文件，可以用记事本打开，也可以导入 Excel 或者 Matlab 中。

　　*CFOPEN 命令的格式为

　　*CFOPEN, Fname, Ext, --, Loc

其中，Fname 是将要创建的文件名，如果缺省，则采用当前的工作名（Jabname）；Ext 是将要创建的文件的扩展名，最多 8 个字符，如果缺省，APDL 系统会自动使用 CMD 作为文件的扩展名；Loc 是一个判断标记，如果空白（缺省），系统会直接创建一个新文件，如果已有相同文件，则将已有文件删除，如果填 APPEND，则会将新的数据追加到已有文件的后面，不覆盖原有文件，如果不存在已有文件，则跟空白情况一样，直接创建一个新文件。

　　*CFOPEN 命令用来创建或者打开一个命令型文件，*CFCLOS 则用来关闭已经打开的文件。*CFCLOS 命令不带参数，必须与*CFOPEN 配对使用，如

```
*CFOPEN, test, txt
Node_ux=0.00123
Nn=223
*vwrite, Node_ux, Nn
(F22.8, F22.0)
*CFCLOS
```

　　执行上述命令后，ANSYS 会在工作目录下生成一个文本文件 test.txt，文件的内容为

　　　　　　　　0.00123000　　　　　　　　　　223.

11.10　宏

APDL 的命令流可以通过 ANSYS 经典界面上的命令输入窗口逐条输入、执行，也可以一次性粘贴进命令窗口执行，还可以将其放入文本文件中作为一个批处理文件执行，这种命令流文件在 APDL 中称为宏或者宏文件（macro file）。

11.10.1　宏文件的编写和使用

APDL 要求宏文件的文件名不能与已有的系统命令相同，扩展名必须是 MAC。如果宏文件在工作目录下，在命令窗口直接输入文件名就可以自动执行文件中的命令。宏文件的执行方式与 APDL 中的其他命令类似，命令名后可以带参数，执行时输入的参数数据可以传入宏文件内部的命令流。

11.9 节中用于数据输出的命令流

```
*CFOPEN, test, txt
Node_ux=0.00123
Nn=223
*vwrite, Node_ux, Nn
(F22.8, F22.0)
*CFCLOS
```

就可以放入一个宏文件 MacTst.mac 中，在 ANSYS 经典界面的命令输入窗口中输入 MacTst 并回车，即可执行上述命令流。

宏文件中可以使用另外一个宏文件，相当于程序的调用。宏文件中的调用格式可以使用*USE 命令：

```
*use, MacTst
```

或者在宏文件中直接使用另外一个宏文件的文件名

```
MacTst
```

宏文件如果不在当前工作目录或者系统搜索宏文件的目录，宏文件名前面需要给出文件所在的路径，如

```
*use, /test/MacTst
```

否则系统找不到宏文件，会弹出一个错误消息框。

宏文件可以采用 APDL 命令生成，也可以用外部的文本编辑软件生成。

简单的宏文件中可以用 Windows 系统的记事本编辑、修改，复杂的宏文件可以用文本编辑器 UltraEdit 编辑、修改。在 UltraEdit 中可以导入 APDL 命令名列表，然后在命令编辑过程中程序会自动提示已有的相关命令，一方面可以避免命令编辑错误，另一方面也可以避免在变量命名时采用与系统变量相同的变量名。

ANSYS 经典界面中菜单和按钮操作都对应着相应的命令，ANSYS 将操作过程对应的命令记录到工作目录下的扩展名为 log 的文件中。log 文件是文本文件，可以用记事本打开、编辑。对于重复、相同的操作，可以将 log 文件中对应的命令流拷贝出来，放到一个宏文件中，需要时直接通过命令窗口执行宏文件即可。

由于大部分的 APDL 命令在经典界面中都有对应的菜单和按钮，在 APDL 语言的学习中，可以通过鼠标点击菜单和按钮操作后立即查看 log 文件的方式学习所需的命令，直接、快速了解命令参数的格式。

用户编写的宏文件一般放在当前的工作目录下，系统可以自动找到并调用。对于不限于当前工作的宏文件，可以放在系统宏文件目录下，这样在改变工作目录时，系统仍然能够找到用户自己编写的宏文件并调用。工作目录是用户工作时建立的目录，用以存放 ANSYS 系统生成的当前工作的相关文件，系统宏文件目录是 ANSYS 系统安装时由系统自动生成的，用于存放 ANSYS 提供的宏文件，用户可以直接使用或根据需要修改后使用。该目录在安装目录下的位置为

```
/ansys_inc/v18/ansys/apdl
```

用户可以将自己编写的宏文件拷入 apdl 目录下，在运行宏文件时，系统会首先在该目录下寻找宏文件。

11.10.2　宏文件的参数

APDL 中定义 ARG1~AR19 一共 19 个变量作为局部变量在宏文件内部使用，不同的宏文件可以互不影响地使用这些变量，相当于 FORTRAN 语言和 C 语言中子程序内部的变量。这些局部变量所需的数据是在宏文件被调用时在文件名后面以命令参数的形式赋值并传入宏文件内部。如 11.10.1 小节宏文件 MacTst.mac 中，如果有下述命令流：

```
*CFOPEN, test, txt
Node_ux=arg1
Nn=arg2
*vwrite, Node_ux, Nn
(F22.8, F22.0)
*CFCLOS
```

　　在执行这个宏文件时，宏文件名后应依 arg1、arg2 的次序输入所需的参数 arg1 和 arg2：

```
MacTst, 0.00123, 223
```

　　这样，宏文件在执行时相当于执行如下的命令流：

```
*CFOPEN, test, txt
Node_ux=0.00123
Nn=223
*vwrite, Node_ux, Nn
(F22.8, F22.0)
*CFCLOS
```

　　这与 FORTRAN 语言和 C 语言中子程序调用时给内部变量赋值的作用是一样的。

　　除了 ARG1~AR19 这 19 个内部变量可以用于数据传递以外，APDL 还规定了 AR20~AR99 作为宏文件内部使用的局部变量。这 80 个局部变量与 ARG1~AR19 不同之处在于不能用于宏文件调用时的参数传递，只能用于宏内部，即多个宏文件可以使用相同的变量名，但是不会产生数据冲突。

　　宏文件可以嵌套，一个宏文件可以调用另一个宏文件，嵌套的宏文件所需的参数，可以用 ARG1~AR19 这 19 个变量传递。

　　需要注意的是，除了上述的 99 个局部变量（ARG1~AR99）以外，其他用户定义的变量都是全局变量，宏文件中能够直接使用，嵌套的宏文件中也可以使用，这给程序设计带来方便和灵活，但也容易引起混乱。在 FORTRAN 语言和 C 语言这类高级语言的程序设计中，原则上应尽量避免使用全局变量，但是在 APDL 中，全局变量广泛存在。

11.10.3　宏文件的库文件

　　一个 APDL 命令流可以放在一个单一的宏文件中，命令名就是文件名。APDL 语言也允许将功能不同的多个命令流放在一个文件里，称为宏文件库（macro library file），这种文件可以不用扩展名，也可以用不超过 8 个字符的扩展名，习惯上采用 mlib 作为扩展名。库文件中的每个命令流都用命令名开头，用/EOF 结尾。在使用的宏文件较多时，这种方法编辑和修改比较方便。

　　典型的宏文件库内部形式如下：

```
MACRONAME1
```

```
            .
            .
            .
/EOF
MACRONAME2
            .
            .
            .
/EOF
MACRONAME3
            .
            .
            .
/EOF
```

其中，MACRONAME1、MACRONAME2 和 MACRONAME3 是用户定义的三个命令。

库文件在使用前必须使用*ULIB 命令加载，这样库文件中包含的命令流才可以跟单个宏文件一样使用。*ULIB 命令的格式如下：

```
*ULIB，Fname，Ext
```

其中，Fname 是库文件的文件名，Ext 是库文件的扩展名。如果包含上述 MACRONAME1、MACRONAME2 和 MACRONAME3 三个命令的库文件名为 mymlib.mlib，则在使用 MACRONAME1、MACRONAME2 和 MACRONAME3 之前需执行

```
*ULIB，mymlib，mlib
```

对于包含在以 mac 作为扩展名的单个宏文件中的命令流则不需要事先加载，直接用文件名运行即可。

11.11　有限元相关的常用命令

前面所述的 APDL 命令是作为一种计算机语言所必须具有的功能语句，还有很多命令是与有限元分析相关的，包括前后处理和求解相关的命令，实体元素的选择命令等，这些命令大部分都有图形界面的菜单和按钮与之对应，不必全部学习和讲授，这里只作简单介绍。

11.11.1　处理器的进入和退出命令

APDL 语言中的很多命令必须在特定的处理器环境下才有效，如前处理相关的命令，必须在前处理器环境下使用，不能在求解器或者后处理器环境下使用。进入不同处理器的命令有：

- /Prep7，进入前处理器
- /Solution，进入求解器
- /Post1，进入通用后处理器
- /Post26，进入时间历程后处理器
- /PSD，进入概率设计处理器

从这些不同的处理器退出时，使用 FINISH 命令。有些命令有简写的形式，如上述/Solution 可以写成/solu，或者/solv，甚至/sol，FINISH 则可以简写成 fini。

11.11.2　前处理相关的命令

有限元的前处理大致可以分为几何建模和有限元建模两部分。有限元建模还可以分为单元的选择，材料模型和参数的选择，网格划分，载荷和边界条件的施加几部分。APDL 中与前处理相关的指令也可以分为上述几类。

1. 几何建模命令

几何建模是建立有限元模型的基础，与 CAD 建模相当。ANSYS 经典界面中的几何建模主要是点（keypoint）、线（line）、面（area）、体（volume）这类几何实体（geometry entity，geometry element，也称为几何元素）的创建。由于点、线、面、体之间存在依附和从属关系，低维的几何实体是建立高维几何实体的基础。高维的几何实体可以直接创建，不需要事先创建低维的几何实体，但是高维的几何实体总是包含低维几何实体。例如，可以直接创建体，不必首先创建面、线或者点，但是创建的体，必定包含有面、线、点，并且面附属于体，线附属于面，点附属于线。

创建几何实体的命令有很多，常用的创建点、线、面、体的命令主要有：

- K，创建关键点
- LSTR，创建直线
- BSPLIN，创建样条曲线
- LARC，创建圆弧曲线
- A，基于关键点创建面
- AL，基于封闭线创建面
- V，基于关键点创建体

● VA，基于封闭的面创建体

除了这些常用的创建几何实体命令外，还有很多其他的几何创建命令，可以通过菜单操作和 log 命令记录文件结合帮助文件学习其用法。

ANSYS 经典界面中的几何点分为两种，一种是硬点（hard point），另一种是关键点（key point）。几何建模主要与关键点有关，它是构造更高维数几何实体的基础。

创建关键点的命令格式如下：

K，NPT，X，Y，Z

其中，K 是命令名；NPT 是结点编号，如果不指定，留空，则系统会自动赋给创建的关键点一个编号，这个编号不与已有关键点的编号冲突。如果自己指定编号，则需注意不能与已有编号冲突，否则新创建的关键点会取代已有关键点，引起已有几何系统混乱。NPT 后面的 X、Y、Z 是关键点的三个坐标，如果坐标值是 0 可以不输入数值。例如，创建一个编号为 33 的关键点，其坐标为（0.1，0，0.3），即 X=0.1，Y=0，Z=0.3，则相应的命令可以写成：

k，33，0.1，，0.3

y 方向的坐标值可以不输入。当然下面的形式也是可行的：

k，33，0.1，0，0.3

需要注意的是，命令中的符号都必须是英文字符，如逗号必须是半角字符，不能是全角符号。

ANSYS 中的线可以是直线，也可以是曲线。创建直线的命令是 LSTR，格式如下：

LSTR，P1，P2

其中，P1 和 P2 是直线两端的关键点编号。P1 是线的起点，P2 是末点，从 P1 到 P2 定义为线的方向。在曲线中，线的方向也有类似的定义。

除了直线以外，还有创建圆弧、圆角和样条曲线的命令。创建样条曲线的命令是 BSPLIN，格式如下：

BSPLIN，P1，P2，P3，P4，P5，P6，XV1，YV1，ZV1，XV6，YV6，ZV6

其中，P1～P6 是用来拟合曲线的控制点，后面的 6 个参数 XV1～ZV6 用来确定 P1 点和 P6 点曲线切线的方向，即方向矢量的 6 个分量。关键点可以少于 6 个，生成的曲线会通过所有给出的关键点。

　　机械结构中圆和圆弧曲线非常普遍，LARC 是创建圆和圆弧的命令，格式如下：

```
LARC, P1, P2, PC, RAD
```

其中，P1 和 P2 是圆弧上的两个端点；PC 是第三点，用来确定圆弧所在的平面和圆弧的弯曲方向，即创建的圆弧在 P1 和 P2 连线的 PC 一侧。RAD 是圆弧的曲率半径，如果是负值，则创建的圆弧在 P1 和 P2 连线的另一侧，与 PC 的位置相反；如果为零或者不输入数值，创建的曲线将穿过 PC 点。

　　创建面的命令有很多，如直接创建圆形面、扇形面、矩形面的命令 CYL4 和 RECTNG，以及通过一系列关键点或者线创建面的命令 A 和 AL。

　　创建圆形面和扇形面的命令 CYL4 的格式如下：

```
CYL4, XCENTER, YCENTER, RAD1, THETA1, RAD2, THETA2, DEPTH
```

其中，XCENTER 和 YCENTER 是工作平面 workplane 上的圆心坐标；RAD1 和 RAD2 是内外圆的半径；THETA1 是 THETA2 扇形面两端与工作平面上 x 轴的夹角。DEPTH 是扇形面的厚度，当其为 0 或者未输入时，命令执行后会生成一个面，否则将会生成一个体。当 DEPTH 为正值时，扇形体沿工作平面的 z 轴正向生成；当 DEPTH 为负值时，扇形体沿工作平面的 z 轴负方向生成。当 RAD1 为 0，THETA1 为 0，THETA2 为 360 时，该命令将生成一个圆形面，DEPTH 不为 0 时，可以生成一个圆柱体。

　　创建矩形面的命令 RECTNG 格式如下：

```
RECTNG, X1, X2, Y1, Y2
```

其中，X1，Y1，X2，Y2 分别是工作平面上矩形面两个对角的坐标。创建矩形面还可以用 BLC4 和 BLC5 命令，这两个命令的用法与 CYL4 类似，根据给定的厚度参数，可以创建面，也可以创建矩形块体。

　　命令 A 是通过一系列关键点创建一个面，AL 是通过一系列线创建一个面。与线类似，ANSYS 中的面并不意味着一定是平面，可以是平面，也可以是曲面。所以利用曲线创建面的命令中，线可以是直线，也可以是曲线，利用关键点创建面时，关键点可以共面，也可以不共面，不共面的关键点构造的曲面是孔斯曲面（Coons surface）。

　　A 命令的格式如下：

```
A, P1, P2, P3, P4, P5, P6, P7, P8, P9, P10, P11, P12, P13,
P14, P15, P16, P17, P18
```

其中，参数 P1~P18 是关键点编号，要求关键点的连线不得互相切割，即面的边界不能交叠，关键点的数量可以少于 18 个。P1~P18 的顺序，也定义了边界线的方向和面的法线方向（即根据边界线的方向，按右手系定义面的方向）。

AL 命令的格式如下：

AL, L1, L2, L3, L4, L5, L6, L7, L8, L9, L10

其中，参数 L1~L10 是线的编号。要求这些线必须首尾相连形成一个封闭区域，相邻线必须共享一个关键点，线之间也不能互相切割、交叠，线的数量可以少于10 个。APDL 根据 L1~L10 的顺序按右手系定义面的法线方向。

体的创建方法有很多，APDL 提供了多种简单几何的直接创建方法，如六面体、棱柱、圆柱、球的直接创建，也可以通过一系列关键点或者面创建体。V 和 VA 是通过关键点和面创建体的两个命令。V 命令的格式如下：

V, P1, P2, P3, P4, P5, P6, P7, P8

其中，P1~P2 是 8 个关键点的编号，关键点数可以少于 8，关键点号也可以重复，这样，除了能创建直边的六面体外，还能创建五面体和四面体。命令中结点的顺序是至关重要的，不合理的结点顺序可能创建扭曲的体或者创建失败。通常定义 P1~P4 点在六面体的一个面上，P5~P6 在对面的面上，P1 和 P5 在一个面的对角上，P4 与 P5 相邻，两组关键的顺序和位置呈现螺旋上升的形态（右旋或者左旋均可）。

VA 的命令格式如下：

VA, A1, A2, A3, A4, A5, A6, A7, A8, A9, A10

其中，A1~A10 是一组互相连接的面的面号。要求相连的面之间有共享的线，面的次序没有要求，也不要求这些面能形成一个封闭的区域。

2. 单元类型的选择

为了适应不同类型问题的分析需要，ANSYS 提供了大约 300 种单元。在具体问题的分析中，不需要使用所有单元，只需将用到的单元类型读入分析模型中，该过程需要使用 ET 命令。ET 命令从 ANSYS 单元库中提取需要的单元类型并分配一个序号作为使用代号，同时设定必要的单元参数。ET 命令的格式如下：

ET, ITYPE, Ename, KOP1, KOP2, KOP3, KOP4, KOP5, KOP6, INOPR

其中，ITYPE 是建模和分析中分配给这种单元的类型识别号，用以在建模和分析中识别不同类型的单元，作用于 ANSYS 单元库中的单元序号类似，但是只用于当前模型中，而且由用户命名。Ename 是 ANSYS 单元库中的单元名或者单元序号，如 SOLID185 或者 185。KOP1～KOP6 是设定单元特性的常数 KEYOPT（1）～KEYOPT（1），不同类型的单元，需要不同的常数。INOPR 是一个标志常数，用以设定是否显示单元的求解结果：0，显示；1，不显示。

3. 单元实常数的输入

一些特殊的单元有一些特殊的参数，在单元类型选定以后，需要以实常数的方式输入单元所需的参数。例如，梁单元是线单元，有限元模型中没有截面几何形状，梁单元计算过程中需要的截面惯性矩、面积、截面高度等参数不能通过模型的几何形状获得，需要以数据的形式另行输入。还有杆单元的截面积、单位长度上的密度以及单元的拉压特性设定标记等，都是以实常数的方式输入和定义。壳单元也有类似的情况。早期 ANSYS 中梁单元中的参数，如截面积、截面惯性矩等参数，以及壳单元的厚度等，都是以实常数方式输入。定义实常数的命令格式如下：

R, NSET, R1, R2, R3, R4, R5, R6

其中，NSET 是设置的实常数号；R1～R6 是设定的实常数。不同类型的单元，实常数的数量和含义各不相同。

在接触分析中，同一个接触对采用相同的实常数号，实常数是接触对识别的标志。

4. 截面常数的输入

早期 ANSYS 中梁单元中的参数如截面积、截面惯性矩等，以及壳单元的厚度等，都是以实常数方式输入。随着软件功能的逐步增强，ANSYS 中梁和壳的几何特性参数逐渐改用截面参数命令输入。实常数数据通常是单元计算直接需要的参数，如截面积，惯性矩，截面高度等，这些数据需要事先准备，然后以实常数方式输入。截面参数通常不是单元计算直接需要的数据，如截面的几何尺寸等，APDL 系统会根据不同单元的需要，将这类几何数据转换成单元计算所需的数据。如图 11-1 所示的矩形截面和槽形截面，用户在输入梁单元所需的截面数据时，只需输入截面几何参数即可，梁单元计算中所需的截面面积、惯性矩、截面高度等数据，由 APDL 内嵌的带有 4 个积分点的 9 结点单元按图示内嵌的网格计算截面参数（截面积、惯性矩等）后提供给梁单元，不再需要事先进行手工计算和烦琐的截面数据输入，给建模带来很大方便。APDL 也允许用户设定截面网格的密度，密度越大，获得的截面参数越精确。

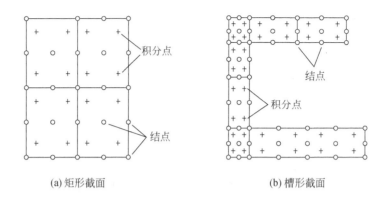

(a) 矩形截面　　　　　　　　　　　(b) 槽形截面

图 11-1　梁单元的截面参数计算方法

用户通过命令输入的一组截面参数（主要是截面几何参数）用一个截面号或者截面名代表，在网格划分前设定好所用的单元类型以及所用的截面号或者截面名即可，使用方法与实常数类似。

常用的截面参数输入命令有 SECTYPE、SECOFFSET 和 SECDATA，用以确定截面的识别号或者截面名、使用这个截面的单元类型、截面的几何形状、计算截面参数的局部坐标的位置以及定义截面几何形状的数据等。

SECTYPE 用于定义截面的类型，命令格式为

SECTYPE, SECID, Type, Subtype, Name, REFINEKEY

其中，SECID 是用户指定的截面识别号。Type 是使用这个截面的单元类型，如果用 BEAM 替换 Type，就表示这个截面是梁的截面；如果用 PIPE，就表示这是个管道单元所使用的截面；如果是 LINK 或者 SHELL，就表示这个截面是杆单元或者壳单元使用的截面。Subtype 是 Type 的子类型，如果 Type 是 BEAM 型，子类型 Subtype 则用于确定梁的截面形状。当 Subtype 的取值为 RECT，即表示截面是矩形的梁；如果 Subtype 的取值为 CSOLID，则表示截面是圆形截面；如果 Subtype 的取值为 I，则表示截面是工字型截面，等等。Name 是用户给定的 8 字符截面名，REFINEKEY 是网格细化指标，不细化是 0，最细化是 5，用以加密薄壁梁截面参数计算时的网格密度。取 0 时，不加密，不细化，采用类似图 11-1 所示缺省的网格密度计算截面参数。

SECOFFSET 用于定义截面参数计算时的中心位置，命令格式为

SECOFFSET, Location, OFFSET1, OFFSET2, CG-Y, CG-Z, SH-Y, SH-Z

其中，命令的参数含义跟具体的单元类型有关。对于梁单元，如果 Location 的取值为 CENT，则表示截面参数的计算以截面形心为中心。

SECDATA 用于输入定义截面几何形状的数据，命令格式为

SECDATA，VAL1，VAL2，VAL3，VAL4，VAL5，VAL6，VAL7，VAL8，VAL9，
VAL10，VAL11，VAL12

对于矩形截面的梁单元，指定截面序号为 1，截面名为 Kuang，需要输入的
截面几何参数如图 11-2 所示，输入参数的命令流如下：

```
SECTYPE,    1, BEAM, RECT, Kuang, 0
SECOFFSET, CENT
SECDATA, 0.1, 0.2, 0, 0, 0.04, 0.04, 0, 0, 0, 0, 0, 0
```

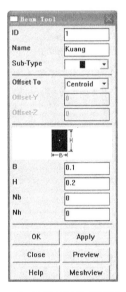

图 11-2　矩形截面梁的截面几何参数

定义好截面几何参数后，APDL 会自动计算出梁单元计算所需的截面参数，
如截面面积、高度、惯性矩等，在网格划分前，指定梁单元所使用的截面即可，
不再需要用户将截面面积、惯性矩等数据输入。

5. 材料参数的输入

材料参数的输入与截面参数的输入类似，也需要通过一组命令完成，如 MP，
TB，MPTEMP，MPDATA，TBPT 等。

MP 命令用来定义线性的材料常数，材料常数可以是温度的函数，命令格式
如下：

```
MP, Lab, MAT, C0, C1, C2, C3, C4
```

其中，Lab 是材料常数类型的标记，如果取 EX，则 C0～C4 的数据是材料的弹性模量。C0～C4 是温度相关的多项式的系数：$EX=C0+C1*t+C2*t^2+C3*t^3+C4*t^4$，t 是温度，C1、C2、C3、C4 可以为 0。当 C1~C4 均为 0 时，材料特性与温度无关。Lab 为 DENS 时，输入的数据是材料密度；为 PRXY 时，输入的数据是泊松比。材料的膨胀系数、导热系数、比热容等参数也以类似的输入方式。MAT 是用户指定的材料号，用以区分模型中使用的不同材料。

非线性的材料特性参数通常用 TB、MPTEMP、MPDATA、TBPT 等命令来定义。TB 命令用来产生一个存放材料特性数据的数据表，格式如下：

```
TB, Lab, MAT, NTEMP, NPTS, TBOPT, EOSOPT, FuncName
```

其中，Lab 是材料模型标志；MAT 与 MP 命令中的 MP 含义相同，是用户指定的材料号。常用的 Lab 的常用取值为

- AHYPER，各向异性超弹性材料模型
- ANEL，各向异性弹性模型
- ANISO，各向异性塑性模型
- BISO，双线性各向同性硬化模型
- BKIN，双线性运动硬化模型
- CAST，铸铁模型
- ELASTIC，弹性模型
- MELAS，多线性弹性模型
- MISO，多线性各向同性硬化模型
- MKIN，多线性运动硬化模型

如果材料特性与温度相关，需要输入不同温度下的数据曲线，其中 NTEMP 表示输入温度数据的曲线数，温度值需要通过 TBTEMP 命令输入。NPTS 是每个温度下的曲线上的数据点数，数据点的数据需要通过 TBDATA 或者 TBPT 命令输入。TBOPT 用来设定某些材料特殊的应力-应变关系。EOSOPT 是状态方程的识别号，可以取 1～3，分别对应不同类型的状态方程。材料应力-应变关系的设定标记，在不同的材料模型中有不同的含义。FuncName 是用 ANSYS 函数工具（Function Tool）创建的函数识别号。

如果材料特性与温度有关，如热膨胀系数在不同的温度下有不同的值，则需用 MPTEMP 命令定义一个 Table 型的系数-温度数据表。MPTEMP 命令格式如下：

```
MPTEMP, STLOC, T1, T2, T3, T4, T5, T6
```

其中，STLOC 是数据表中第一个温度数据的存放位置，T1～T6 是 6 个温度值。STLOC=0 或者留空，则表示没有温度数据。

MPDATA 命令的功能与 MP 类似，也是输入材料参数，命令格式如下：

MPDATA, Lab, MAT, STLOC, C1, C2, C3, C4, C5, C6

与 MP 命令相同，Lab 是材料常数类型的标记，MAT 是用户指定的材料号。与 MPTEMP 类似，STLOC 是数据表中第一个材料数据的存放位置，C1～C6 是与 MPTEMP 命令中的温度点 T1～T6 对应的材料数据。

对于具有非线性的应力-应变关系的材料，应力-应变数据可以通过 TBPT 命令输入：

TBPT, Oper, X1, X2, X3, …, XN

其中，Oper 的取值可以是 DEFI（定义一个新的数据点），也可以是 DELE（删除一个数据点）。X1～XN 是一个数据点的分量，通常情况下数据点的分量只有 2 个。一条 TBPT 命令创建一个数据点，应力-应变关系中有多少个数据点，就需要多少个 TBPT 命令。例如，需要输入一个来自试验的应力-应变曲线，在用 TB 命令创建一个数据表以后，可以使用如下命令流输入应力-应变数据：

```
TB, MISO, 3, 1, 9,,,,    !多线性各向同性强化模型，材料号 3，
                         ! 温度点数 1，数据点数 9
TBPT, DEFI, .21, 150   ! 第 1 个数据点
TBPT, DEFI, .55, 300   ! 第 2 个数据点
TBPT, DEFI, .80, 460   ! 第 3 个数据点
TBPT, DEFI, .95, 640
TBPT, DEFI, 1.0, 720
TBPT, DEFI, 1.1, 890
TBPT, DEFI, 1.15, 1020
TBPT, DEFI, 1.25, 1280
TBPT, DEFI, 1.4, 1900  !第 9 个数据点
TBPLOT, MISO,  3 ! 在绘图区显示上述数据曲线
```

其中，DEFI 后的第一个数据是应变，第二个是应力。这里应变和应力数据被看成了数据点的两个分量。TBPT 命令流中使用的数据可以通过 TBPLOT 命令以曲线形式显示（图 11-3），或通过 TBLIST 命令以数据列表的形式显示（图 11-4）。

对于已经创建的材料数据，可以通过 MPDE 和 TBDE 命令删除。

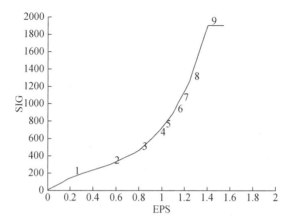

图 11-3　非线性的应力-应变曲线

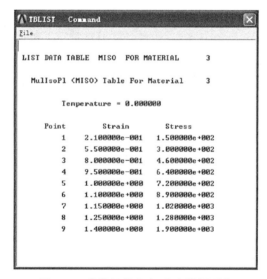

图 11-4　非线性的应力-应变数据列表

6. 网格划分

网格划分也称为网格剖分或者几何模型离散化，是在几何模型基础上建立有限元模型的重要环节。复杂几何的网格划分一般采用 ANSYS 提供的 MeshTool 工具完成，不直接使用命令流。MeshTool 界面中集成了常用的网格划分功能以及相关的参数设置。复杂几何的网格划分操作通常需要较多的参数设置和尝试，在图形界面下使用网格划分工具 MeshTool 比命令流方式划分网格更为方便，效率更高。需要使用命令流时，通常是通过 log 命令记录文件记录网格划分相关的操作

过程，将命令流拷贝到宏文件中做适当修改后使用，并不
直接使用命令流方式划分网格。

如图 11-5 所示网格划分工具 MeshTool 中，执行网
格划分操作前，需要设定的相关参数可以分为如下几
大类：

- Element Attributes，划分单元的属性
- Smart Size，单元疏密过渡的程度
- Size Controls，单元的尺度、大小
- Mesh，划分的几何对象类型，如线、面、体等
- Shape，生成单元的形状，如四边形、三角形、四
面体、六面体等
- Refine at，网格细化的位置和程度

设置划分单元的属性需要涉及使用的单元类型号、材
料号、实常数号、坐标系号、截面号等数据，如图 11-6
所示，相应的命令包括：

- TYPE
- MAT
- REAL
- ESYS
- SECNUM

图 11-5　网格划分
工具 MeshTool

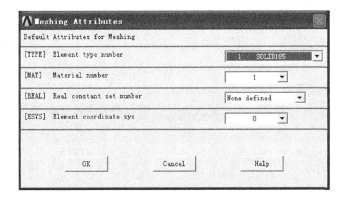

图 11-6　网格划分涉及的单元属性

图 11-5 中使用命令 Smart Size 设置网格划分时单元疏密过渡的程度。单元尺度的设置采用 ESIZE 命令指定单元的大小或者一条线段上的单元个数。对于具体的面、线和关键点处单元的大小，则需使用 AESIZE、LESIZE 和 KESIZE 命令完成相关参数的设置。针对不同的几何类型，需采用不同的网格划分命令。例如，对于体，需采用 VMESH 或者 VSMESH 命令采用体单元划分体网格；对于面，则需使用 AMESH 或 AMAP 命令生成面网格；对于线，则用 LMESH 命令在线上生成线单元；对于点，则用 KMESH 在关键点处生成点单元（如质点单元）。对于已经生成的网格，如果需要加密某个区域的网格，则使用 REFINE 命令设定相关参数。

此外，与网格划分参数设定相关的还有 MOPT，MSHKEY，MSHAPE 等命令也经常使用。

7.载荷和约束条件的施加

ANSYS 经典界面中，有限元模型的载荷和约束条件可以在前处理器中施加，也可以在求解器中施加。与大多数有限元软件的菜单分类不同，ANSYS 中将约束条件也视为一种载荷，将施加约束条件和载荷的菜单均放在 Define Loads 菜单下，统一作为载荷条件施加，但是施加载荷和约束条件的 APDL 命令并不相同。载荷和约束条件可以施加在各类几何实体上，如关键点、线、面、体上，也可以施加在有限元模型的结点和单元上，施加不同类型的载荷和约束条件到不同类型的目标上，有不同类型的 APDL 命令。

对于位移约束条件，可以采用以 D 起头的命令将位移约束施加到关键点、线、面和结点上，如 DK，DL，DA，D。

将指定的位移条件施加到关键点上的命令是 DK，其命令格式为

```
DK,KPOI,Lab,VALUE,VALUE2,KEXPND,Lab2,Lab3,Lab4,Lab5,
Lab6
```

其中，KPOI 是关键点号，也可以取 ALL，此时由后续 VALUE 和 VALUE2 将指定的位移值施加到所有选定的关键点上。如果 KPOI=P，则需要通过鼠标选定需要施加位移约束条件的关键点。Lab 用来确定位移分量的方向，如取 UX、UY、UZ 时，分别表示沿 X、Y、Z 方向施加位移约束；取 ROTX、ROTY、ROTZ 时，则是施加转角约束条件；取 TEMP 时表示温度约束。位移值一般通过 VALUE 项输入，如果是复数位移，则 VALUE 项输入实部，VALUE2 项输入虚部。位移可以是常数，也可以是表格形式。如果是表格形式的位移约束，需要首先定义一个表变量（table 型变量）并赋值，然后在 VALUE 项以"%表变量名%"的形式输入。VALUE 项之后的参数通常不用。施加在关键点上的位移约束条件由 ANSYS

程序自动转移到相关的结点上，成为有限元模型的约束条件。

DL 命令与 DK 命令相似，是将位移约束条件施加到一条线上，命令格式为

```
DL, LINE, AREA, Lab, Value1, Value2
```

其中，LINE 是线号，AREA 是包含相应线的面号，缺省值为包含线的最小的面号，用来确定对称或者反对称表面的法线，不涉及对称或者反对称约束条件时，AREA 项使用缺省值即可。Lab、Value1、Value2 的含义和用法与 DK 命令中相同。

DA 命令是在面上施加位移约束，命令格式为

```
DA, AREA, Lab, Value1, Value2
```

其中，AREA 是面号，Lab、Value1、Value2 的含义和用法与 DK 命令中相同。

在结点上施加位移约束的命令是 D，命令格式为

```
D, NODE, Lab, VALUE, VALUE2, NEND, NINC, Lab2, Lab3, Lab4,
Lab5, Lab6
```

其中，NODE 是结点号，Lab、Value1、Value2 的含义和用法与 DK 命令中相同。NEND 及其之后的各项一般不用。

集中力通常施加在关键点上或者结点上，施加在关键点上的力最后会被 ANSYS 转移到与关键点相关的结点上，称为有限元模型中的结点力。在关键点上施加集中力的命令为 FK，命令格式为

```
FK, KPOI, Lab, VALUE, VALUE2
```

其中，KPOI 为关键点号，取值方式与 DK 命令中的 KPOI 项类似。Lab、Value1、Value2 的含义和用法与 DK 命令中类似，如 Lab=FX，表示集中力的方向沿 X 方向，为 FY、FZ 时表示沿 Y 方向或者 Z 方向，MX、MY、MZ 则表示不同方向的扭矩。VALUE 和 VALUE2 与 DK 命令中类似，是输入的集中力或者扭矩值。

在结点上施加集中力的命令为 F，命令格式为

```
F, NODE, Lab, VALUE, VALUE2, NEND, NINC
```

其中，各参数项的含义与 D 命令类似。

面载荷的施加有很多种方式，可以通过直接在指定的面上施加面载荷，也可以通过一系列指定的线、结点或者单元面确定的面施加面载荷。

SFA 是通过指定面施加面载荷的命令，格式为

```
SFA, AREA, LKEY, Lab, VALUE, VALUE2
```

其中，AREA 是面号；LKEY 取缺省值 1；VALUE 和 VALUE2 是面载荷值，与 DK 命令中类似。

SFL 是在一个面的各条线上施加面载荷，即通过面的边界线表示面；SF 则是通过一系列结点表示一个面并在面上施加面载荷；SFE 命令则是在单元的指定面上施加面载荷。

对于需要考虑结构自重的情况，需要在有限元模型上施加重力载荷。重力载荷在 ANSYS 经典界面中是以加速度的方式施加的，因此加速度的方向与重力方向相反。在整个有限元模型上施加加速度的命令为 ACEL，相应的命令格式为

```
ACEL, ACEL_X, ACEL_Y, ACEL_Z
```

其中，ACEL 后面三个参数项分别是三个方向的加速度值。由于加速度是施加在整个模型上的，这个命令不需要指定加速度值的施加对象。

11.11.3　求解器相关的命令

与求解器相关的命令主要包括分析类型、求解参数及载荷步相关的参数的设定。

ANSYS 的求解器可以完成静态、屈曲、模态、简谐、瞬态、子结构和谱分析，进入求解器后，需要完成哪一种分析工作，需要通过 ANTYPE 命令设定。ANTYPE 命令的格式如下：

```
ANTYPE, Antype, Status, LDSTEP, SUBSTEP, Action
```

其中，Antype 项指定分析类型，取值范围是 0~8，分别对应上述的静态到谱分析的 8 种分析类型，缺省值是 0，对应静态分析。Status 指定本次分析的状态，取 NEW 时，表示进行一次新的分析，也是缺省值，此时命令后面的参数会被忽略；如果是 RESTART，表示进行一次重启动分析；如果是 VTREST 则表示进行一次变分加速重启动分析。LDSTEP 指定重启动分析时的载荷步，SUBSTEP 指定重启动分析时的载荷子步。Action 用来指定重启动的方式，有效的取值为 CONTINUE、ENDSTEP、RSTCREATE、PERTRUB。

对不同的分析类型，需要设定一些不同的、与求解过程和求解方法相关的参数。对于静态分析，主要涉及线性或者非线性计算过程的设定，求解过程使用的载荷步和子步数，如果是瞬态分析，还需指定分析的时间长度以及时间步长。

设定分析类型后，如果静态或者瞬态分析涉及大变形，则应使用下述命令打开大变形开关：

```
NLGEOM, ON
```

缺省情况下，ANSYS 不考虑大位移非线性，相当于执行如下命令：

```
NLGEOM, OFF
```

求解过程中载荷步对应的时间采用 TIME 命令设置：

```
TIME, TIME
```

其中，参数 TIME 指定当前载荷步结束的时间，习惯上第一个载荷步对应的 TIME 设置为 1，即第一个载荷步结束的时间设置为 1。

时间步长或者载荷步长可以是定步长，也可以是程序自动调整的变步长，计算过程中采用定步长还是变步长，需要通过 AUTOTS 命令设定：

```
AUTOTS, Key
```

其中，Key 取 OFF 时不使用自动步长（使用定步长），取 ON 时采用自动步长（变步长）。采用自动步长的好处是只需给出一个大致合理的步长，程序在计算过程中会根据收敛速度自动调节步长以加快求解速度，缺点是程序在调节步长过程中有可能消耗过多的步数导致求解过程不收敛。定步长的缺点是需要通过多次试算才能确定合适的步长。

NSUBST 用来指定一个载荷步中使用的子步数：

```
NSUBST, NSBSTP, NSBMX, NSBMN, Carry
```

其中，NSBSTP 是指定的子步数；NSBMX 和 NSBMN 分别是采用自动步长时子步数的上限和下限。Carry 为 OFF 时，使用 NSBSTP 确定每个载荷步的起始步长；为 ON 时，用前一个载荷步最后的步长作为起始的步长。

与 NSUBST 对应的命令是 DELTIM，用来指定当前载荷步的时间步长：

```
DELTIM, DTIME, DTMIN, DTMAX, Carry
```

其中，各参数的含义与 NSUBST 命令中的参数类似，只是对应的单位是时间，不是步数。

OUTRES 用来指定写入数据库中的数据类型和频次，缺省值是将所有类型的计算结果都写入数据库，对于比较大的模型，可以只选择某些需要使用的数据写入数据库。静态分析和瞬态分析中，缺省是将每个载荷步的最后一个子步写入数据库。

非线性分析或者瞬态分析通常需要设置多个载荷步，指定每个载荷步结束的时间，使用的子步数，在这个载荷步中使用的约束条件和载荷等，这些参数设定好以后，需要使用 LSWRITE 命令将这些参数保存到载荷步文件中，供求解时使用。LSWRITE 命令的格式如下：

```
LSWRITE, LSNUM
```

其中，LSNUM 是载荷步号，这个命令将求解过程所需的载荷、约束以及相关参数写入载荷步文件。

载荷步文件的文件名格式是：file.s01，其中 file 是工作文件名，s 后面的序号表示载荷步的序号，如第二个载荷步就是 02，第三个载荷步就是 03。载荷步文件是一个文本形式的宏文件，采用 APDL 命令定义分析过程中所需的参数。在 ANSYS 图形界面下生成的载荷步文件中，有部分必需的参数，如果用户没有设定，程序会自动使用缺省值写入载荷步文件。通常各个载荷步文件之间的内容差别不大并有一定规律，可以采用文本编辑器直接修改、生成所需的载荷步文件，不一定在 ANSYS 环境下生成所需的载荷步文件。

如果不是多载荷步的求解，只需在求解器中使用 SOLV 命令启动求解过程。对于多载荷步的分析，使用 LSSOLVE 命令启动求解过程。LSSOLVE 命令的格式如下：

```
LSSOLVE, LSMIN, LSMAX, LSINC
```

其中，LSMIN 是起始的载荷步号；LSMAX 是结束的载荷步号；LSINC 是载荷步号的增量。通常 LSMIN=1，LSINC=1。

11.11.4 后处理相关的命令

后处理主要是显示应力和变形，经常使用的命令是 PLNSOL，该命令字面意思是显示结点的求解结果，它可以显示不同的应力及其分量，变形及其分量。显示求解结果之前，需要从其他处理器中退出，进入后处理器，然后将计算结果从结果文件中读入内存，最后才能显示相应的计算结果。在前处理器或者求解器状态下，不能进行后处理。常见的后处理过程的命令流如下：

```
FINISH   !退出其他处理器
/POST1   !进入后处理器 POST1，如果是进入时间历程处理器，则是
/POST26
SET, LAST   !读入最后的计算结果
PLNSOL, S, EQV, 0, 1.0  !显示米泽斯应力
```

上述命令流中将计算结果从结果文件中读入内存的命令是 SET，命令格式为

```
SET,Lstep, Sbstep, Fact, KIMG, TIME, ANGLE, NSET, ORDER
```

其中，Lstep 是载荷步号，可以是数字，也可以是 LAST, NEXT, FIRST, PREVIOUS 等特定的字符串。Sbstep 是载荷步 Lstep 内的子步号。Fact 是比例因子，与读入的载荷数据相乘后作为最终读入的结果，即可以将计算的结果放大或者缩小后读入。KIMG 是读入复数计算结果时的标记，0 或者 REAL 表示只读实部，不读虚部。TIME 是结果对应的时间点，可以读出与载荷步和子步对应的时间点的结果。ANGLE 表示轴向位置的角度值，用于读取谐分析的结果。NSET 是数据集号，与载荷步和子步的结果对应。输入数据集号后，APDL 系统会自动忽略与之对应的 Lstep、Sbstep、KIMG 和 TIME 参数。ORDER 是用于简谐分析结果排序的标志，留空表示不排序，取 ORDER 表示采用升序排列计算结果，如模态分析中按特征频率的升序排列计算结果。

显示应力和位移的命令 PLNSOL 格式如下：

```
PLNSOL, Item, Comp, KUND, Fact, FileID
```

其中，Item 是显示项的识别标记；Comp 是显示项的分量标记，与 Item 标记相对应。常用的 Item 和 Comp 取值如下：

```
Item    Comp
U       X, Y, Z, SUM
TEMP
S       X, Y, Z, XY, YZ, XZ
1,  2,  3
INT
EQV
```

其中，U 是显示位移，X、Y、Z、SUM 分别表示位移的三个分量和矢量和的数值。TEMP 是温度标记，因为温度是标量，没有分量，Comp 项留空。S 是显示应力的标记，X、Y、Z、XY、YZ、XZ 分别表示三个正应力和三个剪应力，1、2、3 表示三个主应力，INT 和 EQV 表示应力强度和等效应力（特雷斯卡应力和米泽斯应力）。KUND 是显示未变形形状的标记，通常为 2，表示在显示变形形状的同时，也以虚线形式显示未变形的轮廓，如图 11-7 所示。Fact 是与读入结果相乘的比例因子，读入结果与之相乘后的结果才是最后显示的结果。FileID 是通过

```
NLDIAG, NRRE, ON
```

命令获得的文件指标号，只有在 Item = NRRE 时才有效。

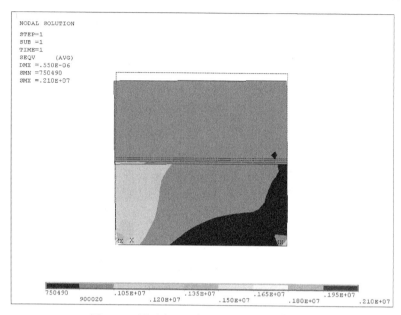

图 11-7　显示变形形状和未变形形状的轮廓

应力计算的结果可以用如下命令以图 11-8 所示的数据列表形式在弹出窗口中显示出来：

PRNSOL，S，PRIN

窗口中的数据可以拷贝到文本编辑器中进一步处理，或者另存到扩展名为 lis 的文本文件中。为了避免列出的数据过多，可以用 NSEL 命令选择需要列表的结点后再列表显示结点结果。

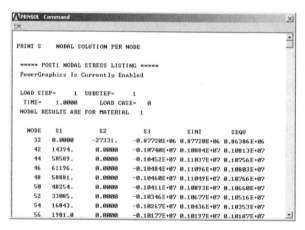

图 11-8　以数据列表的形式显示计算结果

类似地，结点的位移结果可以采用

PRNSOL, U, COMP

显示位移结果的列表。

11.11.5　选择实体命令

几何模型或者有限元模型中的实体（Entity）元素如关键点、线、面、体、结点和单元可以通过选择命令成为可见的或是不可见的，可见的元素是可以进行各种操作的，如拷贝、删除、施加载荷或者约束条件，不可见的则不能进行任何操作。ANSYS 默认所有的实体元素都是已选择的、可见的。使用选择命令，可以屏蔽一些实体元素，只对部分实体元素进行操作。灵活地使用实体选择命令，可以有效地提高建模效率。

实体选择命令是跨处理器的命令，在各个处理器中都可以使用，退出各处理器后也依然有效。常用的实体选择命令有如下几种：

- VSEL，选择体
- ASEL，选择面
- LSEL，选择线
- KSEL，选择关键点
- NSEL，选择结点
- ESEL，选择单元

选择体的命令格式为

VSEL, Type, Item, Comp, VMIN, VMAX, VINC, KSWP

Type 是选择方式的标记，有效的选择标记如下：

- S—缺省值，选择一个新的体集合
- R—从当前集合中选择一个体集合
- A—选择新的体追加到当前集合中
- U—从当前集合中去掉一些体
- ALL—选择所有的体，包括当前已经选择的和未选择的体
- NONE—不选择所有的体
- INVE—反选当前的体集合，当前选择的体变为不选，未选的体变成已选择
- STAT—显示当前的选择状态

Item 是选择的数据类型标记，有效的取值如下：

- VOLU—缺省值，选择的体号
- LOC—选择指定空间位置上的体，需要后面的 Comp、VMIN 和 VMAX 项

配合

- MAT—通过与体相关联的材料号识别并选择相应的体
- TYPE—通过与体相关联的单元类型号识别并选择相应的体
- REAL—通过与体相关联的实常数号识别并选择相应的体
- ESYS—通过与体相关联的单元坐标系号识别并选择相应的体

当 Item=LOC 时，Comp 可以取 X、Y 或 Z，表示空间坐标的方向，VMIN 和 VMAX 确定该坐标方向的数值范围。VINC 是 VMIN 和 VMAX 之间的取值增量。KSWP=0 表示只选择体，KSWP=1 表示选择体及其附属的关键点、线、面、结点和单元。

对于面、线、关键点、结点和单元的选择命令，其中的参数含义和用法与体选择命令相似。

11.11.6　创建元件和装配体命令

ANSYS 经典界面下，可以通过选择命令将一组实体元素组集成一个元件（Component），多个元件可以进一步组集成一个装配体（Assembly），多个装配体也可以组集成一个新的装配体，元件和装配体也有自己的选择命令，通过选择命令可以显示或者关闭指定的元件或者装配体，给建模带来方便。尤其是在 LS-DYNA 的显式分析中，结构载荷必须施加在元件上，在前处理中创建必要的元件，是建立 LS-DYNA 分析模型的关键步骤之一。

创建元件的命令是 CM，命令格式为

```
CM, Cname, Entity
```

其中，Cname 是指定的元件名；Entity 是元件包含的实体元素的类型，有效的取值如下：

- VOLU —体
- AREA—面
- LINE—线
- KP—关键点
- ELEM—单元
- NODE—结点

CM 命令不包含所需的实体编号,因此不能单独使用,必须有实体选择命令配合,即应用实体选择命令事先选定所需的实体元素，然后由 CM 命令创建所需的元件。元件的选择命令是 CMSEL，与前述的实体元素选择命令用法相似，命令格式为

```
CMSEL, Type, Name, Entity
```

其中，Type 的含义和取值与 VSEL 中的 Type 类似，Name 是需要选择的元件名或者装配体名，Entity 是实体类型标记，Name 为空时，有效的取值与 CM 命令中的 Entity 相同。

CMDELE 是元件或者装配体删除命令，格式为

```
CMDELE, Name
```

其中，Name 是元件或者装配体名。

CMGRP 是装配体的创建命令，格式为

```
CMGRP, Aname, Cnam1, Cnam2, Cnam3, Cnam4, Cnam5, Cnam6, Cnam7,
Cnam8
```

其中，Aname 是设定的装配体名；Cnam1～Cnam8 是组成装配体的元件名或者装配体名。

11.12　用户界面开发

ANSYS 经典界面下的用户界面开发主要有两种形式：用户界面的编译和在现有界面上增加用户按钮。

ANSYS 软件的内容涉及固体、流体、声、光、电、热、磁等几乎所有的物理场，程序庞大、结构复杂，但是绝大多数用户只会用到 ANSYS 的很少一部分功能，包括图形界面所提供的各种功能也是如此。精简界面，开发一个功能单一、易用的界面，对于很多用户尤其是企业用户，是非常有意义的。ANSYS 经典界面允许用户重新编译，生成用户自己的专用界面。

ANSYS 经典界面的菜单结构复杂，层次多，工作效率较低。ANSYS 软件允许用户利用 APDL 语言开发专用按钮作为某些命令或者命令流的快捷方式以提高操作效率。相对于重新编译新的界面，这种用户开发模式更为简单，应用也最为广泛。

在经典界面上增加用户按钮可以通过图形界面下的菜单操作实现，也可以通过*ABBR 命令实现。*ABBR 命令的格式如下：

```
*ABBR, Abbr, String
```

其中，Abbr 是在按钮上显示的字符；String 是需要执行的命令名，不超过 60 个字符。执行*ABBR 命令后，会在图形界面的 Toolbar 区自动增加一个按钮。如果需要增加多个按钮，需要执行多个*ABBR 命令。*ABBR 命令可以放在一个宏文件里，启动的时候可以让 ANSYS 自动加载执行。如果字符串留空，执行*ABBR 命令将会删除显示 Abbr 的按钮。如果经常需要自动执行一系列的命令，可以将这些

命令放入宏文件，然后用*ABBR 命令生成一个按钮，需要的时候，只需用鼠标单击按钮就可以执行宏文件。

ANSYS 经典界面下的一些菜单操作，由于菜单层次较多，使用不方便，这种情况就可以利用用户按钮将该操作放到 Toolbar 区的按钮上，提高工作效率。例如，在经典界面下建模，需要频繁移动工作平面的位置，但是如图 11-9 所示，基于关键点移动工作平面的菜单层次较深，操作效率较低。如果通过用户按钮实现上述工作，就可以避免在下拉菜单中翻找相应的命令，提高操作效率。基于关键点移动工作平面的命令格式为

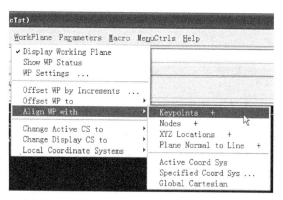

图 11-9　基于关键点移动工作平面的菜单层次

KWPAVE,　P1,　P2,　P3,　P4,　P5,　P6,　P7,　P8,　P9

其中，P1～P9 是关键点的编号。如果 P1 取值为 P，则需通过鼠标选择关键点，这样就可以通过下述命令在 Toolbar 区增加一个按钮 KWP（图 11-10），实现与图 11-5 菜单功能相同的操作：

*ABBR, KWP, KWPAVE, P

需要注意的是，APDL 并不区分大小写，用户给定的按钮名称也不区分大小写，如 KWP 和 kwp 实际是相同的按钮名，都显示为大写的 KWP。

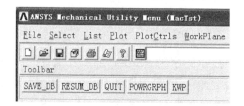

图 11-10　新增的 KWP 按钮

练 习 题

（1）什么是 APDL 语言？

（2）APDL 语言与 FORTRAN 语言、C 语言的区别和相同之处是什么？

（3）APDL 语言的执行需要什么环境？有什么特点？

（4）APDL 语言的主要功能和应用场合是什么？

（5）APDL 语言的变量定义有什么要求？

（6）APDL 语言的数组有几种类型？如何定义？

（7）举例说明 APDL 语言中条件语句的特点。

（8）举例说明 APDL 语言中循环语句的特点。

（9）用什么命令提取 ANSYS 数据库中的数据？

（10）简述*get 命令的特点和应用场合。

（11）简述 APDL 语言中输入输出命令的格式和特点。

（12）简述 APDL 语言中文件创建命令的格式和特点。

（13）什么是 APDL 语言中的宏？有什么特点？举例说明。

（14）什么是命令流？

（15）什么是宏文件？宏文件可以带参数吗？

（16）什么是宏文件库？有什么作用？

（17）宏文件的格式是什么样的？

（18）处理器的进出命令有哪些？为什么需要这些命令？

参 考 文 献

[1] ANSYS Inc. ANSYS Parametric Design Language Guide, Release 17[Z]. 2017.